云计算技术实践系列丛书

U0756531

AWS降本增效简明教程
FinOps 云成本优化实践

[美]Peter Chung 著◎

黄继敏 刘志红 郭 涛 译◎

电子工业出版社.

Publishing House of Electronics Industry

北京·BEIJING

内 容 简 介

云成本管理是一项具有挑战性的任务。在动态的云环境中，团队自主配置 IT 资源及云资源本身的价格，会使云成本管理变得复杂。

本书重点关注 AWS 的成本优化。尽管你可以对任何公有云供应商采取类似的策略，但是本书是以 AWS 为中心来探讨战术方面的内容。

本书适合业务、技术和财务领导者、管理人员、业务线领导人、技术人员、从事财务规划和分析的人员阅读。

版权贸易合同登记号　图字：01-2023-0627

图书在版编目（CIP）数据

AWS 降本增效简明教程：FinOps 云成本优化实践 ／（美）彼得·钟（Peter Chung）著；黄继敏，刘志红，郭涛译. -- 北京：电子工业出版社，2025. 5. --（云计算技术实践系列丛书）. -- ISBN 978-7-121-50106-7

Ⅰ. TP393.027

中国国家版本馆 CIP 数据核字第 2025J3W010 号

责任编辑：刘志红　　　　　特约编辑：李欣融
印　　刷：天津千鹤文化传播有限公司
装　　订：天津千鹤文化传播有限公司
出版发行：电子工业出版社
　　　　　北京市海淀区万寿路 173 信箱　邮编　100036
开　　本：787×980　1/16　印张：17　字数：380.8 千字
版　　次：2025 年 5 月第 1 版
印　　次：2025 年 5 月第 1 次印刷
定　　价：138.00 元

凡所购买电子工业出版社图书有缺损问题，请向购买书店调换。若书店售缺，请与本社发行部联系，联系及邮购电话：（010）88254888，88258888。
质量投诉请发邮件至 zlts@phei.com.cn，盗版侵权举报请发邮件至 dbqq@phei.com.cn。
本书咨询联系方式：（010）88254479，lzhmails@phei.com.cn。

感谢我的母亲和父亲，谢谢他们的付出，谢谢他们为我树立了勤奋的榜样。感谢我的妻子詹妮弗一直对我的鼓励，同时也感谢杰里米和以斯拉。

Peter Chung

彼得·钟

关于作者

彼得·钟（Peter CHUNG）非常高兴看到企业利用云计算等新技术来实现数字化转型。他目前担任亚马逊云科技有限公司（AWS）的高级解决方案架构师。之前，彼得作为客户服务优化专家帮助客户降低 AWS 费用。在加入 AWS 之前，他曾在纽约市的多个机构工作，帮助该市应对复杂的挑战，如飓风恢复工作、应对街头无家可归人群及改善庇护所条件等。他具备所有 AWS 认证、两个谷歌云认证及 FinOps 认证。

关于审稿人

费利佩·坎波斯（Felipe Campos）有超过 20 年的技术工作经验，也被人们称为 KiKo。他的职业生涯始于开发人员，之后转向云基础架构领域。当他开始从事 FinOps 领域的工作时，成功地将他对开发、云架构和技术的激情结合起来。费利佩一直保持着强烈的求知欲，并积极参与多个社区的活动，通过文章、讲座和活动分享他的知识。

前　言

企业对云的使用似乎并没有放缓，事实上，它还在不断加速发展。云计算应用的增长使企业在技术使用方面和运营方面对云计算技能的需求日益增加。许多企业意识到，云计算的使用可以带来许多好处，例如快速测试和开发软件。通过云计算来完成这些烦琐的工作，企业可以更专注于提升业务创新能力和触达全球客户，从而在本质上扩展到新的市场。

此外，企业也常常被云计算的成本节约所吸引。然而，有些人对这个所谓的好处持怀疑态度，认为云计算的运营成本更高。初步看来，从某个角度进行成本比较的话，这可能是事实。但是，当你以企业业务目标为背景展开全面分析时，就需要对许多事情进行解读了。本书将向你介绍优化云计算成本的战术方法，以及确保你的企业充分利用云计算的价值的战略方法。

本书重点关注 AWS 的成本优化。尽管你可以对任何公有云供应商采取类似的策略，但是本书是以 AWS 为中心来探讨战术方面的内容。

本书适用于以下人群：

1．业务、技术和财务领导者：作为参与 FinOps 的决策者和关键人物，他们将从本书涵盖的主题和概念中获益，以降低云资源的成本和实现业务目标。

2．高层管理人员：他们可以通过学习如何推动精益的云计算操作来降低整体业务成本。

3．业务线领导人：通过学习如何最大化云计算的价值并应用于团队中，他们可以确保业务最大程度的受益。

4．技术人员：能够学习实践方法，以更好地设计云工作负载。开发人员可以了解他们的部署决策如何影响成本，而 DevOps 和基础设施工程师将从发现降低成本的策略中受益更多。

5．从事财务规划和分析的人员：通过了解云计算背后的知识，他们将能够以财务角度观察云计算的运作，并帮助技术专家发现在云计算基础上新的和最佳的做法。

本书内容

第 1 章　FinOps 基础：对于 FinOps 的基础知识，本书进行了定义，以确保读者在阅读其他章节时都具有相同的基础。通过学习本章，你将了解 FinOps 的起源和目的。我们将讨论 FinOps 的定义及负责实施 FinOps 的实体。此外，本章还会探讨 FinOps 在 AWS 上实施的重要性及建立其基础的方法。换句话说，本章将解释谁应该实施 FinOps、为什么需要实施 FinOps，以及如何在 AWS 上实施 FinOps。

第 2 章　建立正确的账户结构：讨论了组织 AWS 账户的策略，允许你利用 AWS Organizations 进行账单合并、数量折扣、保留实例共享等。AWS 的所有操作都始于 AWS 账户，包括成本优化。你将了解账户合并在治理和资源管理方面的好处。

第 3 章　管理库存：教你在建立正确的账户结构之后，对所有资产进行清点。本章将指导你如何使用 AWS 工具进行清点、生成报告和识别异常情况。它还提供了关于不同标记策略的指导，以确保可持续的库存跟踪政策。

第 4 章　计划和指标跟踪：教你对支出进行基准测试。你需要通过这些数据来了解在哪些方面可以减少浪费，并找到优化机会。本章将指导你如何使用成本资源管理器来查看使用情况，创建可长期跟踪的报告，并设定政策和目标，以了解在减少浪费方面的表现。

第 5 章　管理成本和使用情况：强调了在库存、指标和基线就位之后，你必须及时了解如何管理使用情况，以确保成本不会超出预期的支出阈值。你将学习如何使用 AWS 管理服务，例如 AWS CloudTrail、AWS Config 和 AWS IAM，管理你的账户支出。你还将学习如何正确标记资源，有效跟踪资源使用情况。

第 6 章　优化计算：涵盖了计算，这是客户最欢迎的使用情况之一。你将学习如何为你的工作负载选择适当的定价模式，这些选项包括保留实例、储蓄计划、Spot 实例、SageMaker 储蓄计划和按需服务。你将学习如何使用 AWS 计算优化器来确定实例的最佳配置，并且了解无服务器产品，以实现最大效率。

第 7 章　优化存储：探讨了 IT 的另一个核心组件——存储。你将学习如何优化存储使用情况；学习如何采用不同的存储层（如 S3 存储类别）来优化存储成本；学习如何在数据库服务上进行优化，包括 Amazon RDS、Amazon OpenSearch、Amazon EFS 和 DynamoDB。

第 8 章　优化网络：讨论了最后一个核心 IT 组件——网络。你将学习如何分析和优化数据传输成本；学习如何使用 VPC 端点来降低适用于工作负载的带宽成本；学习各种混合网络架构，并学习如何进行成本分析以选择最佳解决方案。

第 9 章　优化云原生环境——涵盖了除计算、网络和存储之外的优化主题。你将学习如何利用自动扩展等权限和弹性来最大化 AWS 的使用效率；学习不同的自动扩展策略，并了解在特定工作负载中使用哪种策略；学习如何使用 Trusted Advisor 来查看其他优化机会。

第 10 章　数据驱动的 FinOps：解释了成本优化不是一次性的活动。如果你打算最大化收益，必须不断监测、报告并采取大规模的行动来遵循 FinOps 的最佳实践。本章展示了自动报告和响应的方法，以采用 CI/CD 的方式实现 FinOps。

第 11 章　推动 FinOps 自主化：介绍了不同团队如何将 FinOps 的最佳实践融入日常运营。前一章主要关注集中管理的 FinOps 实践，而本章主要介绍 FinOps 实践也需要去中心化或自主化管理。这从自上而下和自下而上的角度，为你提供了减少浪费的可能性。

第 12 章　管理职能：汇集了前面几章的概念，教你如何整合集中式和非集中式的 FinOps 实践。这将弥合你在阅读过程中所感知到的各个内容之间的差距，并将所有内容汇集在一起。

从本书中得最大的收益

如果你想跟着练习，就需要访问 AWS 账户。请确保你具备适当的身份和访问管理（IAM）权限，以访问 AWS 资源。如果你是第一次使用 AWS，就可以在 aws.amazon.com 免费注册。

如果你使用的是本书的数字版，那么我们建议你自行输入代码。这样做将有助于避免与复制和粘贴代码相关的潜在错误。

下载彩色图片

我们还提供了一个 PDF 文件，其中包含本书中使用的屏幕截图和图表的彩色图片。你可以在此处下载：https://packt.link/i2fRK。

使用约定

本书使用了一些文本约定。

代码文本表示代码词、数据库表名、文件夹名、文件名、文件扩展名、路径名、虚构 URL、用户输入和 Twitter 用户名。以下是一个例子，将下载的 WebStorm-10*.dmg 磁盘镜像文件挂载到你系统中的另一个磁盘上。

一个代码块的设置如下：

```
model=sagemaker.estimator.Estimator(
container,
role,
train_instance_count=1,
train_instance_type='ml. m4.4xlarge,
input_mode='Pipe'...
```

当我们希望引起对代码块特定部分的注意时，相关的行或项目会被设置为粗体：

```
model=sagemaker.estimator.Estimator(
container ,
role,
train_instance_count=1,
train_instance_type='ml.m4.4xlarge,
input_mode='Pipe'...
```

粗体：提示新术语、重要词汇或在屏幕上可见的词语。例如，菜单或对话框中的词语通常以粗体显示。以下是一个示例，从管理面板中选择系统信息：

> **提示、重要说明和应用示例**
> 以这种方式显示

如果你想联系我们，以下是一些联系方式：

一般反馈：如果你对本书的任何方面有疑问，请发送电子邮件至 lzhmails@

phei.com.cn，并在邮件主题中提及书名。

勘误表：尽管我们已经尽力确保内容的准确性，但错误仍可能发生。如果你在本书中发现了错误，请向我们报告（lzhmails@phei.com.cn），我们将不胜感激。

盗版：如果你在互联网上发现对我们作品的非法拷贝，请向我们提供相关地址或网站名称，我们将非常感激。请通过电子邮件发送至 lzhmails@phei.com.cn，并提供链接。

如果你有兴趣成为一名作者：如果你对你专长的某个主题感兴趣，并且希望写书或投稿，请电邮 lzhmails@phei.com.cn。

分享你的想法：一旦你阅读完本书我们很想听听你的想法。请直接访问该书在电商网站上的评论页面，并分享反馈。你的评论对科技界都非常重要，它们将帮助我们提供优质的内容。

目 录

第一部分 管理你的 AWS 库存

第二部分　优化你的 AWS 资源

FinOps 基础

在我们开启 FinOps 的旅程之前，必须理解如何在正确的道路上保持平稳期望和对 FinOps 定义。首先，需要证明 FinOps 的必要性。在云计算时代，我们需要从传统的 IT 采购实践中转变思维方式。为了让企业真正从云计算中受益，它们必须与支付云资源的灵活性保持一致。

下面将定义什么是 FinOps 及其原则，通过深入研究在 AWS 上执行和影响 FinOps，我们将使用这些定义作为设定的界限。

本章将涵盖以下主要议题：

- 随着云计算的变化而变化；
- 重新思考采购问题；
- 定义和建立 FinOps。

随着云计算的变化而变化 ●●●●

云成本管理是一项具有挑战性的任务。在动态的云环境中，自主团队配置 IT 资源及资源本身的价格变动，使云成本管理变得复杂。此外，多云策略的采用进一步增加了复杂性。然而，我们如何看到像 Lyft 等公司在短短六个月内削减了 40% 的成本，Etsy 实现了 42% 的计算成本削减，MicroStrategy 优化了 30% 呢？显然，成本管理是可行的。

云计算成本管理的确具有挑战性，但更根本的是，变革管理同样具有难度。我们不仅习惯了按照惯例办事，而且建立了相关流程、报告机制、审批机制和培训课程。然而，一些变化迫使我们重新评估和重新部署所有的努力。我们不仅需要帮助人们理解变化的原因，还必须帮助他们改变自己的行为，以适应新的方式。

云成本管理意味着企业必须重新思考其对 IT 资源采购的方式，这涉及改变软件开发操作流程，以及如何进行软件的开发。

通过团队来衡量指标并使资源所有权民主化，这是成功实施云计算成本管理及组织文化变革的关键。它需要一种思维转变，使得 IT 采购思维与云计算的可变性相一致。

云计算成本管理要求我们提高对如何有效利用云资源的认识。云的弹性特征非常便利，因为你可以随时获取所需资源，但同时也需要有纪律地选择适当的资源量来完成工作。云计算成本管理的商业价值与任何其他领域的业务优化价值并无二致。我们可以运营优化为例。当你优化运营时，你会寻找方法来最小化运营成本，同时最大化运营产出。通过优化流程，你可以在确定的流程中找出需要改进的地方，实施这些改变，然后衡量这些改变对以业务为中心的关键绩效指标的影响。所有这些努力旨在帮助企业降低成本，提高盈利能力。此外，为了确保你的努力对业务产生影响，你需要定义关键绩效指标（KPI）来验证结果。云成本管理的实践即是将这些优化工作应用于企业的不同领域和云计算 IT 资源的使用中，也应用相同的纪律，以最大限度地提高云资源的价值并最小化云成本。同样重要的是，衡量预期的业务成果并拥有数据来验证你的云成本优化工作，证明你的努力具有商业价值。让我们再次解读，我们必须改变对云计算 IT 资源使用的思考方式，以实现这些效率的提升。

重新思考采购问题 ●●●●

想象一下，你在当地一家提供几种美食选择的餐厅用餐。你可以选择选项 A，即固定价格的三明治 / 汤套餐，或者你可以选择选项 B，即自助餐，按重量付费。考虑到自助餐有无数你喜欢的食物选择，你选择了后者。在你做出选择时，你对自助餐盒中放入的食物品种以及数量都非常敏感。与之相反，如果你选择三明治 / 汤套餐，就不需要花费太多心思去计算，因为你清楚地知道自己需要支付多少钱。这个生动的例子说明了从选项 A 到选项 B 所需的心态转变，云使用更接近于后者。

那些拥有云计算成本管理成功案例的企业已经采纳了这种新的思维方式，放弃了传统的 IT 采购流程。过去（甚至在某些情况下仍然如此），技术和财务团队之间的关系主要是一种交易式的关系。当开发人员需要资源时，集中的财务采购团队会找到合适的供应商并批准请求。这些审批通常需要数周时间，影响了技术团队的效率。此外，即使在批准之后，开发人员仍需等待硬件到位，进一步延长了等待的时间。

然而有了云计算，情况就不同了。现在，工程团队可以通过点击一个按钮来采购所需的 IT 资源，甚至可以通过代码来采购整个数据中心。云计算的按需性使团队能够快速创新，因为他们不仅可以在几分钟内获取资源，还可以自由地进行测试和实验，而无须承担长期保留这些资源的经济负担。团队可以轻松地调配资源，完成后也可以轻松地删除它们，而无须支付费用。企业避免了冗长的采购周期和浪费 IT 资源的弊端，特别是当这些资源在一年中的大部分时间处于闲置状态时。

这些听起来都是很有吸引力的好处。但是，它们也可能导致组织走上错误的道路。事实上，鉴于云计算的按需性，很容易因过度依赖云资源而忽视财务后果，就像在当地食堂里将食物堆在午餐盘子上一样。本书中，我们将深入探讨 AWS 中围绕成本控制、成本管理和价值驱动的优化策略。

重要说明

本书所提到的成本主要指的是财务成本。然而，我们也应该考虑其他类型的成本，包括劳动力成本、运营成本和技术债务成本。当谈论非财务成本时，我会在适当的时候明确指出成本的类型。

我们已经确认，在今天的技术领域中，变革是困难的，但也是不可避免的。现代计算机系统架构的发展，使得团队不得不重新思考如何在云计算框架内设计通信网络、数据库和处理数据，同时也需要重新思考如何采购这些资源来支持他们的业务需求。尽管传统的计算机硬件和软件采购方式尚未完全过时，但削弱了组织对快速行动的需求。因此，团队需要转变思维方式和金融实践，使其与敏捷软件交付团队采用的方法更加一致。这就是 FinOps 的出现原因所在。

定义和建立 FinOps ●●●●

为了将 FinOps 放在背景中，让我们来看看其衍生概念 DevOps。通常，业界将 DevOps 描述为一套将软件开发（Dev）和 IT 运维（Ops）相结合的实践。它涉及人员、流程和工具的协同合作，以加速组织向客户提供服务的能力。DevOps 不仅仅是一种工具，也不是一次性的事件。它是一种重复的、持续发展的实践，最终为组织带来价值。实际上，如果它无法为组织带来价值，那么追求它就没有意义。同时，如果没有带来价值，那很可能是执行不正确。

同样地，FinOps 也是将云资源的财务责任和管理与云运营结合起来。就像 DevOps 是文化、实践和工具的结合，强调开发和 IT 运维之间的合作关系一样，FinOps 鼓励技术和财务团队之间的合作，并且促进各部门之间的协作。

DevOps 提高了企业快速交付应用和服务的能力，而 FinOps 则提高了企业对云资源的可视性、成本效率和盈利能力。根据 Storment 和 Fuller 的简明定义，FinOps 将财务责任引入了云的可变支出模式，使分布式团队能够在速度、成本和质量之间做出商业权衡。他们适当地指出，FinOps 并不仅仅是为了节省开支，而是关于如何以更有效的方式赚取和运用资金。

FinOps 的最终目标是通过减少云资源浪费为企业创造商业价值，仅仅通过购买 AWS 保留实例（Reserved Instances）或使用最佳的 Amazon S3 存储类别来降低云计算成本是比较狭隘的做法（我们将在后续章节中探讨这些实践）。这些做法可能会带来直接的好处，但如果没有战略性地实施，没有可衡量的指标和有意义的 KPI（关键绩效指标），可能无法产生持久的价值。

对本书的余下部分，我将使用"FinOps"这个术语来涵盖在使用 AWS 云资源过程中的人员、流程和工具，以消除浪费。

> **重要说明**
>
> 　云供应商的术语中，他们在谈到云成本管理时使用了各自的术语。例如，AWS 使用云财务管理，Azure 使用云成本管理，Oracle 使用成本管理云等。本书中，"FinOps"一词指的是所有这些术语以及其他类似的概念，因为它们都意味着实现相同的目标。

FinOps 是一个框架，团队可以在其中操作，以确保优化他们对云资源的使用。然而，相较于传统的 IT 采购流程，FinOps 无法适用于等待硬件设备在经过 3 个月的财务审批后才能到达的情况。这就限制了团队的操作能力和扩展性。为了使 FinOps 能够取得成功，团队必须接受云计算的操作原则，并期望能够动态地配置 IT 资源。在下一节中，我们将仔细研究这些原则。

FinOps 原则　●●●●○

　　拥有成功的 FinOps 模式的组织包括来自业务、财务和技术领域的角色，他们作为一个有凝聚力的团队紧密合作，在业务领域中嵌入成本管理纪律。同时，希望在你所从事的业务领域中存在领域专家。领域专家是那些非常了解他们所从事的业务领域的人，无论是产品经理、开发人员、财务分析师还是架构师，他们对自己所处的业务领域有着深刻的了解。

　　如果你已经熟悉领域驱动设计（DDD），就会知道它在开发软件中的重要性。DDD 是一种软件设计方法，其存在不仅是为了帮助团队构建高质量的软件，而且是为了满足核心业务目标。如果没有 DDD，你可能会遇到这样的情况：开发人员与领域专家进行接触，但这种合作主要是以事务为导向的。开发人员按照业务需求清单构建软件，而业务需求清单则比较松散。

　　然而，在拥有 DDD 的组织中，开发人员和领域专家紧密合作，共同定义业务核心概念和领域模型。开发人员深入理解业务需求，将其编码到系统中，以实现更高质量的软件交付。这种合作能够使软件更好地满足业务需求，并支持 FinOps 框架中的成本管理纪律。通过领域专家的参与，开发人员能够更好地理解业务上下文，从而更准确地确定资源配置和成本优化的策略。

　　在 DDD 中，领域指的是企业所涉及的问题空间，它是企业运作的特定领域。无论业务是否具体存在，领域总是存在的。而子域是主领域的一个组成部分，但它专注于业务的特定子集，通常对应于业务部门，如销售、工程或财务等。

　　领域模型是对企业所处领域的抽象表示，它由企业最重要的领域属性构成。随着领域的变化和业务需求的变化，领域模型经常需要进行调整和改变。

　　另外，有边界的上下文是一种逻辑边界，它包括输入、输出、事件、需求、数据模型和流程等。这些有边界的上下文是解决方案空间的一部分，最好与子域保持一致。

　　谈到 DDD 的话题是因为 DDD 的良好愿望适用于 FinOps 的良好愿望，FinOps 需要所有团队之间的共同语言，DDD 的主要支柱之一是通用语言。这是领域专家和开发人员之间共享的团队语言。这种普遍存在的语言并不意味着是整个组织的语言，而是适用于业务领域的特定背景。

　　举例来说，在营养学范围内，西红柿被认为是一种蔬菜，而在植物学范围内，由于种子的存在，它被认为是一种水果（但我们都知道它实际上是一种蔬菜）。不同的背景下使用不同的术语会导致不同的解释，所以在 FinOps 背景下使用正确的语言非常重要。在一个大型企业中，很难有一种统一的全局语言。因此，最好的方法是接受差异的存在，但在 FinOps 背景下进行沟通时，语言必须明确定义，并且能够清晰理解。

共同语言是企业沟通结构的一个属性。DDD 的目标是提高按照功能组织团队的效率，而传统上，在部署软件时经常采用以下团队组织方式。

1. 销售团队需要工程团队构建某些东西。
2. 工程团队会以估计的 8 周部署日期做出回应。
3. 销售团队将故障排除的工作外包给支持团队。
4. 支持团队要求工程团队修复错误。

这种事务性的沟通方式不利于整个组织内的领域知识共享。它有时会阻碍企业的快速迭代和创新，因为团队和数据是孤立的，团队必须依赖其他团队来进行改进和满足客户需求。

相反地，DDD 将团队组织在各自的界限环境中。团队在自己的子域内运作，并通过明确定义的协议和流程将其数据和接口提供给其他团队。团队更好地理解如何相互沟通，因为这是软件架构中的隐含规定。FinOps 本身就是一个有边界的环境，在考虑 FinOps 团队与企业内其他团队之间必要的沟通渠道时，保持一致、可靠和明确的沟通渠道的纪律性对于实践 DDD 的组织来说是一个有用的参考框架。

在决定采用应用设计 A 而不是 B 时，这种共同语言至关重要，即使 A 的成本要高得多。如果仅仅为了省钱而优化应用程序 A，却牺牲了其性能或可用性，导致系统停机，就可能会减少收入，这似乎不是一个值得权衡的选择。即使是围绕 AWS 特定成本术语的语言，如 RI（Reserved Instances）和 Intelligent Tiering（智能分层），如果团队对它们的含义以及它们对业务的具体影响没有共同的理解，也会导致混乱。

知识和监督的集中化是确保业务领域知识不散落在少数人头脑中的关键。在 FinOps 中，有一个中央团队负责推动成本管理政策和记录知识，有助于知识的传递。在云计算中，这个中央团队通常被称为云计算卓越中心（CCoE），由来自不同业务线的人员组成。CCoE 推动企业采用云技术，并向各团队传递云技术的最佳实践。从这个卓越中心派生出来的 FinOps 团队，或作为卓越中心的一部分，可以推动整个组织采用 FinOps 的最佳实践，将其纳入软件开发周期，并报告绩效，持续寻找减少浪费的领域。

什么是 FinOps? ● ● ● ●

　　FinOps 的目标是通过使用工具来消除浪费，无论这些工具是 AWS 原生工具、第三方解决方案还是自制应用程序。这些工具可以帮助你对成本进行盘点和跟踪，识别异常值，并协助实现自动化，以消除意外的浪费，从而最大化云资源的效率。然而，工具本身只是实现目标的手段之一。FinOps 还涉及教育和授权团队使用这些工具，并适当地解释结果，以确保工具本身为业务带来价值。接下来，我们将了解如何使用各种 AWS 原生工具来减少云浪费。

　　FinOps 正在建立和执行鼓励自动化的实践，以尽可能快速和有效地进行优化。FinOps 不是每隔几个月手动拉出风险投资建议报告，确定哪些实例值得预先购买，而是在最佳情况下自动收集风险投资建议的数据，并解释结果，与相关人员进行沟通，以实现业务风险与收益的最大化。FinOps 还会对其实践进行重新评估，并根据具体用例进行迭代。

　　FinOps 创造了有意义的指标，通过跟踪这些指标，你可以详细了解自己的目标实现情况。你可能会遇到业务领导担心"我们的云计算成本正在增加"，但是云计算成本的增加一定是坏事吗？如果你在云计算应用上每花费 1 美元，该应用就能为你带来 5 美元的收益，那么在这种情况下，虽然你的云计算成本确实增加了，但与产生的收入相比，成本只是名义上的。虽然 AWS 本身是一种技术，但在 AWS 上构建的成本是一种合理的商业投资，而不仅仅是一个成本中心。然而，你需要有指标来证明这一点。FinOps 不仅涉及这些指标，还涉及预算和规划，这样你就可以在一段时间内跟踪云计算成本效率。你在跟踪指标方面做得越好，就越能证明你在减少云浪费方面的效率。

一种 FinOps 方法 ● ● ● ●

　　成功的 FinOps 方法可以被定义为采取四个主要的做法：识别拥有的资产，优化所需的资源，规划和跟踪支出，以及实施与财务目标一致的政策。图 1.1 展示了这些概念，但没有特定的顺序。

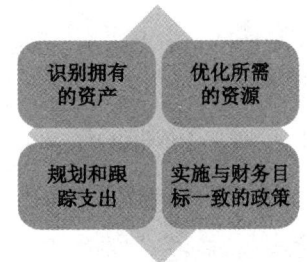

图 1.1　消除浪费的 FinOps 方法

每个人的云计算之旅是独一无二的，因此每个人的起点都会有所不同。有些人可能刚刚开始，还没有进行任何资源配置。其他人可能已经使用云计算多年，因此拥有大量需要管理的云资源库存。此外，一些组织可能更偏向于方法论，即在批准任何项目之前设定预算，而其他组织可能更倾向于迭代，根据需要灵活调整预算。无论你的偏好如何，这些实践都是重要的，可以纳入你的 FinOps 战略中。

在 AWS 上应用这些实践，你将看到如何有效管理你的云资源。

识别你所拥有的东西就是了解已配置和即将配置的资源。让我们以一家在线和实体店销售玩具的公司为例来想象一下：该公司有一个仓库用于存储资产，以便向客户发货并补充实体店的库存。该公司很可能会提前了解资产的库存情况，以便在库存不足的时候及时补货。如果该公司不知道拥有哪些资源，经营这样的业务将会变得困难！对于云计算也是如此，你的云资源也可以套用同样的原理。如果你不知道自己拥有哪些资源，就无法制定成功的 FinOps 战略。

优化你所需的资源意味着最大程度地提高所选择使用的资源的效率。虽然一种天真的观点是，降低云计算成本的最佳方法是不使用任何东西——如果你付费使用，就尽量减少使用。虽然这是一种调侃，但其中也有一定的道理。

在实际操作中，关闭不需要的资源是消除浪费的有效途径，需要明确知道哪些资源可以关闭，因此盘点是必要的。除此之外，合理调整资源、选择正确的定价模式，并充分利用云计算的弹性能力，都是优化所需资源的实用方法。

通过这些措施，可以最大限度地提高资源的效率，并有效降低云计算成本。

规划和跟踪能帮助你了解是否真正朝着消除浪费的最终目标前进。通过设定预算，你可以预测每天、每月和每年的成本。预算和报告可以帮助你建立云计算支出的基线。随后，你可以利用异常检测等功能来识别偏离预期的事件。度量标准还可以让管理层了解云计算支出对业务的贡献。从这个角度来看，云计算支出更像是一种投资。

执行阶段包括扩展你的 FinOps 实践，引入自动化，并随着业务需求的变化不断迭代你的实践。同样重要的是，将这些实践进行标准化处理并与利益相关者沟通，说明它们如何支持业务目标。理想情况下，希望尽可能多地实现自动化，以确保 FinOps 不成为敏捷性和创新的障碍。下面的章节重点介绍每个实践的细节，以帮助你在 AWS 账户中应用它们。

> **重要说明**
>
> 　　这些实践可以适用于任何公共云平台，但在本书中，我们的重点是 AWS。我们将依赖于 AWS 提供的服务来支持这些实践的执行。你可以通过访问 AWS 的云财务管理网站来了解最新的工具和服务，以帮助你实施 FinOps 战略。

　　本书中，我们通过一个虚构的例子向读者展示了一个组织如何应用 FinOps 来降低云计算资源的浪费。我们将追随 VidyaGames 的发展历程，见证他们从一个几乎没有 FinOps 实践的组织逐渐转变为一个拥有成熟 FinOps 实践的组织。每一章都专注于介绍一个特定的 FinOps 实践，并且在阐述每个实践的同时，我们还将看到 VidyaGames 如何将其应用到他们所处的特定业务领域当中。

> **VidyaGames 的云计算成本之旅**
>
> 　　VidyaGames 是一个在线视频游戏评论网站，用户群体不断扩大。该公司的核心业务是一个社交媒体平台，注册用户可以分享视频游戏评论、经验和照片。该公司计划开发一个直播应用和一个充满活力的在线广告空间，作为两个战略性的业务举措。最初，该公司在自己的数据中心内运行，但现已将大部分应用程序迁移到云端。
>
> 　　虽然业务一直在增长，但云计算成本也在不断上升。最初，领导层对云计算成本并不关注，他们选择转移到 AWS 是因为其敏捷性、可扩展性和可用性。幸运的是，公司很快体会到了这些好处，并推动了业务的增长。然而，随着公司调整目标以更好地管理资产，云计算成本控制变得至关重要。
>
> 　　最近，该公司聘请了杰里米作为工程实践负责人，他的首要任务是控制 AWS 成本。领导层希望在未来 3 个月内将 AWS 成本降低30%。
>
> 　　杰里米向财务部门的 Ezra 要求提供上个月 AWS 账单的副本。Ezra 发送了多份账单，每份账单反映了不同 AWS 账户的成本。杰里米询问了这些 AWS 账户的所有者，但 Ezra 并不清楚。
>
> 　　杰里米无法从账单中识别出任何支出模式。他无法获得资源使用的可见性，也无法帮助他做出任何优化决策。他明白，单凭个人力量是无法完成这项工作的。

一个成功的 FinOps 实践依赖于分散的方法，所有团队都应该参与到资源管理、成本意识和可能的优化技术实践中。虽然各个团队都在推动 FinOps 实践，但必须有一个集中的团队来宣扬最佳实践，并应用适当的管理措施，以确保团队在帮助企业实现成本目标的范围内运作。

本章小结 ●●●●

本章中，你了解到在云环境中运行财务操作时，改变思维方式的重要性。传统的、集中的 IT 采购方法无法适用于云计算运营，因为云资源不是由一个团队独有的。相反地，赋予业务团队自主权成为更重要的考虑，让他们能够最大限度地利用云的优势。在接下来的章节中，我们将讨论如何使你的团队具备灵活性和自主性，以在控制和管理云计算支出的同时带来商业价值。

你还了解到，FinOps 是一个囊括了一个组织内许多团队的框架和纪律。它结合了人员、流程、工具和指标，让使用云计算的组织能够将云资源视为真正的资产来管理，并为企业带来可衡量的价值。FinOps 并非某个人的单项工作，也不应该完全由分散的团队独立拥有和管理。相反地，一个集中的机构［如成本卓越中心（CCoE）］应该拥有 FinOps，并与团队共享最佳实践，以便他们能够在运营过程中融入良好的云成本管理。

进一步阅读 ●●●●

如果你想要了解更多信息，请参考以下资源：

- Lyft 通过使用 AWS 成本管理在 6 个月内削减了 40% 的成本：该案例研究展示了 Lyft 如何通过使用 AWS 成本管理工具，在短短 6 个月内削减了 40% 的成本。你可以在以下链接中找到更多详细信息：https://aws.amazon.com/solutions/case-studies/lyft-cost-management/#:~:text=As%20part%20of%20its%20cloud,engineers%20to%20build%20new%20tools。

- 少花钱，多办事。微策略如何削减 30% 的云计算成本：这个案例研究介绍了微策略如何通过有效的云计算成本管理策略，成功削减了 30% 的成本。你可以在以下链接中找到更多详细信息：https://aws.amazon.com/solutions/case-studies/microstrategy-cost-management/。

● Etsy。用更少的成本和基础设施做更多的事情：这个案例介绍了 Etsy 如何通过优化成本和基础设施，实现更高效地运营并减少成本。你可以在以下链接中找到更多详细信息：https://cloud.google.com/customers/etsy。

● 什么是 FinOps？：这个链接提供了对 FinOps 概念的简介，可以帮助你更好地理解 FinOps 的含义和应用：https://www.finops.org/introduction/what-is-finops/。

第一部分

管理你的 AWS 库存

本书的第一部分旨在帮助你了解和跟踪你的库存，这是消除浪费的第一步。通过这一部分，你将了解拥有什么以及你的基线支出是多少。如果你没有这些信息，就无法确定在哪些方面需要进行优化！这就像了解和管理你的仓库库存一样，如果你不知道拥有什么，那么你的业务发展将会受到影响。

本书的第一部分包括以下章节：

- 第 2 章—建立正确的账户结构
- 第 3 章—管理库存
- 第 4 章—规划和指标跟踪
- 第 5 章—管理费用和使用情况

通过阅读这些章节，你将获得管理 AWS 库存所需的关键知识和技能，从而帮助你更有效地控制成本并优化资源使用。

建立正确的账户结构 ②

一个成功的财务运营（FinOps）实践始于正确的基础。对于亚马逊网络服务（AWS），你的 AWS 账户的组织结构构成了这个基础。本章中，我们将探讨如何建立你的账户结构。在随后的章节中，我们将看到账户结构如何直接影响你成功实施财务运营实践的能力，如库存管理、治理和控制、可审计性和报告。

首先，我们将学习各种 AWS 工具，这些工具可以帮助你构建 AWS 账户，包括 AWS 组织。这将为你提供随着时间推移指导你的 FinOps 工作的成功基础。最后，我们将简要介绍多账户 AWS 组织的计费方式。

本章将涵盖以下主要议题：

- 建立一个运营模式
- 创建一个多账户环境
- 了解与 AWS 组织的计费

技术要求 ●●●●

为了完成本章的练习，你将需要了解以下内容：

- 一个安装有网络浏览器的个人计算设备（PC、Mac 或 Linux），可以访问互联网。
- AWS 凭证，如你的 AWS 账户名称和密码。
- 如果你已启用 AWS 多因素认证，则还需要你的设备认证码。

建立一个运营模式 ●●●●

我们已经认识到，一个成功的 FinOps 实践取决于如何构建 AWS 账户的基础。然而，如何构建 AWS 账户又可能取决于如何组织业务团队。对于 FinOps 来说，组织架构至关重要，因为如果你的 FinOps 操作方式与团队的运作方式不一致，就会产生鸿沟，干扰任何成本节约的努力。在 FinOps 中，康威定律尤其适用。正如 Melvin Conway 在 *How Do Committees Invent?* 一书中所说，设计系统的任何组织都不可避免地会产生一个结构，该结构映射了该组织的通信结构。

团队必须清楚自己在为实现商业价值的项目做出贡献时扮演的角色。他们还需要知道当他们共同努力实现既定目标时，他们的团队如何与其他团队进行协作。这个思想在实施 FinOps 时同样适用。与其由一个中央 FinOps 实体告诉团队该做什么和如何进行优化，不如让团队拥有主动权，并在团队之间进行协同 FinOps，这样效果更好。通过这样做，团队将拥有信息，并能够看到自己对成本的影响，因为他们可以衡量自己的工作如何影响整个业务。

操作模式会因公司所属的行业规模、团队规模和成熟度而异，但至少可以根据这些因素将适用于 AWS 上 FinOps 的三种通用操作模式进行分类。

完全筒仓式的模型 ●●●●

当团队期望在其特定的职能范围内独立运作时，公司就会形成孤岛，使得跨团队的参与变得很困难。如图 2-1 所示，我们有四个团队独立运作在各自的职能领域内。

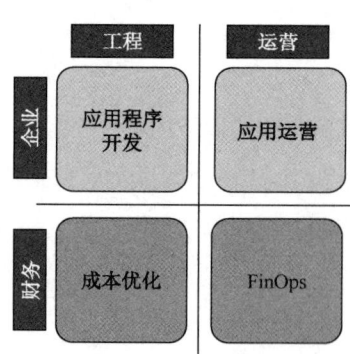

图2.1　一个完全孤立的运营模式

业务部门将应用程序的要求告知工程部门。然后，工程部门将应用部署的日常操作交给运营部门。同时，财务部门与工程部门合作，寻找影响组织内所有团队的成本优化机会。这些做法可能包括制定政策，确保所有云资源都由所有者标记，购买保留实例，执行自动化脚本清理未使用的资源，适当调整实例。

如上所述，这种模式代表了团队之间的职能分离。尽管是常见的组织做法，但存在一个主要缺点：缺乏敏捷性。通过将应用程序分离为功能团队，我们面临与之前描述的类似问题的操作：用户界面（UI）团队构建并将代码传递给业务逻辑团队以满足功能需求，然后再将代码传递给数据库团队来处理存储组件。

每个功能团队都依赖于其他团队，这种依赖性限制了敏捷性，因为每个团队无法独立进行构建、测试和部署。若要进行任何变更，所有团队都必须参与，变更需要整个应用程序作为一个整体进行。

当今的企业产品中，频繁变化是很常见的。考虑到不断变化的业务需求、客户偏好、市场动态和技术变化，摆脱这种模式是合适的。从架构的角度来看，这种模式通常意味着单体架构，因为单体通常会按照功能来分离团队。

分离的应用开发与集中的 FinOps ●●●●

分离的应用开发与集中的 FinOps 是两种不同的模式。分离的应用开发模式追求由不同的开发团队负责软件开发和运营，每个团队独立开发和运营他们所建立的软件。这种模式要求团队之间进行良好的沟通和协作，以确保软件的顺利开发和有效运营。

相比之下，集中的 FinOps 模式将工程和运营合并为一个单位，共同负责开发和运营软件。团队成员同时参与软件开发和运营，为业务功能提供支持。这样团队就能够快速行动，满足外部和内部利益相关者的要求，而不需要依赖其他团队的传递和等待。

这两种模式各有优劣。分离的应用开发模式可以提高团队的专业化和效率，每个团队可以专注于自己的领域。但是，这种模式需要加强团队之间的沟通和协作，以避免信息隔离和重复劳动。

而集中的 FinOps 模式可以促进工程和运营之间的紧密协作，提高团队的整体效率。团队成员参与全流程，可以更好地理解和满足业务需求。然而，在人力资源和技术管理方面可能需要更多的资源投入。

如何选择适合的模式取决于具体的情况和需求。团队应该充分了解各种模式的优劣，根据项目要求和团队能力做出决策。无论选择哪种模式，团队之间的合作和沟通都是至关重要的，以确保软件开发和运营的顺利进行。

开发-运营（**DevOps**）方法让应用和运营团队一起工作，快速迭代地部署软件。这消除了应用程序开发人员向运营或基础设施团队发送代码并等待部署的需要。图 2.2 显示了工程和运营之间的隔阂被消除。现在，这个团队作为一个整体，实现了快速和敏捷的部署。

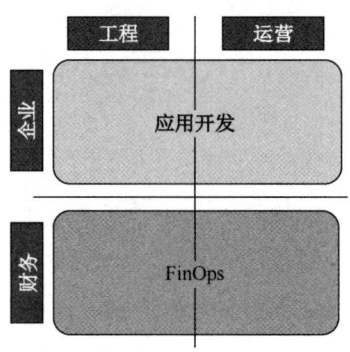

图 2.2　具有集中式 FinOps 功能的分离式应用模式

然而，FinOps 意味着财务部门的分离和集中管理。FinOps 团队负责制定政策和治理控制，并将其分配给应用团队。这个集中的团队可以是云计算卓越中心（CCoE）本身，也可以是 CCoE 中的一个子团队，专注于企业的成本节约措施。

这种模式比之前讨论的孤岛模式更加灵活。现在，团队作为一个整体，其拥有应用程序，可以独立运作，无须依赖其他团队。然而，这样做的代价是企业需要建立具备全栈专业知识的团队，这可能是一个挑战。企业组织可以将最常见的需求操作化，以便一些团队可以自行支持，而更多的专业人员则在交叉团队中提供支持。这些最佳实践的相关详细信息，请参阅本书第三部分"FinOps 的运作"。

拥有自主团队的分散型 FinOps ●●●●

这种模式为团队提供了最大的自主权。在这种模式下，团队将 FinOps 实践融入他们的日常工作中。尽管可能存在一个集中的 FinOps 团队（如 CCoE），但这种模式期望团队将 FinOps 融入他们的运作中。如果存在强大的自治文化和采用最佳实践的团队，这将更容易实现。

在应用开发中，我们可以看到一个共享服务团队负责处理网络、安全、监控和其他跨领域的实践，而应用组件则由各自团队拥有。

这种模式遵循一般的格式。例如，如果你有一个由微服务架构组成的工作负载，团队可以达成共识，在所有服务中实施某种日志标准，以实现一致性和可维护性。同样地，一个集中的 FinOps 团队可以制定购买保留实例（Reserved Instances）或应用规模的最佳实践，但具体实施这些实践的方式由各个团队自行决定，以适应他们特定的领域需求。

与上一节中的图 2.2 相似，图 2.3 展示了工程和运营团队合并为一个团队。然而，不同之处在于这些团队如何将 FinOps 嵌入他们的实践中。我们认为可能仍然存在一个集中的 FinOps 团队，推荐整个组织可采用的成本节约做法，但同时应用团队也使用他们领域内的 FinOps 实践。由于这些团队对他们的领域比其他人更了解，他们知道如何在特定环境中应用 FinOps，并将其具体应用到他们的工作中。

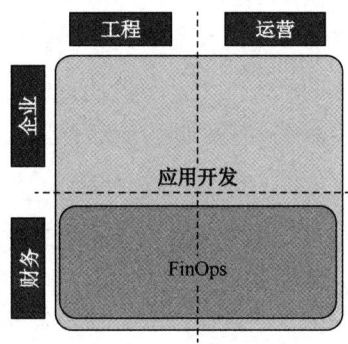

图 2.3　具有嵌入式 FinOps 实践的分散式 FinOps 模式

团队将 FinOps 实践融入应用开发中。虽然在后续章节中我们将详细研究这些实践，但以下是一些实际的例子：对资源进行标记，在配置服务器之前和之后对其进行适当的调整，或者创建清理实践以停用不需要的服务。

该模型展示了财务部门与其他团队合作的哈希线，以建立组织的最佳实践。财务部门仍然集中拥有 FinOps 的知识和政策，但各团队自主执行，并随着业务需求的变化进行迭代。

最佳模式 ●●●●●

正如英国统计学家乔治·E·P·博克斯所说的常见统计谚语："所有的模型都是错的，但有些是有用的"，这一点在这里同样适用。在实践中，无论是在物理上还是概念上，没有严格的界限或虚线来阻止团队之间的相互作用。这些模式也不是相互独立的。真实的公司处于一个梯度上，某些模式可能对某些团队来说比其他模式更适合沟通，但可能会有一些集中的政策，而其他方面则是分散的。由于考虑到规模的不同，甚至可能有一个团队负责执行所有这些任务。

很难说哪种模式比另一种更好，但摆脱孤岛式的模式更符合当今现代云架构的发展趋势。公司逐渐认识到联合运营所带来的速度和敏捷性的好处，这为 DevOps 和微服务等实践带来了更大的敏捷性和灵活性。

分布式数据架构，如数据网格，确实导致了更小和自主的团队。在采用这些模式时，重要的是不能仅仅因为其他人都在做而盲目采用，而是要根据业务需求进行应用。

一个集中的 FinOps 团队作为指导性的明星仍然很重要。该团队可以将更多的执行、报告和自动化工作分配给自主团队，但由来自业务、财务和技术利益相关联者组成的 FinOps 机构可以推动最佳实践和分享 FinOps 知识，带来成功。此外，高管的支持是推动 FinOps 实践的关键因素。高管的支持可以确保这些努力对企业有价值，并受到赞赏。这也有助于团队建立一个反馈循环：FinOps 为高效的云计算使用提供了更好的可见性，高管们相信团队正在以有利于业务的方式有效地使用云资源，然后使用云计算继续投资于新项目或优化现有项目。

寻找更好的方式来组织 AWS 账户

杰里米对他必须手工整合的账单数量以及与这些账单相关的账户没有明确的所有者而感到不知所措。杰里米安排了一次与 VidyaGames 公司首席架构师埃利亚的会议。

"埃利亚，你知道这些 AWS 账户是谁的吗？"杰里米在与埃利亚分享账单时问道。"不幸的是，并不是所有的人都清楚。"埃利亚回答道，"他们中的一些人在我开始工作之前就在这里了，还有一些人是我们在两个季度前收购 Hi AdTech 时接收的。""嗨，AdTech 是数字广告公司，对吗？"杰里米问道。"正确的，这是我们在电子商务平台上推广更多广告的战略举措的一部分。我们收购了他们，但真的还没有把他们的项目与我们目前的工作量结合起来。"埃利亚停顿了一下，急切地说道，"每个人都知道你现在的首要任务是削减成本。你在想什么，也许我可以帮忙？"杰里米微笑着说："谢谢，这将非常有帮助。我在想，我们需要一种更好的方式来整合我们的账户，并建立一个流程来明确识别账户所有者。然后，在未来，如果我们真的进行更多的收购，整合将更加精简。"

在这种情况下，杰里米意识到需要改进 AWS 账户的管理方式。他希望建立一个流程，明确识别每个账户的所有者，以便更好地管理和整合这些账户。这将有助于提高团队的效率并减少不必要的成本。同时，杰里米还希望将来如果进行更多的收购，整合过程能更加顺利。他计划与埃利亚一起制定一个解决方案，并确保账户所有者的责任和权限得到明确界定。这将为公司的云管理提供更好的可见性和控制。

孤立模式确实不利于FinOps，因为这样会导致成本节约变得反应性。与之相反，我们希望将FinOps的原则嵌入应用团队的运营模式中，这在分散的FinOps模式和自主团队中更容易被采用。反应性的成本节约也存在实施成本优化实践风险，因为跨团队的可见性和责任感降低。例如，财务团队可能在月底才意识到超额配置或闲置的服务器，然后他们可能会向应用团队发送消息，要求其调整服务器的大小或关闭服务器，但应用团队可能最终不会执行这些任务。

在我们讨论了团队对FinOps组织的影响之后，让我们来看看在AWS环境中应用FinOps是什么样子。

创建一个多账户环境 ●●●●

在AWS上，所有资源和服务都需要一个AWS账户。一旦你创建了一个账户，就可以将AWS资源部署到该账户中。因此，AWS账户是存放你的资源的基本容器。每个月，AWS会对各个账户的收支情况进行汇总，而账户持有人负责支付相关费用。然而，大多数使用AWS的组织都会拥有多个账户来运行其工作负载。

确保企业资产的安全是使用多个账户的主要原因之一。一个AWS账户为拥有多个账户的组织提供了一个自然的安全边界。如果你将整个企业的生产工作负载都部署在一个AWS账户中，那么一旦恶意行为者获取了该账户的某些权限，可能会导致你的业务出现大规模的安全漏洞。然而，如果威胁只影响到多个账户中的一个，那么就大大限制了威胁的范围或影响半径。

通过将资源归入特定账户来实现资源的隔离，同时也简化了合规性要求。以支付处理能力为例，这样的功能可能受到特定法规的保护，而这些法规并不适用于应用程序的其他功能。通过使用多个账户，审计人员只需要访问负责支付处理的账户，而无须审查整个应用程序，尤其是如果应用程序位于单一的AWS账户中。

此外，使用多个账户还可以实现更好的资源隔离，从而使成本和费用更加清晰明确。由于AWS按账户对资源的使用进行计费，你可以通过账户级别的视角查看资源的使用情况。

如果你对资源进行了标记（我们将在第 6 章"优化计算"中讨论标记策略），就可以按标记在一个账户中查看成本。同时，你也可以在多个账户中汇总标签，这样你就可以选择不同的粒度来查看成本。此外，AWS 为每种资源设定了配额。相较于使用单个账户，使用多个账户可能会更快地达到配额限制。通过将资源分散到多个账户中，你可以逐步解决配额限制的问题。

另一个重要原因是所有权的分散化。当团队拥有自己的 AWS 账户时，它们不太可能相互干涉，可以独立运作。这可以通过消除集中控制带来的官僚主义倾向来增加团队的敏捷性。通过分散所有权，管理员可以将一些组织范围内的要求委托给各个团队来管理，其中之一就是成本控制。

> **重要说明**
>
> AWS 账户在每个区域都有特定的默认配额。对于那些有软限制的资源，你可以联系 AWS 支持来请求增加配额。你可以在每个服务的 AWS 文档页面上查看有关配额限制的信息。

构建你的 AWS 账户 ●●●●

建立一个合适的多账户结构，同样需要进行适当的规划。图 2.4 显示了一个按业务职能部门构建账户的例子，但具体的结构要根据你的组织特定的需求和架构来决定。

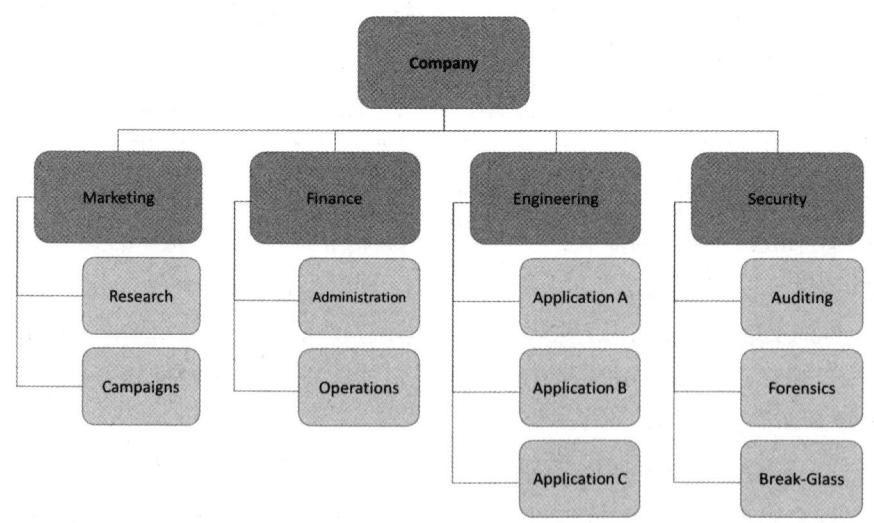

图 2.4 按业务职能部门划分的 AWS 账户

一家公司提供多个 AWS 账户，允许每个部门运行带来商业价值的工作负载。用户和应用程序在这些账户中部署资源以满足特定目的。通过将资源使用状况映射到业务功能，你可以减少浪费。相较于单一账户的情况，如果用户和应用程序在没有明确边界或业务目标的情况下配置资源，很难证明这些资源的使用是合理的。这种情况类似于软件系统中不可取的大泥球反模式。此外，你很容易遇到 AWS 服务配额限制的问题，这会影响你的业务敏捷性。

如果对你的组织有利，你可以创建一个更加细化的账户结构。图 2.5 显示了一个嵌套的账户结构，第一层按部门分割。工程团队可以创建第二层来隔离使用 AWS 账户的应用程序。然后，他们可以添加第三层来分隔每个账户，并使用 AWS 账户来托管不同的环境。

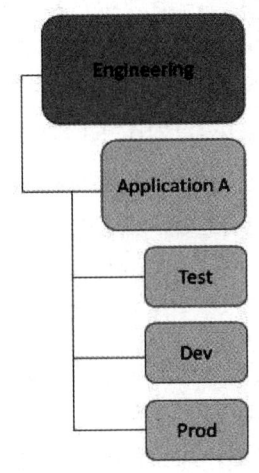

图 2.5　按环境划分的应用隔离

按域来构建账户也是一种有效的方法。在这种方法中，架构师将一个应用程序按其组件或域进行分解。架构师应该能够确定每个域的目的以及每个域与其他域的依赖关系。通过按组件分解应用程序，架构师和开发人员可以将应用程序模块化，从而获得与单一单体应用程序不同的优势。此外，这种方法还可以改善安全性，因为一个环境中的资源可以独立于另一个环境存在。这意味着如果一个环境受到损害，不会对另一个环境的安全性产生负面影响。

如果你有一个处理客户付款的应用程序，并且企业决定增加移动支付功能，在使用单体架构模式下，你需要修改整个应用程序来适应这一变化。然而，在微服务架构中，你可以独立地开发这个移动支付功能，并将其作为一个独立的微服务插入现有的应用程序中。这种模块化的方法使得开发和部署变得更加灵活和可扩展，并且可以更轻松地适应新的业务需求。

微服务架构的主题非常广泛和复杂，超出了本文档的范围。如果你对微服务架构感兴趣，可以查阅更多相关资料和书籍，以深入了解该架构模式的设计原则和最佳实践。

在微服务架构中，FinOps 实践和团队拥有分散所有权，可以与多账户结构相结合。其为每个团队提供一个独立的 AWS 账户，以实现分散所有权和基于组件的设计方法。通过这种方式，每个团队可以拥有操作自主权，并使用最适合他们领域的工具和服务。

每个团队拥有自己的 AWS 账户，可以将账户与应用程序的功能直接关联起来。账户可以反映团队的业务功能或域，使团队直接管理和扩展与其功能相关的资源。这种账户级别的隔离还可以增加安全性，确保团队之间的资源不会相互干扰。例如，团队可以为其应用程序的不同环境（例如测试、开发、暂存和生产）创建不同的账户，以进一步隔离和管理资源。

根据你的组织需求选择适当的账户结构，你可以首先将账户结构与组织结构进行映射。根据不同的业务部门将账户分开可能是一个好主意，因为营销和财务团队使用的任务和数据是不同的，几乎不存在任何重叠的理由。你可能有一些单体应用和微服务应用，并决定将单体应用关联到一个账户中，同时为微服务应用创建特定领域的账户。你可以根据需要自由地创建最适合你的账户结构，并且可以根据需要灵活地进行更改。

在 AWS 中创建账户没有财务成本。这意味着即使你在这些账户中不部署任何资源，也不会被收费。因此，创建多个账户不存在直接的财务风险。换句话说，开设一个账户不需要任何成本。

从概念上讲，管理一个 AWS 账户显然比管理多个账户更容易。跨账户的功能，如日志、安全和监控，在一个账户中进行管理更加简便。你必须考虑如何管理跨账户的功能和协调账户之间的通信。幸运的是，AWS 组织功能可以减轻多账户管理的负担。

用 AWS 组织功能管理账户 ●●●●

你可以使用 AWS 组织功能来管理多个 AWS 账户。你需要指定一个账户作为管理账户，并将其他账户设为成员账户。管理账户是该组织的最终所有者。一旦你创建了管理账户，除非完全拆除组织并重新开始，否则无法更改管理账户。

你可以在管理账户内构建你的 AWS 账户。你可以对账户进行分组，形成组织单位（OU）。以前面的例子为基础，你的组织可能有营销、财务、工程和安全四个 OU。你还可以创建嵌套的 OU。例如，在工程 OU 中，你可能会有嵌套 OU，其中包含应用 A、B 和 C，如图 2.6 所示的那样。

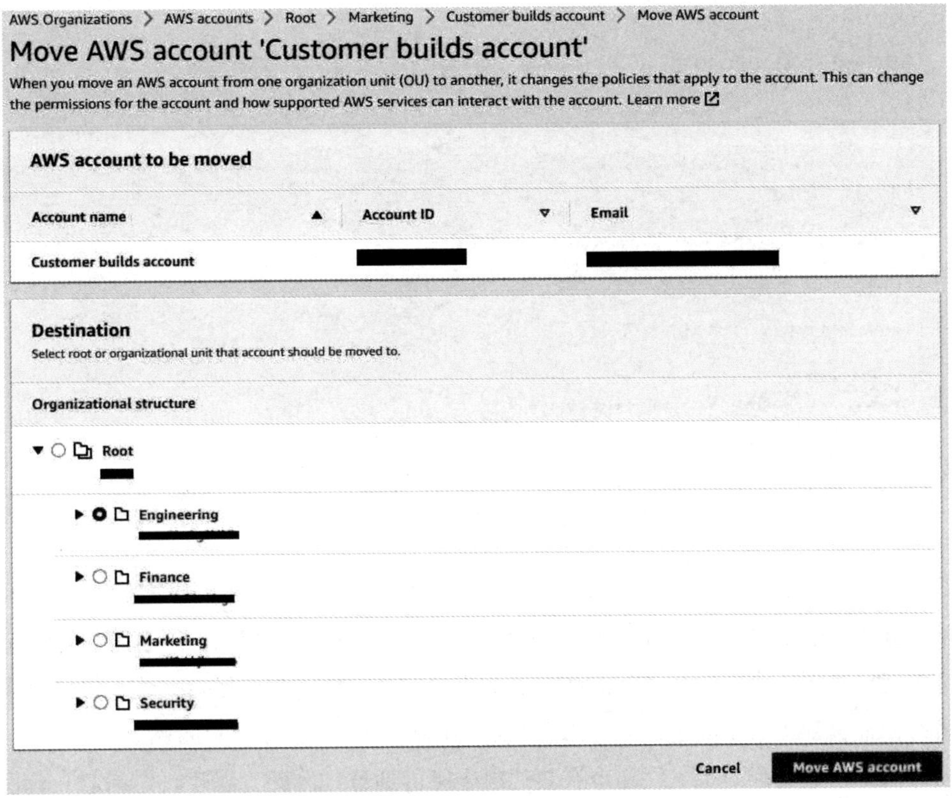

图 2.6　将账户从市场 OU 移至工程 OU

一个账户可以属于一个 OU，但你可以自由地将账户从一个 OU 移动到另一个 OU，以适应不断变化的业务需求。例如，如果你的企业决定将一个 AWS 账户从负责营销活动转移到支持财务需求的功能，你可以简单地将该账户移动到相应的 OU。图 2.6 展示了你如何在 AWS 管理控制台中完成这一操作。

在 AWS 组织中，你还可以扩展你的账户范围。你可以创建新账户并邀请现有账户加入你的组织，如图 2.7 所示。

这为你提供了额外的灵活性，因为你不需要在一开始就完善你的账户策略。随着业务的发展，你可能通过收购获得新的业务，需要重构应用程序以满足业务目标，并创建新的环境以提高敏捷性，此时你可以相应地调整账户结构。

了解每个账户的目的可以帮助你减少资源的浪费。如果一个账户内的工作负载及其资源对实现该目的没有做出贡献，你应该取消这些资源。

在接下来的章节中，我们将探讨你的账户中有哪些资源可用。

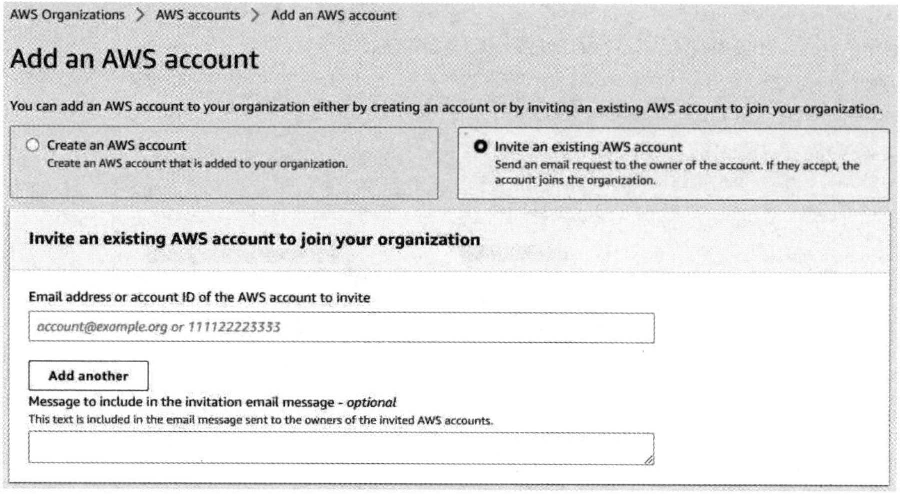

图2.7　通过邀请添加一个 AWS 账户

在考虑 AWS 账户管理时，定义一个清理不需要或被遗忘的账户的过程是一个重要的行政决策。你可能会遇到以下情况：你有一个 AWS 账户，但该账户的原所有者离开了组织，或者你可能获得了一个你无法访问的账户。如果资源在这些账户中运行，这不仅会造成财务上的浪费，还会带来安全问题，因为未经注册的用户可能会访问这些资源。

每个 AWS 账户都必须关联一个有效的电子邮件地址。因此，我建议你制定一套程序来处理账户所有权变更问题、更新电子邮件地址以及停用不需要的账户。这将有助于保持账户的健康状态，减少浪费。

> **重要说明**
>
> AWS 建议建立一个特定账户，以帮助你找回密码重置邮件。这样一来，电子邮件管理员就可以记录这些邮件，以防止账户所有者离开公司后无法联系到他们。即使原始所有者无法联系，管理员仍然可以重置账户密码。我强烈建议你在 AWS 账户上启用多因素认证（MFA）。

用 AWS 控制塔管理你的 AWS 账户 ●●●●

用组织来管理你的多账户环境为你提供了很大的灵活性，你可以选择如何构建你的账户。然而，随着你的规模扩大，你可能会遇到这样的情况：你想创建一个集中的日志账户或安全账户，将所有活动都汇总到一个地方。这种方法比单独访问每个账户的日志要容易。

当然，你可以创建自己的跨职能账户，但从一个蓝图开始，然后进行迭代更容易。你可以使用 AWS Control Tower 来快速建立一个基于最佳实践的多账户 AWS 环境。Control Tower 建立了一个登录区，它是一个架构良好的多账户环境的蓝图。例如，如果你使用 Control Tower 创建你的多账户结构，Control Tower 将自动创建一个具有集中登录和安全账户的核心 OU。

你可以修改登录区的设置以满足你的业务需求。比如说，如果你的组织中没有理由让任何人使用位于美国以外的 AWS 区域，你可以应用"区域拒绝"设置来限制人们对登录区中某些区域的操作。

重要说明

一个 AWS 区域指的是承载数据中心集群的地理位置。AWS 将数据中心分组到一个区域中，形成可用性区域（AZ）。可用性区域在物理上相互分离，以实现冗余。

当你宁愿在已经建立的最佳实践基础上构建你的多账户环境，而不是从头开始时，Control Tower 会提供帮助。这使你能够快速建立一个基线环境，你可以专注于从一个集中的仪表板上应用治理和成本控制。我们将在第 5 章"管理成本和使用情况"中详细介绍。

图 2.8 显示了 AWS Control Tower 控制台的一个样本仪表盘。在这里，我们可以看到账户和 OU 的数量，包括启用的治理护栏。虽然这里没有具体显示不符合规定的资源，但你也可以找到它们。

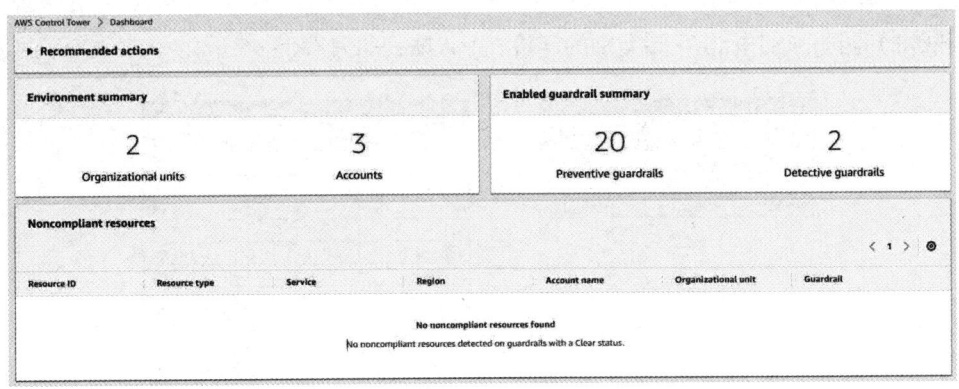

图 2.8　AWS Control Tower 控制台的一个样本仪表盘

我们已经了解如何使用 AWS 组织来管理 AWS 账户并创建一个多账户环境。通过使用

AWS 组织来管理多账户环境更加方便, 同时也有助于提高对成本的可见性。让我们来了解一下 AWS 组织中的计费方式。

了解与 AWS 组织的计费 ●●●●

当使用 AWS 组织运营时,你会收到一份显示组织中每个账户使用情况的综合账单。AWS 称其为合并账单。这种合并账单既显示了组织账户的汇总使用情况, 也显示了每个账户的使用情况, 使你能够有适当的收费机制或创建显示的可见性。

如果你的企业要求每个 AWS 账户都有单独的账单, 那么就不应该与 AWS 组织合并账户。然而, 这将禁止你利用数量级的折扣, 有助于降低成本。

> **重要说明**
>
> 信息技术 (IT) 领域, 收费是指向业务单位 (BU) 收取 IT 使用费用的做法, 而返还是指向业务单位展示其支出情况, 但从中央预算中进行内部调节的做法。

AWS 的一些服务提供了一个基于数量的折扣——你使用的频率越高, 交易就越好。通过合并计费, AWS 将一个组织中所有账户的使用量视为一个单一账户。然后, 如果总使用量达到这些数量阈值, AWS 将对符合条件的服务进行折扣。图 2.9 显示了一个跨越 12 个 AWS 账户的亚马逊简单存储服务 (S3) 总费用的例子。在这里, 我们看到亚马逊 S3 在美国东部 (俄亥俄州) 地区的 S3 标准存储类别的定价, 个人账户每月存储 45 千兆字节 (GB) 的数据。

S3 Standard Storage Amount	Storage Cost per GB
First 50 TB / Month	$0.023
Next 450 TB / Month	$0.022
Over 500 TB / Month	$0.021

Account Name	Storage (GB)	Cost
Account A	45	$ 1.04
Account B	45	$ 1.04
Account C	45	$ 1.04
Account D	45	$ 1.04
Account E	45	$ 1.04
Account F	45	$ 1.04
Account G	45	$ 1.04
Account H	45	$ 1.04
Account I	45	$ 1.04
Account J	45	$ 1.04
Account K	45	$ 1.04
Account L	45	$ 1.04
Total	540	$ 12.42

图 2.9　一个多账户环境的亚马逊 S3 定价例子

如果不合并计费，每个账户将被收取 1.04 美元（按照 45 GB × 0.23 美元的费率计算），用于当月 45 GB 的存储。每月的总费用将是 12.42 美元（计算为 12 × 1.04 美元）。通过合并计费，总存储量被视为一个账户，因此费率将变为 0.021 美元而不是 0.023 美元。通过使用 0.021 美元的费率，你的总费用将变为 11.34 美元，节省了 8.70%。虽然这只是一个反映名义使用量的简单例子，但随着使用量的增加，节省的费用会迅速累积。我们的目标是减少浪费，而这些只是朝着这个方向迈出的一小步。

> **重要说明**
>
> AWS 提供了一个为期 12 个月的免费层，允许客户免费试用新账户的 AWS 服务。然而，如果你使用 AWS 组织来合并多个账户的付款，你将只能在每个组织中使用一个免费层。

管理账户可以在账单控制台中按账户查看每月的使用情况。一旦你选择了特定月份的账单，就可以选择按账户的账单细节标签，以查看组织内每个账户的每月费用，如图 2.10 所示。

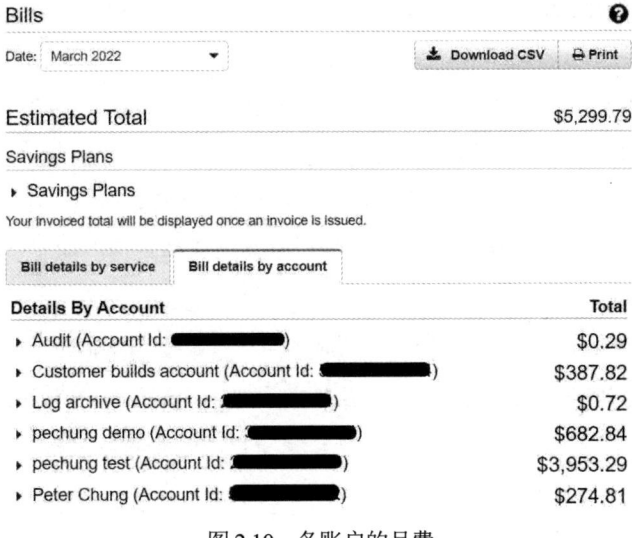

图 2.10　各账户的月费

VidyaGames 的多账户结构

Jeremy 和 Ellia 开始为 VidyaGames 设计可行的多账户结构的白板。他们决定使用 AWS Control Tower 作为最简单的方法，在最佳实践的基础上启动一个成熟的多账户战略。他们通过 Control Tower 部署了一个新的组织，并在 Control Tower 提供的核心组织单位中创建了一个具有日志存档和审计账户的多账户基线。从管理账户开始，他们将全部现有的账户转移到这个新创建的组织中，以利用合并计费、数量级折扣和更好的成本可视性。

在与工程团队、基础设施团队和业务运营团队会面后，Jeremy 和 Ellia 意识到他们的 AWS 组织的结构可以通过按功能分组账户来改善。他们创建了以下组织单位来支持他们的组织。

基础设施：这个组织单位持有用于共享基础设施服务（如网络和共享信息总线）的 AWS 账户。

安全性：这个组织单位持有托管安全相关访问和服务的 AWS 账户。Jeremy 和 Ellia 将 Control Tower 发起的日志存档和审计账户转移到安全性组织单位中。他们还计划为紧急安全事件创建一个安全玻璃账户。

沙盒：这个组织单位允许开发人员在安全的环境中测试应用程序并了解不同的 AWS 服务。他们在该组织单位上适用某些政策以控制成本，拥有这个组织单位将帮助 VidyaGames 区分产生收入的应用和用于研究和学习的测试应用。

工作负载：这个组织单位拥有 VidyaGames 的大部分创收应用，与工程团队合作。Jeremy 计划在工作负载组织单位中设置子组织单位，以划分测试、开发、暂存和生产环境。这个组织单位也是创建软件生命周期的 AWS 账户的地方，以使部署的应用程序对组织变化更有弹性。

FinOps：这个组织单位是财务团队的服务中心。它拥有 VidyaGames 内部所有账户的成本可视性，以便进行报告。它还拥有打算集中成本节约机制的账户。

暂停：这个组织单位用于存放已被暂停和即将被删除的账户，它允许 VidyaGames 区分需要清理的账户和不提供商业价值的账户。Jeremy 有一个想法，就是把这个组织单位作为一个黑洞，没有任何资源可以或应该被激活。

通过管理权限和与各团队达成共识，Jeremy 和 Ellia 开始创建这些组织单位，并将账户转移到适当的组织单位中。Jeremy 确保在组织单位级别没有应用任何限制，他不希望基于组织单位的治理策略干扰现有账户中运行的任何工作负载。这是他计划以后解决的问题。

通过与电子邮件账户管理员和 AWS 支持部门合作，他们将当前活跃的账户映射到组织内的所有者。现在，Jeremy 觉得他对公司内的账户资产有了更多的控制。自从有了新的主人翁意识，他开始应对新的挑战。

在课上，Ellia 与 Jeremy 会面并问道："现在我们所有的账户都在一个地方，下一步我们应该怎么做？"

本章小结 ●●●●

本章中，你学到了 AWS 账户的基本知识以及使用多个账户的好处。你了解了建立 AWS 账户的方式取决于你的组织，可以根据业务单位（BU）、应用程序或应用程序功能的组合来隔离账户。

你学会了如何使用 AWS 组织来管理账户，通过组织单位（OU）对其进行分组，并使用 AWS 控制塔快速建立多账户环境。

你进一步了解了 AWS 组织的计费方式。你可以从管理账户中按账户查看使用情况，并通过合并使用情况来享受数量级的折扣。

组织账户是减少资源浪费的第一步，因为所有的资源都与一个账户相关联。而且拥有良好的账户卫生有助于发现浪费和丢失的资源，这些资源可能会因为员工流动或组织变化而被遗忘。

现在我们有了多账户环境的基础，可以开始了解这些账户拥有哪些资源。这是我们在下一章要研究的问题。

进一步阅读 ●●●●

如果你想要了解更多信息，请参考以下资源：

- AWS 组织现在提供了一个简单、可扩展和更安全的方式来关闭你的会员账户, 2022：https://aws.amazon.com/blogs/mt/aws-organizations-now-provides-a-simple-scalable-and-more-secure-way-to-close-your-member-accounts/。

- 什么是 AWS 计费？ 2022：https://docs.aws.amazon.com/awsaccountbilling/latest/aboutv2/billing-what-is.html。

- 奠定基础。为成本优化设置环境, 2022：https://docs.aws.amazon.com/whitepapers/latest/cost-optimization-laying-the-foundation/introduction.html。

管理库存

本章中，我们将学习如何管理亚马逊网络服务（AWS）的资源，这些资源是构成成本的实际项目。在掌握正确的账户结构之后，我们将介绍 AWS 提供的几个工具，这些工具可以帮助你查看账户中运行的资源。这些资源加上你定义的财务运营（FinOps）流程构成了你的库存。

接下来，我们将研究如何使用 AWS 的本地工具来管理库存，并探讨标签的必要性以及如何提高库存的可视性。如果你不知道自己拥有哪些资源，就无法进行成本优化。因此，本章将提供你所需的知识和工具，以更好地管理库存。

本章将涵盖以下主要议题：

- 跟踪你的 AWS 资源
- 建立一个标签策略
- 用 AWS 成本类别对标签进行分组

技术要求

为了完成本章的练习，你将需要与上一章中规定的相同的组件。

了解你拥有的东西

在会议室里吃午饭时，埃利亚和杰里米讨论了下一步的计划。

"现在，我们所有的账户都在一个地方，我们的下一步应该做什么？"埃利亚问杰里米。

杰里米咬了一口三明治，自言自语道："我们已经更好地控制了我们的账户，接下来我们应该更好地控制什么？"吞下一口后，他大声说，"你知道哪些东西在我们的账户中运行吗？"

埃利亚皱起眉头，回应说："我不完全清楚。我对正在运行的东西有一个大致的概念，但没有什么细节。"

"谁会知道？也许是 Ezra？"

"Ezra 可能知道。但开发人员肯定会知道，因为他们几乎每天都要处理这些账户，至少我希望他们知道。我们可以先问问 Ezra。"

随后，杰里米和埃利亚邀请 Ezra 参加了他们的讨论，并问了他同样的问题。Ezra 耸耸肩，告诉他们："是的，我对账户的使用情况有大致的了解，我知道成本在逐月上升。我有一个电子表格，对每项 AWS 服务的成本进行了细分。我已经跟踪这些信息好几个月了，因为当我有这么多账单需要合并的时候，在电子表格中做这些事情更容易。"

杰里米向 Ezra 介绍了他们在合并账户方面所做的所有工作，以及通过获得一张账单可能会使 Ezra 的生活更轻松。"谢谢，听到这个消息真好！我想这将对我有所帮助。"Ezra 告诉他。

"Ezra，你有办法看到每个账户在使用什么吗？你也许可以根据他们使用的服务内容，看看我们支付的费用是多少？"杰里米问道。

Ezra 回答道："是的，我用几个工具来做这个。在这里，让我给你看看。"

追踪你的 AWS 资源

如果你不知道自己在支付什么，就会发现减少浪费是相当困难的。暂且不谈玩笑，我们可以举一个简单而又亲切的例子来管理个人财务状况。

如果你不查看月度账单，了解你的钱花在哪里，你很可能在管理个人财务方面不会成功。你可能会忘记，你一直在为不再使用的健身房会员资格或音乐订阅服务付费，或者是你以前家里的害虫控制服务。同样地，识别浪费性支出和减少资源不必要使用的方式也应该适用于你的 AWS 账单。

幸运的是，你不必等到月末才像财务一样分析你的账单。你可以定期跟踪你所投入的资源，而且这是走向优化的第一步，因为你必须首先知道你在使用什么，然后才能进行优化。更好的是，你甚至可以确定你不需要的资源，并完全关闭它们。

记录你的流程和资源同样重要，很有可能你没有任何 FinOps 流程。这是可以理解的，当你处于 FinOps 旅程的开始阶段时，这是完全有效的。随着你的成熟，通过记录流程，你可

以迭代哪些是有效的，哪些是无效的，以及云计算卓越中心（CCoE）和团队可以做什么来改善并减少浪费。你的资源和这些记录的流程的集合构成了你的库存。

关于标签的简要介绍 ●●●●

标签是库存管理的一个关键部分。你可以通过给一个资源分配一个键值对来标记它。换句话说，标签是你资源的一种元数据类型。例如，一个值为 Peter 的所有者标签键可以帮助你的组织内的人识别一个资源。他们可以安全地假设 Peter 是该资源的所有者，任何关于其使用的问题都可以直接向他提出。

标签是关键（不是双关语），因为它们为你的资源提供了额外的背景信息。当你在管理个人财务时，有时你会遇到一个不认识的项目。如果你有办法为这个项目提供背景信息（例如，我在这个日期去拜访我的朋友时，在这个城市支付了汽油费，尽管我不认识 Gas For Less, Inc.这个实体），但是你应该知道这是一个合法的费用。这同样适用于你的 AWS 资源。标签为你提供了一个资源存在的理由，以证明它对你的企业是有价值的。

你可以通过正确标记你的资源来减少浪费。假设团队遵守组织范围内的标记政策，并且任何被标记的资源都有一个有效的商业目的，那么对任何没有标记的资源，你可以认为它们没有给你的业务带来价值。然后，你可以努力减少这些资源的配置，努力减少浪费。这不仅是一种积极有效的方法，而且还能帮助你管理云资源，从而最大限度地提高效率。大多数企业不会达到实现所有云资源 100%被标记的成熟度水平。然而，这是一个值得努力实现的目标。有些机构可能会设定 60%的目标，然后在他们变得更加成熟时将这些目标提高到更高的数值。你可以设置任何对你的企业有意义的目标。

你可以对你的 AWS 资源应用标签，但你必须知道你拥有哪些 AWS 资源。下一节的目的是缓解那种不知所措，但又不知道自己拥有哪些资源以及这些资源属于谁的感觉。我们将看看几个可以帮助你的 AWS 工具。

用AWS 成本资源管理器跟踪库存 ●●●●

我们使用 AWS 成本资源管理器可以很方便地跟踪库存的成本和使用情况。该工具在 AWS 上免费提供，并提供了一个可视化界面，可以查看每月、每周和每天的花费情况。

如果你有管理账户的访问权限，就可以在 Cost Explorer 中查看你组织内每个账户的成本情况，从而在一个窗口中查看所有账户的用量情况。

成本资源管理器的界面简单易用，可以根据不同的属性进行分组和过滤。例如，你可以按账户进行分组，查看某一特定时期内哪些账户的花费最高。然后，你可以应用过滤器，只查看这些花费最高的账户的成本和使用情况。你还可以通过查看哪些服务的成本最高，来深入研究使用这些服务的应用程序编程接口（API）操作。

通过使用 AWS 成本资源管理器，你可以更好地跟踪和管理库存的成本，以及优化资源的使用情况。

> **重要说明**
>
> Ost Explorer 是免费的，但在使用之前，你确实需要先启用该服务。请按照 AWS 文档（https://docs.aws.amazon.com/cost-management/latest/userguide/ce-enable.html）上的说明进行以下步骤来启用该服务。请注意，启用之后，你可能需要等待大约 24 小时才能访问到该服务。

你可以创建自定义报告以满足你的业务需求。图 3.1 显示了过去 7 天内按服务划分的费用明细。

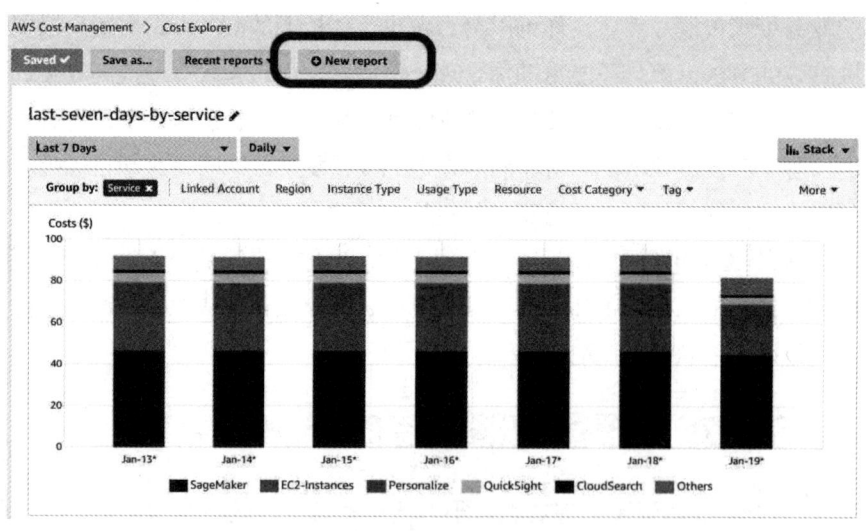

图 3.1　AWS 成本资源管理器中的一个自定义报告

因为成本资源管理器是免费的，可以更好地了解你的库存。成本资源管理器提供了一个直观的界面，可以帮助你可视化地查看每月、每周和每天的花费情况。

> **重要说明**
>
> 如果你在会员账户级别访问成本资源管理器，就只能查看该账户的成本和使用数据，而无法查看其他账户的使用情况。要实现多账户的可见性，需要通过管理账户进行操作。

你可能会意识到，你的成本中有很大一部分来自一个与你的公司无关地区的 Runinstance API 操作。通过与正确的团队合作，你可能会发现一个服务器被放置在远程区域运行，而某个人在测试完成后忘记关闭它。成本资源管理器将为你提供这种可见性，并且还能让你看到账户之间和账户内部的使用趋势，这对于设定支出基线非常重要。

> **使用 AWS 成本资源管理器查找流浪实例**
>
> 在访问 VidyaGames 的 AWS 组织内的管理账户后，Jeremy 使用成本资源管理器来获取该公司 AWS 账户支出模式的高级概览。Jeremy 按服务类型进行了 6 个月的查看，发现亚马逊弹性计算云（EC2）、亚马逊简单存储服务（S3）和亚马逊关系型数据库服务（RDS）构成了每月支出的大部分。
>
> Jeremy 注意到某个月的使用量激增，因此他在该月内从月度视图改为每日视图。这个较高的费用来自亚马逊 EC2 服务，但 Jeremy 不确定这个视图的来源是 AWS 账户。
>
> 然后，Jeremy 将分组改为按关联账户查看，并添加一个过滤器，只显示与亚马逊 EC2 实例相关的费用。使用该视图，Jeremy 将其范围缩小到沙盒组织单元（OU）内的一个账户。他将账户标识符（ID）与相关的所有者进行交叉对比，发现安德鲁是拥有该账户的开发人员。
>
> Jeremy 安排了一次与安德鲁的快速会议来审查使用情况。他向安德鲁表示，他正在执行成本纪律，并不打算监督资源的使用，而是希望确保团队优化他们对 AWS 的使用。
>
> "哦，那个？"安德鲁回应道。"那是我用来测试我们网站上传速度的东西。我特意使用了一个较大的实例类型来运行一个网络性能基准。我以为我已经结束了这个实例，但我想我不小心让它开始运行了。"
>
> "没关系。"Jeremy 回答道，"这并不是说我要给你一个教训，而是我在看成本报告时注意到的事情。谢谢你让我知道！我认为，我们发现这一点是好事。我们确实应该能够迅速发现这些异常情况并做出相应的反应，这将有助于节省成本。"

通过使用 Cost Explorer 只需支付少量的 Cost Explorer API 调用费用。它可以作为一个工具，快速了解你所有资源的初步情况。当你可能没有复杂的工具或第三方工具来管理成本时，它是一个很好的起点。

成本资源管理器免费提供月度和每日的精细度。你可以选择以每小时为单位，费用为每月每 1 000 个 UsageRecord 实例 0.01 美元（USD）。一个 UsageRecord 实例表示一个使用记录。例如，一个亚马逊 EC2 实例每天运行 24 小时，将会生成 24 个以小时为精细度的 UsageRecord 实例。

利用 AWS 成本和使用报告（CUR）是获得每小时成本和使用数据的另一种方式。我们将在下一节中进一步了解这方面的内容。

使用 AWS CUR 跟踪库存 ●●●●

成本资源管理器在一定程度上是免费的，并且与 AWS 用户界面（UI）原生集成，使人们可以轻松开始使用它作为查看 AWS 成本和使用的工具。然而，它确实有一些局限性。例如，你只能查看过去 12 个月的历史数据。此外，你无法使用多维查询，例如按多个层次分组或按账户或按服务进行费用可视化。而成本资源管理器中按小时划分的视图是需要付费的。幸运的是，还有另一个本地的 AWS 产品供你使用。

如果你有超过 12 个月的费用数据需要探索，而且需要每小时的精细度，你可以使用 AWS CUR。AWS CUR 提供了每小时粒度的费用数据，涵盖你所有账户的所有费用。它还提供了 Cost Explorer 中不显示的详细信息，例如你的使用量的计费单位[例如存储的千兆字节（GB），网络输入／输出的消耗（1/0）]，以及适用的费率和每个细项的描述，这些信息以表格形式呈现。或许最重要的是，你所应用的标签会被添加到 CUR 中。这为你提供了一个更个性化的成本和使用情况视图，与你的业务相关联。

通过使用 AWS CUR，你可以更好地跟踪和管理你的库存成本，了解不同维度的费用分布，并根据需要进行优化和调整。

与成本资源管理器类似，要查看账户的总体使用情况，你需要通过管理账户访问 AWS CUR。默认情况下，账户只能查看其自己账户内的成本和使用情况。然而，与成本资源管理器不同的是，你必须设置 CUR，以便 AWS 将成本和使用数据传递到指定的 S3 存储桶。因此，你需要对存储在 S3 中的数据进行存储费用付费。我们将在本书的第三部分"运营 FinOps"中讨论优化 S3 存储桶存储成本的方法。

你可以在个人账户层面或组织层面使用管理账户激活 CUR。报告包括帮助你跟踪库存使用情况的列，包括账户标识、费率和成本、使用量和单位，以及你指定的任何标签。CUR 提供了最全面的方式来跟踪库存，具有小时级的粒度和 API 级别的追踪，如图 3.2 所示。随着标签作为列添加到 CUR 中，它提供了你按照标签细分 AWS 成本所需的功能。结果显示使用的开始和结束时间、服务名称、API 动作和成本。

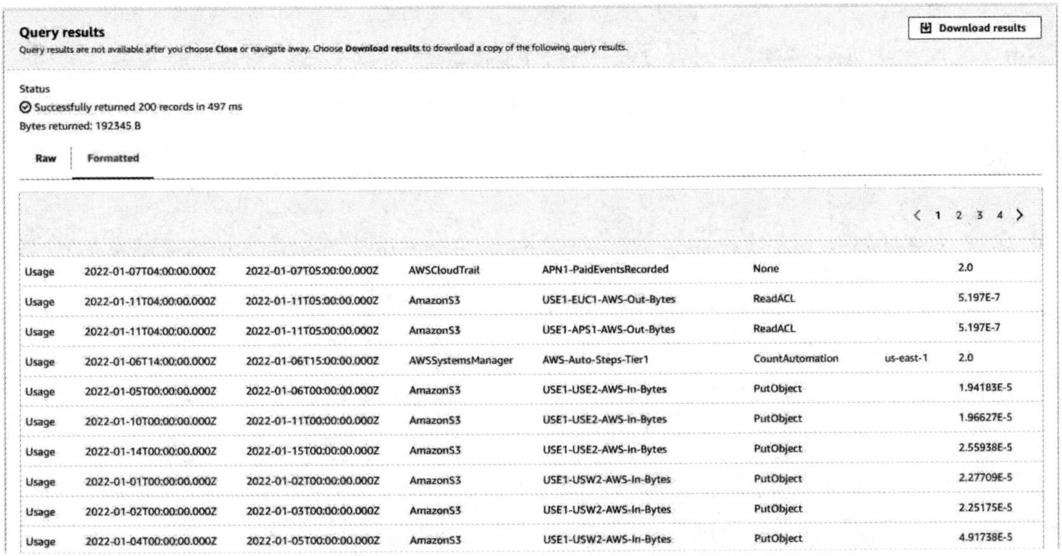

Usage	2022-01-07T04:00:00.000Z	2022-01-07T05:00:00.000Z	AWSCloudTrail	APN1-PaidEventsRecorded	None		2.0
Usage	2022-01-11T04:00:00.000Z	2022-01-11T05:00:00.000Z	AmazonS3	USE1-EUC1-AWS-Out-Bytes	ReadACL		5.197E-7
Usage	2022-01-11T04:00:00.000Z	2022-01-11T05:00:00.000Z	AmazonS3	USE1-APS1-AWS-Out-Bytes	ReadACL		5.197E-7
Usage	2022-01-06T14:00:00.000Z	2022-01-06T15:00:00.000Z	AWSSystemsManager	AWS-Auto-Steps-Tier1	CountAutomation	us-east-1	2.0
Usage	2022-01-05T00:00:00.000Z	2022-01-06T00:00:00.000Z	AmazonS3	USE1-USE2-AWS-In-Bytes	PutObject		1.94183E-5
Usage	2022-01-10T00:00:00.000Z	2022-01-11T00:00:00.000Z	AmazonS3	USE1-USE2-AWS-In-Bytes	PutObject		1.96627E-5
Usage	2022-01-14T00:00:00.000Z	2022-01-15T00:00:00.000Z	AmazonS3	USE1-USE2-AWS-In-Bytes	PutObject		2.55938E-5
Usage	2022-01-01T00:00:00.000Z	2022-01-02T00:00:00.000Z	AmazonS3	USE1-USW2-AWS-In-Bytes	PutObject		2.27709E-5
Usage	2022-01-02T00:00:00.000Z	2022-01-03T00:00:00.000Z	AmazonS3	USE1-USW2-AWS-In-Bytes	PutObject		2.25175E-5
Usage	2022-01-04T00:00:00.000Z	2022-01-05T00:00:00.000Z	AmazonS3	USE1-USW2-AWS-In-Bytes	PutObject		4.91738E-5

图 3.2 使用 Amazon S3 Select 查询 CUR

你可以在 AWS 网站上找到激活 CUR 所需的步骤：https://docs.aws.amazon.com/cur/latest/userguide/cur-create.html。因为 AWS 可能需要 24 h 才能开始将 CUR 数据传送到你想要的存储桶中，所以尽早激活 CUR 会对你有好处。你可以配置 CUR 以每小时、每天和每月的时间粒度发送数据。如果需要的话，你可以激活信息行中的 resource_id 参数，但这会增加一些费用。虽然在创建 CUR 时只能选择单一的时间粒度类型，但你可以自由地创建多个报告以满足你的需求。比如，你可以设置一个月度 CUR 报告和一个独立的每日 CUR 报告，将它们发送到不同的存储桶中。这些报告可以为不同的利益相关方提供不同的目的。

CUR 比 Cost Explorer 更具优势，因为它在一个数据集中提供了大量的信息。Cost Explorer 是一个预设查询成本分组的用户界面，而 CUR 允许你在 Cost Explorer 的查询无法满足你的需求时创建自己的查询。你需要使用 Cost Explorer，创建单独的视图来查看你所需分组的成本数据。你可以保存一个按服务显示支出的报告，以及另一个按账户显示支出的报告。而 CUR

以表格形式提供了所有的数据，所以你可以自由地使用熟悉的工具（如微软 Excel 中的透视表或 SQL 查询）来进行数据聚合和切分。

> ### 激活 CUR 以提高可见度
>
> 杰里米注意到 VidyaGames 的 CUR 数据为空，他决定采取行动，在 AWS 计费控制台中激活 CUR。他在管理账户中创建了一个亚马逊 S3 桶，目的是托管 CUR 数据。由于他在过去有一些数据分析经验，明白 CUR 数据将以表格的形式交付给他。为了确保他能够理解这些数据，他需要使用一种通用的查询语言，比如结构化查询语言（SQL）。
>
> 出于这些需求，他选择了每日的时间粒度，并启用了 Amazon Athena 来集成报告数据。杰里米了解到 Amazon Athena 是一个无服务器的交互式查询服务，通过观看介绍性视频，他明白一旦 AWS 将 CUR 文件交付到他指定的桶中，他将能够直接在 S3 中查询数据，而无须将数据转移到另一个数据源。
>
> 在激活 CUR 后，他需要等到第二天才能在他的 S3 桶中看到内容。

虽然你提供了一个全面的解决方案，但是 CUR 只提供有关你的成本和使用情况的表格数据集。换句话说，你需要使用其他工具来对 CUR 数据进行可视化。由于你可以逗号分隔值（CSV）文件的形式访问 CUR 数据，你当然可以使用 Microsoft Excel 来创建基本的图表进行特定的可视化，但为了获得更高的可扩展性和可共享性，你可以使用 Amazon QuickSight 作为商业智能（BI）工具。通过 QuickSight，你可以轻松创建常见的可视化图表，例如条形图、折线图、饼图和交叉表。然后，你可以保存并发布你的可视化图表作为仪表板，与团队共享。QuickSight 还提供许多更高级的功能，例如基于机器学习（ML）的预测和洞察。

作为成本管理工具，Cost Explorer 和 CUR 可以帮助你了解你拥有哪些资源。另一个帮助你获取有关亚马逊 EC2 相关资源的全球视图的工具是 EC2 全球视图。我们将在下一节讨论这个工具。

用 EC2 全局视图跟踪亚马逊 EC2 库存 ●●●●

亚马逊 EC2 是在 AWS 上提供虚拟计算环境的服务。通过亚马逊 EC2，你可以在几分钟内部署虚拟服务器（也称为实例），并通过指定实例类型来运行各种工作负载，以满足你的业务需求。你还可以在亚马逊 EC2 实例上附加块存储，这些块存储被称为弹性块存储（EBS）卷，其功能类似于个人计算机的硬盘。

亚马逊 EC2 的一个主要优势在于其弹性性能，你可以根据需求提供所需的服务器数量，并根据实际使用的服务器数量进行付费。当你不再需要该计算能力时，你可以终止相应的实例，从而停止付费。EC2 全局视图可帮助你轻松跟踪和管理你的亚马逊 EC2 实例和相关资源的库存情况。

> **重要说明**
>
> 亚马逊 EC2 是亚马逊网络服务（AWS）的一个基础服务。若想深入了解有关亚马逊 EC2 的详细信息，建议你参考亚马逊 EC2 的服务文档（请查阅本章末尾的参考文献）。对于亚马逊 EC2 的工作原理有一个基本的了解，将有助于理解接下来本书所涉及的主题内容。

当你部署亚马逊 EC2 实例时，将其置于亚马逊虚拟私有云（VPC）中。就像在数据中心部署物理服务器一样，你可以在亚马逊 VPC 中部署虚拟亚马逊 EC2 实例。VPC 是你账户中包含的一个虚拟网络，允许你使用子网对网络进行逻辑分隔，并为你的 VPC 定义一系列互联网协议（IP）地址。此外，你还可以利用安全组为亚马逊 EC2 服务器等资源定义防火墙设置。

这些服务是 AWS 客户广泛使用的。幸运的是，亚马逊 EC2 提供了一个账户级的实例、VPC、子网、安全组和卷的全局视图。当你在 AWS 管理控制台中选择 EC2 全局视图时，AWS 提供一个仪表盘，显示所有与亚马逊 EC2 相关的资源，如图 3.3 所示。你还可以运行全局搜索，以过滤资源 ID、标签或区域，并将报告下载为 CSV 文件，以便进一步分析。请注意，这些资源仅限于之前列出的那些。如果你想获取 AWS 资源的全面清单，请使用 AWS 成本资源管理器。

AWS 为同一区域内的 Amazon EC2 资源分配唯一的资源 ID。在亚马逊 EC2 中搜索资源时，你可以参考这些资源 ID。在图 3.3 中，你可以看到 EC2 全局视图显示了所有已启用的区域中的实例、VPC、子网、安全组和卷。

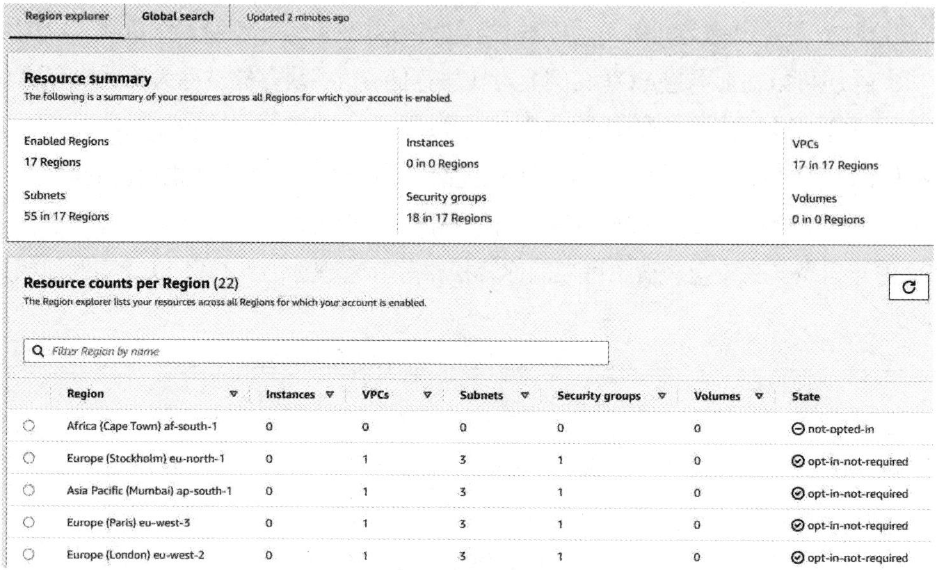

图 3.3　亚马逊 EC2 全球视图

使用 EC2 全局视图

　　杰里米发现在所有 AWS 账户中，亚马逊 EC2 是花费最高的服务之一。尽管通过成本资源管理器查找违规亚马逊 EC2 服务器的练习是可行的，但相对烦琐。幸运的是，凭借他对 EC2 全局视图的了解，他找到了一个更好的方法来识别亚马逊 EC2 的特定资源。凭借适当账户内的 EC2 资源读取权限，Jeremy 可以通过全局视图获取所有区域的资源数量。这使得他更容易查看现有的资源，而不需要设置多个报告和反复过滤，特别是当他需要专注于 EC2 的特定资源时。此外，杰里米利用 EC2 全局视图不仅清理了未使用的实例，还清理了未使用的安全组和 EBS 卷。就像进行春季大扫除一样，Jeremy 在整理公司的 AWS 资源方面更加自信，重新获得了一种控制感。随着 AWS 成本使用报告（CUR）的建立，Jeremy、Ezra 和 Ellia 对他们的云计算支出有了更多的了解。他们在 AWS 成本资源管理器中创建了一些报告，按成员账户、服务和区域显示支出。这些定期报告使他们对各团队每天在 AWS 资源上的花费有了大致了解。杰里米还设置了 CUR，并发现 S3 存储桶中是每日汇总的成本和使用数据。通过 Athena 的集成，Jeremy 可以基于 CUR 数据运行基本的 SQL 查询，以查看前 10 个花费最高的账户、服务和其他有趣的数据，例如最常使用的实例类型。因此，拥有这种可见性将有助于为 VidyaGames 制定成本优化策略。

EC2 全局视图是一个非常有用的工具，用于查看在 AWS 的各个地区中的 EC2 实例、VPC、子网、安全组和 EBS 卷。与 Cost Explorer 相比，EC2 全局视图的范围更加具体，而且对于需要查看与 EC2 相关的资源，它提供了一个单一的窗口，这些资源往往是许多 AWS 用户中最高支出的部分。

通过 EC2 全局视图，我们可以更轻松地识别亚马逊 EC2 域内的资源。现在让我们来看看 AWS 资源组是如何帮助我们识别域内所有资源的，尤其是那些没有标签的资源。

用 AWS 资源组组织资源 ●●●●

你可以使用 AWS 资源组来对你的 AWS 资源进行组织。资源组是一种管理库存和编目的方式，比 EC2 全局视图提供的资源更详细（参见前文）。

通过使用资源组，你可以轻松地组织具有相似标签的资源。这样可以很容易地找到逻辑上分组的资源。举个例子，如果你给一个亚马逊 EC2 实例、一个亚马逊 S3 存储桶和一个 VPC 打上相同的标签，那么你可以将它们归入一个资源组。你可以查询所有具有该标签的 EC2 实例，并进行其他库存管理任务。这些资源可能构成一个应用程序。因此，通过相似标签来分组资源，你可以看到与运行一个应用程序相关的总成本。

在图 3.4 中，你可以看到一个基于标签的查询，使用项目标签的键和 JupyterNotebook 的值来分组选定区域的所有资源。然后，你可以看到所有具有这个键值对的资源。

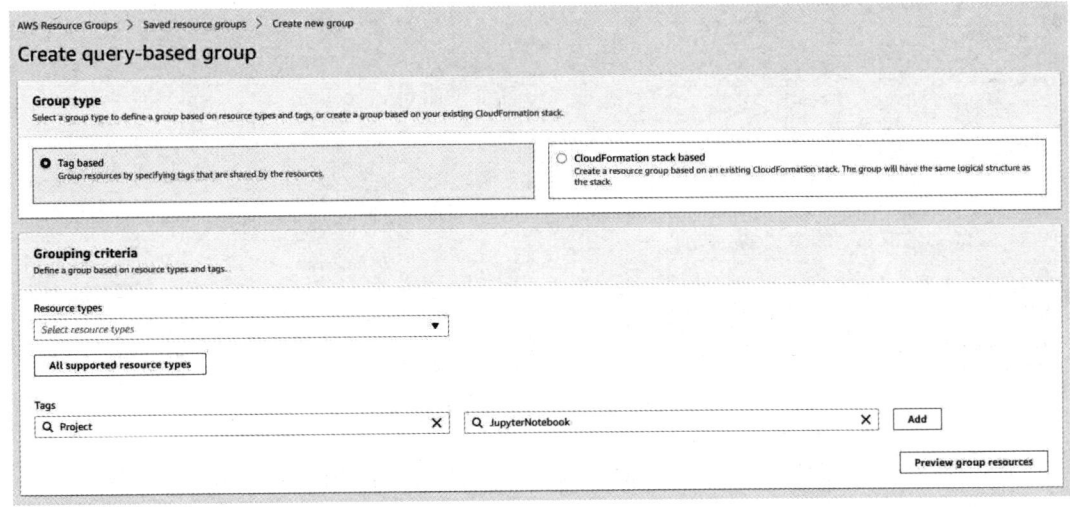

图 3.4　在 AWS 资源组中进行查询

标签编辑器是 AWS 资源组中的一项功能，它可以帮助你找到需要标记的资源。这在以下情况中特别有用：当团队配置了一组与特定商业案例相关的资源时。也许这些资源都是用特定的应用程序名称标记的，但开发人员忘记了应用程序所有者的标签。通过标签编辑器，你可以找到这组具有类似应用程序标签的资源，并以批量方式追溯地应用所有者标签。

同时，标签编辑器还提供了一个查看没有任何标签的资源的视图。这在实施标签策略之前，先查看没有标签的资源时非常有用。需要注意的是，这种方法可能无法查询所有资源。AWS 为你提供了一个可以使用标签编辑器的资源列表，可以在本章末尾的参考文献部分找到相关链接。

要获取带有特定标签或根本没有标签的资源列表，你可以使用管理控制台中的标签编辑器。你可以选择多个区域，指定资源类型，并选择一个或多个标签（如图 3.5 所示）。标签编辑器将搜索你的库存，并允许你将结果导出为 CSV 文件。你还可以直接在 AWS 管理控制台中选择多个资源并管理标签（如图 3.6 所示）。

图 3.5 展示了如何使用标签编辑器在美国东部（弗吉尼亚州北部）地区找到所有支持的资源类型来标记。

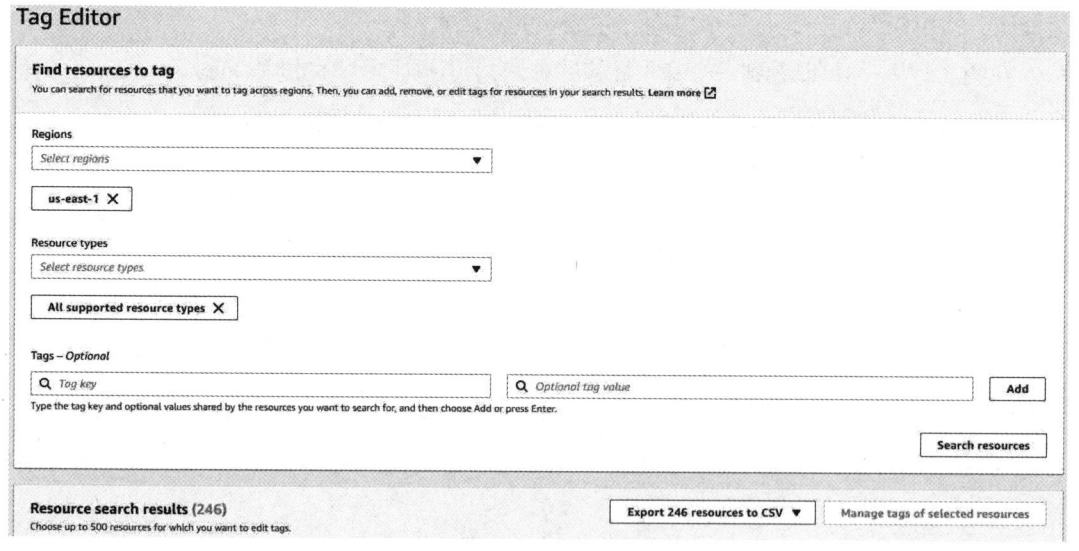

图 3.5　用标签编辑器进行查询

在得到查询结果后，图 3.6 展示了将"owner":"peter"的键值对作为标签应用到结果资源上。这样做可以对资源进行批量标记，并进行追溯。

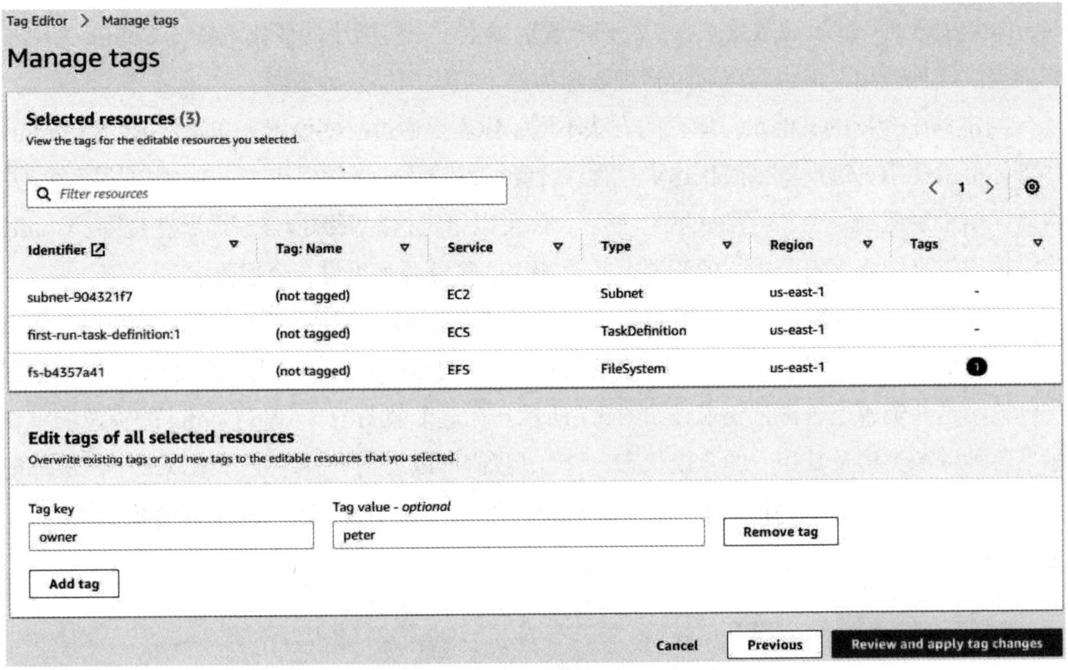

图 3.6　用标签编辑器管理标签

确实，不是所有的资源都需要标签，这是可以理解的。例如，一些组织可能认为对于动态主机配置协议（DHCP）选项集等资源进行标记并没有太大的价值，因为这些是网络中的虚拟服务器所期望的。除此之外，标签编辑器是一个很有用的工具，可以暴露那些没有标签的资源。

标签编辑器帮助你获取具有或没有预设标签的资源列表。你可以使用该服务来了解在 AWS 账户内运行了哪些资源。然后，你可以追溯地应用标签，使这些资源符合你组织的标签策略。然而，标签编辑器并不能强制执行任何标签要求。这就需要另外一项服务，接下来我们将了解它。

用 AWS 配置跟踪库存 ●●●●

AWS 配置是一项服务，可以帮助你跟踪你的库存并记录对库存所做的任何更改。你可以将 AWS Config 想象成监控摄像头，监视你的 AWS 资源。例如，你可以使用 AWS Config 查看某一周内的所有资源以及它们的配置。在接下来的一周，当你重新登录到 Config 控制台时，你会注意到一些资源数量减少了，其配置也发生了一些微小的变化。AWS Config 为单个账户提供这种视图，但也可以通过管理账户为整个组织提供这种视图。

与本章中介绍的其他跟踪库存的方法不同，你需要通过一些设置来初始化 AWS Config，尽管你可以使用一键设置来简化这个过程。设置过程涉及选择你想让 Config 监控的资源，并将监控结果发送到一个 S3 存储桶中。然后，你可以指定这些资源应该遵循哪些规则。Config 将根据你定义的规则来监控你的资源，并通知你这些资源是否符合合规要求。

举个例子，如果你要求整个组织的所有 EC2 实例都标记有所有者密钥和相应的值，你可以在 Config 中指定 EC2 资源类型以及相应的规则。然后，Config 将监测你的库存，并根据规则显示这些资源是否符合要求，如图 3.7 所示。在这个截图中，AWS Config 的资源清单显示了各种资源类型及其相应的合规状态。例如，我们可以看到有一些亚马逊 EC2 子网被标记为不符合要求。我们将在第 5 章 "管理成本和使用情况" 中详细讨论如何管理你的资源问题。

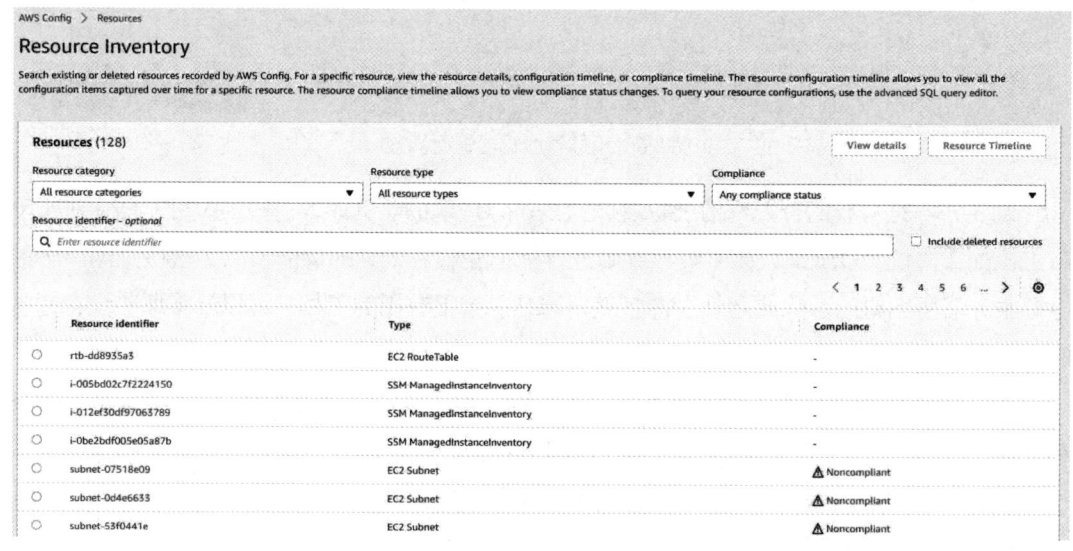

图 3.7　AWS 配置资源清单视图

作为一个管理和治理工具，Config 的价值远远超过了它作为库存管理工具的价值。确实，Config 可以帮助你查看库存，但它可以并且应该用于更多的用途。我们将在下一章详细探讨 Config 如何帮助 FinOps 实现控制和治理。

本节中，我们介绍了 Cost Explorer、CUR、Tag Editor 和 AWS Config 这些工具，它们可以帮助你更好地了解在你的 AWS 账户中运行的所有资源。如果你不确定拥有哪些资源正在运行，就可以使用这些工具作为起点。这对于任何成本节约战略都是必需的，因为在优化之前你必须知道你拥有什么资源。为了确保所有团队对他们部署的资源拥有所有权，有一个标签策略是非常有帮助的，我们接下来将讨论这个问题。

建立一个标签策略 ●●●●●

建立一个合适的标签策略是非常重要的，它能够提升你对资源进行追踪的能力，并在后续减少浪费。验证资源的目的能够证明它对企业的价值，同时，证明终止资源也能通过消除浪费为企业带来价值。

正确的标签策略应该根据组织的需求进行调整。实际上，随着团队、优先事项和业务需求的变化，正确的标签策略在组织内会不断调整。然而，还是有一些一般的最佳做法可以帮助你建立适合你的标签策略。

首先，为成本分配设置标签。这可以是业务标签的形式，帮助人们了解资源支持的成本中心、业务单位或项目。你可能希望将成本分配标签与财务报告的做法保持一致。例如，如果财务部门的报告涵盖了多个维度，如业务单位、成本中心或地理区域，那么将成本分配标签与现有流程匹配，有助于简化报告。

其次，在命名标签时使用共同语言。在制定标签策略时，要确保涵盖所有必要的利益相关者。如果开发团队对成本中心的标记方式与财务部门对这些标记的报告方式不一致，那么报告可能会反映不准确的数据。建立一个统一的语言和统一的命名规范，以便所有团队都能遵循，进而增强标签的一致性，并最终提高库存的可见性。

再次，还需要建立一个跨职能团队来确定组织的标签要求。尽管财务团队可能主要关注成本分配标签，但业务团队和应用团队可能需要与资源相关的其他元数据，确保所有团队对标签要求保持一致，并确保利益相关者在提供标签名称和值时能够参考真实的来源。我们将在第 4 章详细讨论标签管理。

另外，建立一个开放的对话渠道，定期与跨职能团队进行讨论，以讨论标签卫生，并在需要时考虑调整标签策略。你可能不需要改变标签策略，但保持一致使用标签和标签价值的沟通仍然非常重要。

在 VidyaGames 中应用标签策略

Jeremy 和 Elia 开始安排与技术团队的定期会议，以制定标签策略。通过这些会议，他们达成了共识，根据应用名称、所有者、成本中心和时间表为资源进行标记。团队通过这些讨论意识到，日程表的标签将有助于通知团队资源的预计运行时间，区分需要全天候运行和仅需几小时运行的资源，使团队能够努力减少浪费。Jeremy 开始思考利用自动化停止根据指定工作日使用时间表标签的实例的想法。

请注意标签变更的下游影响。将带有新标签的资源与几周前带有旧标签的同一资源进行对比时，标签名称的变更可能导致报告不一致。此外，如果你有适用于某种标签的政策，就可能需要更新该政策以适应新标签。为了尽量减少不利影响，请沟通标签策略的变化，并建立变更管理流程。

同时要注意 AWS 对标签的限制。目前，用户创建的标签数量有一个限制为 50 个。因此，请选择适量的标签，以提供尽可能清晰的信息。有时候，添加过多的标签可能会产生不必要的噪声。因此，使用足够且必要的标签数量可以帮助保持报告的整洁。

我们已经认识到标签对于减少浪费和进行库存管理的重要性，但有时候标签可能过于细化。如果你需要一种更粗略的资源管理方式或者通过标签对资源进行分组，请考虑使用 AWS 的成本类别。

用 AWS 成本类别对标签进行分组 ●●●●

在此方面，你可能知道 AWS 的工具可以帮助获取整个账户的资源清单。你可以利用标签来将资源与有意义的组织资产相联系，例如所有者、应用程序、成本中心和业务单位。通过结合这些策略和工具，你可以开始识别可终止的资源。

AWS 成本类别为资源管理和成本可视性提供了额外的层次。在某些情况下，你的标签策略可能过于详细或过于粗糙，无法提供你所需的信息。例如，你可能会组织你的账户以支持多个应用程序，采用类似如图 3.8 所示的结构。

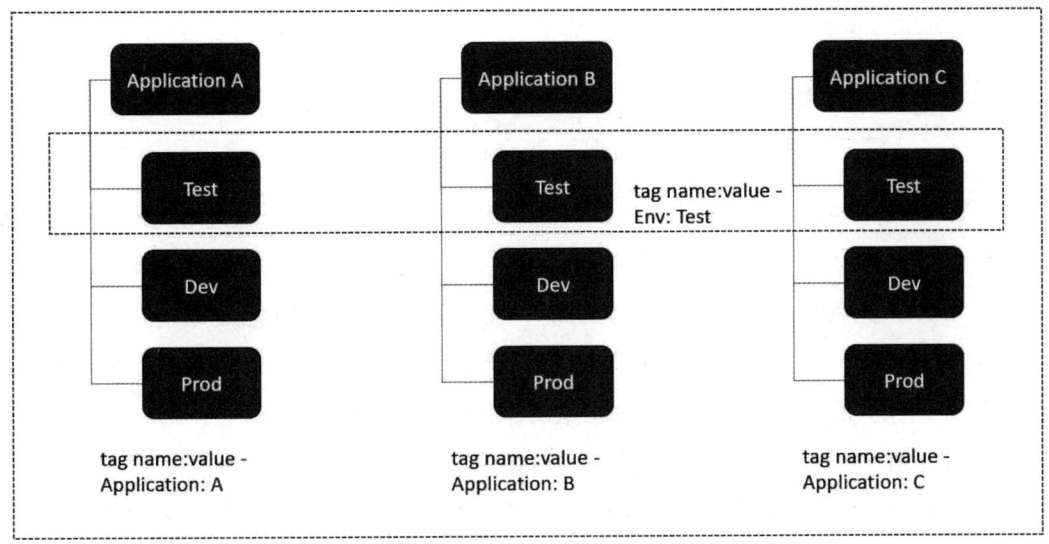

图 3.8 用 AWS 成本类别将标签组合在一起

应用程序 A、B 和 C 都有各自的 OU（组织单位）。在每个 OU 中，有三个账户代表不同的环境。初始时，你将为账户和这些账户中的资源分配标签，以反映应用程序的名称。应用程序 A 的资源将具有一个名值对标签，即应用程序 A。

通过使用成本类别，你可以将这些标签分组，以代表不同的粒度水平。例如，你可以将应用程序 A、B 和 C 的标签分为一个类别，以展示完整的工作负载。这里也可以使这三个应用程序一起工作，以支持一个特定的产品（在本例中为 OurProduct）。你可以使用成本类别将这些标签分组，以显示该产品的总成本。

另一种划分这个环境的方法是，仅为代表这三个应用程序的测试环境创建另一个成本类别。成本类别允许你使用不同的维度创建规则，例如账户 ID、资源类型和标签。在这种情况下，你可以创建一个类别，仅包括应用程序的测试环境，以了解你在产品测试方面的总消费。

你的成本类别将反映在成本资源管理器和 CUR（Cost and Usage Report）中。利用其优势，有助于你获取资源使用的可见性。理想情况下，每个有意义的资源都应该被标记，并被归入逻辑分组。这将使你能够隔离那些没有标签的资源，可以假设未标记的资源对你的业务没有价值。然后，你可以优先终止这些资源，以减少浪费。

本章小结 ●●●●

本章中，你了解了创建 AWS 资源清单的各种方法。你了解到，通过启用成本资源管理器并使用该界面，可以轻松入门并查看你的资源。为了获得更详细和细化的视图，你可以使用 AWS CUR，让 AWS 每月向你发送关于整个组织的成本和使用情况的报告。

你进一步了解了收集资源清单的其他方法，包括 EC2 全局视图，用于与亚马逊 EC2 和亚马逊 VPC 相关的资源、资源组和标签编辑器，使你能够将结果导出为 CSV 文件，以及 AWS 配置，用于持续的资源清单管理和变化跟踪。

你也意识到适合你组织的标签策略的重要性。有一些标签的最佳实践可以应用，但最重要的是通过跨职能的合作和简化的沟通来实施你的策略。

最后，你了解到 AWS 成本类别如何提供分组标签的方法，以提供另一层次的资源清单可见性。通过结合这些概念，你可以开始将资源映射到业务价值，并优先清理无法映射到用例的资源。这使你离消除浪费更近了一步。

在更好地了解你拥有的资源之后，你现在希望更好地规划未来的成本和使用。这意味着需要进行适当的规划和预算，这个问题将在下一章中讨论。

进一步阅读 ●●●●

如果你想要了解更多信息，请参考以下资源：

● 启用成本资源管理器，2022 年：https://docs.aws.amazon.com/cost-management/latest/userguide/ce-enable.html。

● 使用 Amazon S3 Select 过滤和检索数据，2022 年：https://docs.aws.amazon.com/AmazonS3/latest/userguide/selecting-content-from-objects.html。

● 什么是亚马逊 EC2？2022 年：https://docs.aws.amazon.com/AWSEC2/latest/UserGuide/concepts.html。

● 资源 ID，2022 年：https://docs.aws.amazon.com/AWSEC2/latest/UserGuide/resource- ids.html。

- 你可以使用 AWS 资源组和标签编辑器的资源，2022 年：https://docs.aws.amazon.com/ARG/latest/userguide/supported-resources.html。
- 使用控制台设置 AWS 配置，2022 年：https://docs.aws.amazon.com/config/latest/developerguide/gs-console.html。
- 标记 AWS 资源，2022 年：https://docs.aws.amazon.com/general/latest/gr/aws-tagging.html。

规划和指标跟踪

通过对你的 AWS 资源库存进行深入了解，你可以减少浪费的努力，因为许多团队经常因为不知道自己拥有什么而感到困惑。如果你不知道要优化什么，就无法进行优化。作为一个中央的 FinOps 功能，如 CCOE（Cloud Center of Excellence），可以成为鼓励团队拥有资源所有权的推动者，同时保持对整个组织资源的高层次视图。在上一章中，我们了解了 AWS 提供的几个辅助库存管理的工具。

在你的库存管理工作的基础上，加上规划、预算和跟踪，只能提高你减少浪费的努力。本章概述了如何在这些层面上进行添加。我们将探讨如何监控 AWS 的成本，以及如何将预算应用于你的 AWS 支出，确保你的成本和使用与业务目标保持一致。最后，我们将探讨如何利用异常检测等工具，以近乎实时的方式应对成本和使用中的异常情况。

VidyaGames 的云计算支出基准

在制定完整的标签策略后，Jeremy 和 Ezra 见面，讨论了他们的云计算支出的基准。

Jeremy 问 Ezra："现在我们已经采取了一些控制措施，我觉得我对我们每天在 AWS 上的花费有了一个大致了解。这和你在过去几个月中观察到的情况相符吗？"

"是的，大致是这样。当然，也有一些使用量的剧增，但大多数情况只是暂时的。"Ezra 回答道。

"我认为我们必须监测这些高峰，以防止它们的持续时间超过我们的预期。我们希望能够稳定地解释我们的成本。你怎么看？"

Ezra 叹了口气："这是我们计划已久的事情了。我觉得我们应该去和 Alexander 谈谈，他是首席财务官办公室的参谋长。我已经和他交谈过几次了，获得他的支持会很有帮助。"

本章中，我们将讨论以下主要议题：

- AWS 上的成本监控
- 在 AWS 上编制预算
- 设置 AWS 成本异常检测

技术要求 ●●●●

为了完成本章的练习，你需要具备前几章所需的相同要求。

AWS 上的成本监控 ●●●●

我们首先会探讨 AWS 提供的各种工具，用于本地成本监控和报告。我们将深入研究 AWS 成本资源管理器在这方面的能力，并介绍新的 AWS 分析服务，如 Amazon Athena 和 Amazon QuickSight 的报告功能。我们还会了解亚马逊 CloudWatch，一项用于监控 AWS 环境的服务，它在成本监控中有着诸多其他功能的帮助。让我们立即开始深入研究吧！

用成本资源管理器监测成本 ●●●●

AWS 成本资源管理器是一个很有用的工具，可以帮助你了解自身拥有的资源。尽管减少浪费只是其中的一部分，但成本资源管理器还能帮助你分析成本和使用情况，预测支出并检测异常情况。本文将重点介绍如何使用成本资源管理器进行成本和使用情况分析。

成本资源管理器提供了 12 个月的回顾功能，以查看你的成本和使用情况。它还可以对未来 12 个月的总支出进行预测。成本资源管理器默认提供了预测能力，而无须进行额外的配置。你可以在成本资源管理器的控制台中轻松查看一些预测结果。

报告功能非常有用，可帮助你节省时间，创建可重复的视图，并与整个组织的利益相关者共享信息。你可以访问成本资源管理器中默认提供的一些报告。这些默认报告提供了基本信息，如每日成本、按服务划分的每月成本以及通过链接账户的每月成本。这些报告可作为提高可见度的良好起点。此外，你还可以自定义这些报告，或创建自定义报告，以帮助你收集所需的数据并减少浪费。

例如，假设你想跟踪一个在 AWS 上构建的新应用程序的成本，并标记所有应用程序组件，以查看企业在整个应用程序以及其各个组件上的开销。你可以创建一个自定义报告，使用应用程序标签的过滤器，让成本资源管理器显示与该标签相关的 AWS 资源。

你需要先激活标签，再通过管理账户，这是非常重要的，也是必要的。图 4.1 展示了如何激活成本分配标签，以便成本资源管理器在其界面上显示。该示例展示了一个应用标签。请记住，标签键是区分大小写的，因此 "Application" 和 "application" 是不同的。你必须在 AWS 计费控制台中选择成本分配标签，并选择要激活的标签。

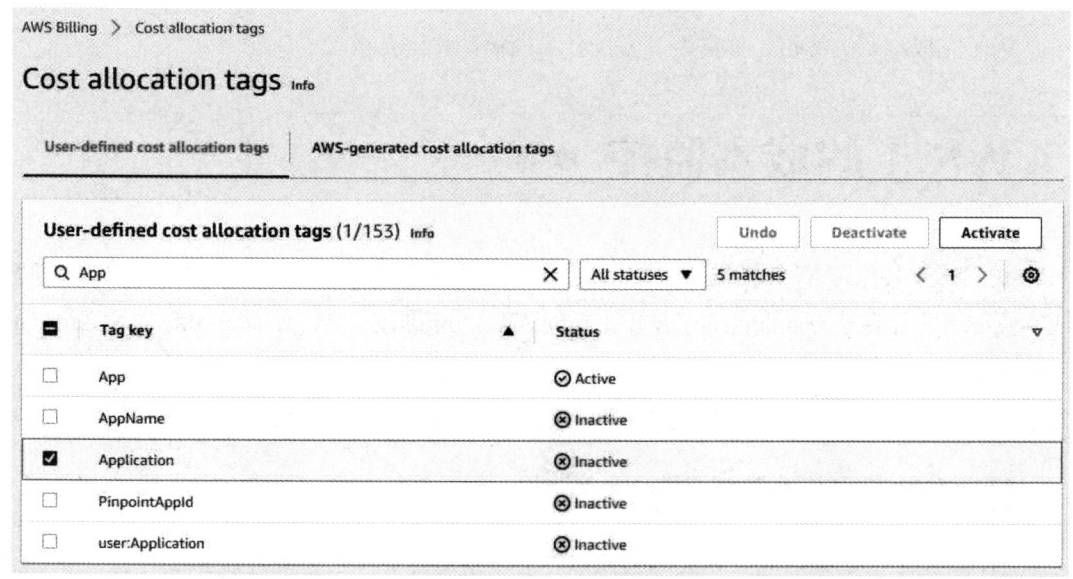

图4.1　激活成本分配标签

> **重要说明**
>
> 标签可能需要 24 h 才能在 Cost Explorer 中显示出来。AWS 不会对标签进行追溯，这意味着如果你在工作负载启动后的 3 个月才激活一个标签，你只能看到激活标签之后 3 个月的成本。

成本资源管理器提供了多种方式来呈现成本数据，其中最常提及的术语是未混合成本（Unblended Cost）。未混合成本表示你使用某项服务时所收取的费用。比如，如果你使用一个

EC2 实例 1 h，每小时费用为 1.00 美元，那么未混合成本就是 1.00 美元。

另一个常用的术语是摊销成本（Amortized Cost），它显示了在特定时期内累积的成本。在第 6 章 "优化计算" 中，我们将更详细地讨论保留实例、储蓄计划及其定价机制。但现在，你只需要知道你可以提前购买计算资源。你可以选择以折扣价提前支付计算资源，而不是按小时付费。你可以查看这些预先购买的资源在一段时间内的摊销情况，同时还可以查看它们的未混合形式。相比之下，在未混合成本视图下，你会看到一个相对较高的成本峰值，这可能反映了大量的预付费用。而在摊销视图下，你可以看到该费用按月摊销的情况。

举个例子，假设你以 1 200 美元购买了一个持续 1 年的保留实例。在未混合成本选项下，购买月份可能会显示一个高峰，反映出 1 200 美元的费用。而在摊销成本选项下，这 1 200 美元会分摊到每个月，从购买月份开始，每个月显示 200 美元（共 6 个月）。你可以根据需要选择最适合的成本显示选项。图 4.2 对这两种视图进行了比较，显示了在未混合视图下，1 月有一笔较大的费用峰值，而在摊销视图下，费用在 6 个月内分摊的情况。

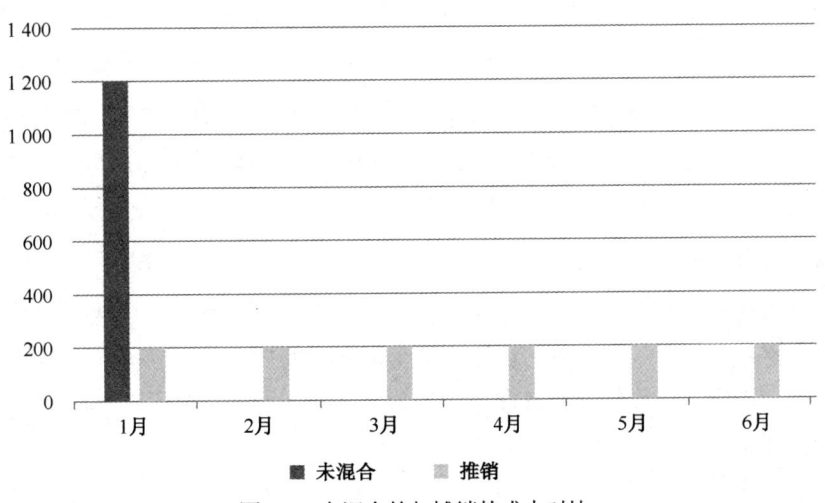

图 4.2　未混合的与摊销的成本对比

混合费率显示整个账户的平均费率，而不考虑每个账户的使用量。表 4.1 展示了一个假设的例子，整个组织的使用量为 70 GB。尽管每个账户的使用量不同，但通过将总费用（1 000 美元）除以总使用量（700 GB），可以计算出混合费率为 1.45 美元。这个费率可能与服务的实际定价不同。需要注意的是，无论使用非混合费率还是混合费率，总费用仍然是相同的。

表 4.1　有假设数据的混合费率

账户	二手国标	混合成本（$）
账户 A	100	142.86
账户 B	150	214.29
账户 C	200	285.71
帐户 D	250	357.14
共计	700	
混合费率	1.43	
总成本	1,000	

重要说明

　　前面的例子并不反映实际的 AWS 定价。它只是为了举例说明混合费率和非混合费率的概念。实际上，混合费率和非混合费率在不同的场景下可能具有不同的用途和适用性。对于某些情况来说，混合费率可能是更合适的选择，而对于其他情况，非混合费率可能更为适用。具体选用哪种费率取决于你的具体需求和目标。

　　Cost Explorer 是一个免费使用的工具，它是一个很好的起点，可以让你获得 AWS 成本和使用情况的基本概况。当你从管理账户访问 Cost Explorer 时，它提供了足够的信息，让你了解组织内所有账户的成本情况。它提供了开箱即用的报告、基本的过滤器和分组功能，可以对成本数据进行切分，以满足你的需求。

　　然而，如果你有特定的成本和使用情况问题，并希望运行自定义查询来获取更具体的信息，使用分析服务会很有帮助。分析服务提供了更高级的功能，可以让你根据自己的需求创建灵活的查询和报表。它使你能够更深入地分析你的成本和使用情况，提供了更多的灵活性和定制化的选项。

利用 AWS 分析服务进行成本监控 ●●●●

　　除了成本资源管理器之外，在上一章中你还了解了成本和使用报告（CUR）。你可以使用 CUR 进一步定制你的成本监控需求，并以表格形式获得你的成本和使用情况的另一个视图。AWS 提供一个可刷新的数据集，反映你的成本和使用情况，每天最多三次。你可以自行决定如何处理这些数据。

　　你可以使用 Amazon Athena 来查询数据。Athena 是一项无服务器的交互式查询服务，它允许你查询存储在 Amazon S3 中的数据，而无须配置和管理任何底层基础设施（因此被称为"无服务器"）。由于 AWS 将 CUR 发送到你指定的 S3 桶，因此 Athena 是一个明显的选择，可以最小的努力与该数据进行交互。实际上，当你最初创建 CUR 时，你可以选择将 CUR 与 Athena（或 Redshift，或 QuickSight 等）进行集成。

一旦你在 CUR 数据和 Athena 之间建立了集成，就可以直接在 Athena 查询编辑器中使用标准 SQL 查询你的数据。作为一个示例，下面的查询按最高成本从大到小显示与亚马逊 EC2 产品相关的内容。它输出了 AWS 指定的产品代码（Amazon EC2）和描述，以便提供一些背景信息。

```sql
select
    line_item_product_code,
    line item_line item_description,
SUM(line item_unblended_cost) AS sum line item unblended cost FROM
    {Your_table_name}
  where
    line_item_product_code LIKE '%AmazonEC2%'。
AND line item_line item_type NOT IN ('Tax', 'Refund', 'Credit') AND "month
" = date format(now(), '%c')
    AND "year" = date format(now(), '%Y')
    GROUP BY
        line_item_product_code, line_item_line_item_description
    order by
        sum_line item_unblended_cost DESC
```

图 4.3 显示了在 AWS 管理控制台中执行前述查询的结果。页面底部显示了查询的输出结果，并可将其作为逗号分隔值（CSV）文件下载。以下是与亚马逊 EC2 服务相关的最高成本。

你可以保存查询和创建视图，就像可以使用 Cost Explorer 创建报告一样。然而，你必须考虑使用 CUR 和 Athena 的成本。请记住，在 Cost Explorer 中查看每月与每日成本与使用数据是免费的，但以小时为单位的粒度在 Cost Explorer 中是需要付费的。

另外，使用 CUR 和 Athena 也会有成本。你需要支付在 Amazon S3 中存储 CUR 数据的费用，并在运行 Athena 查询时按所扫描的数据量付费。换句话说，Athena 最适合于临时报告，不需要长期运行查询并扫描整个数据集。对于 CUR 数据的积累是可能的，尤其是对于大型组织。如果使用 Athena 来执行与 Cost Explorer 相同的任务，将会是一种浪费。当你需要运行特定和更复杂的查询来寻找 Cost Explorer 无法提供的结果时，请使用 Athena。

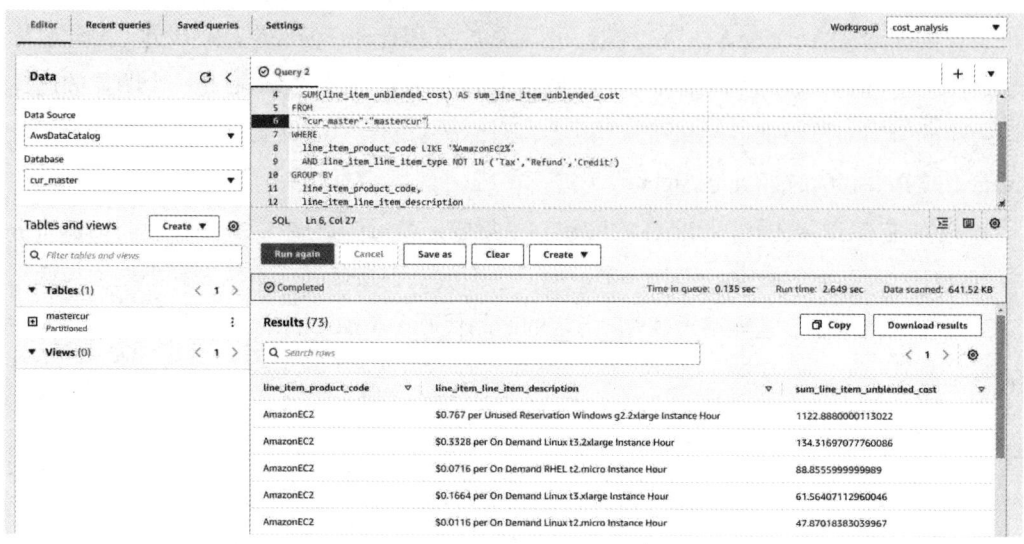

图4.3　控制台中的 Amazon Athena

如果你打算创建一个成本数据的数据湖，还可以将 CUR 与 Amazon Redshift 进行集成。Redshift 是一种完全托管的、云原生的数据仓库。与 Athena 一样，你可以使用 SQL 语法进行查询，但与 Athena 不同的是，你需要创建和管理一个 Redshift 集群。此外，与 Athena 不同的是，你需要按小时支付运行集群的费用，以及所存储的数据量。有关 Redshift 定价的其他方面，可以在网上找到更多详细信息。由于 CUR 提供了在创建时与 Redshift 进行集成的选项，如果你想要存储你的成本数据，可以将 Redshift 作为数据存储。

Amazon Athena 对于熟悉 SQL 语法的人来说非常好。然而，它无法将你的数据可视化为可共享的仪表板。为了满足这些需求，你可以使用 Amazon QuickSight。

用 QuickSight 进行成本报告 ●●●●

如果你想使用 AWS 上的 CUR 数据来建立自定义仪表板，可以使用 Amazon QuickSight 作为可视化工具。与 Athena 类似，QuickSight 是一种无服务器的工具，使你能够轻松上手。你可以将 QuickSight 连接到你在 Amazon S3 中的 CUR 数据，或者直接上传 CSV 或 Excel 文件到 QuickSight。

在 QuickSight 的界面上，你可以运行分析、创建和分享仪表板，并利用机器学习和自然语言处理（NLP）从成本数据中获得洞察。图 4.4 显示了 QuickSight 分析样本在仪表板中的效果。下面是一个 QuickSight 可视化的示例，展示了使用亚马逊 EC2 Spot Instances 而不是按需实例可能实现的潜在节省。你可以看到按账户和实例类型进行的节省情况。在第 6 章 "优化计算"中，我们将更详细地研究 EC2 实例的机制。

一个仪表板可以包含条形图形式的分析，也可以包含透视表形式的分析，还可以包含饼图形式的分析，以代表数据的可视化。

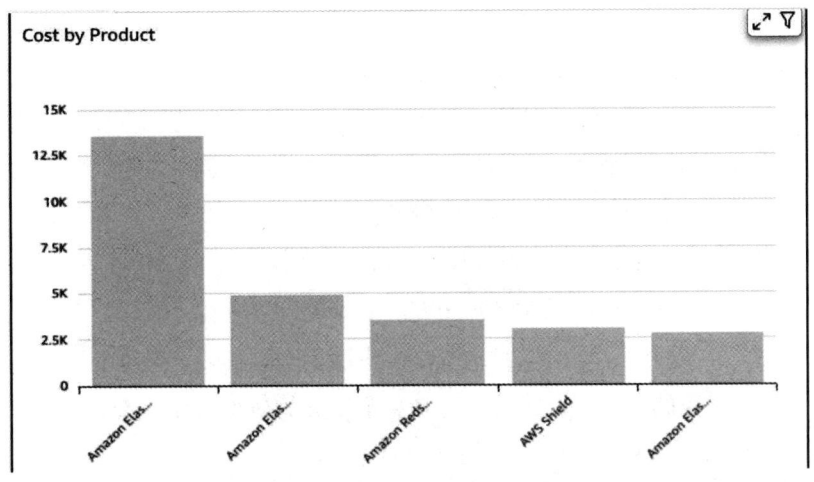

图 4.4　一个 QuickSight 样本仪表板

相较于 Cost Explorer，QuickSight 提供了更多的自定义选项。例如，你可以创建自定义计算字段，而 Cost Explorer 可能不提供这样的功能。事实上，CUR 默认提供的字段比 Cost Explorer 更多。因此，如果你想要使用 CUR 的数据来创建可视化效果，QuickSight 是一个自然的选择，因为它可以与 CUR 天然地集成。

QuickSight 还提供了嵌入功能。那些在 FinOps 旅程中更进一步的企业可以利用 CUR 创建自己定制的报告工具，并将 QuickSight 嵌入应用程序中。考虑到 QuickSight 的成本和涉及的工作时间，关键在于确保所采取的手段符合预期目标。

有用的提示

如果你对以 CUR 为中心的 QuickSight 样本感兴趣，就可以探索 AWS 的 Cost Intelligence 仪表板，以获得一些灵感（可以在本章后面的进一步阅读部分找到相关链接）。这个仪表板可以为你提供更深入的洞察和分析，以帮助你更好地理解和管理成本及其使用情况。

可视化和查询帮助我们更好地理解历史数据。这些工具可以用于预测和监测，但我们经常希望能够迅速响应 AWS 账户中发生的事件。为了实现这一目标，我们需要借助 Amazon CloudWatch 的主动监控功能。

用亚马逊云监控进行成本监控 ●●●●

当提及 AWS 上的日志、指标和事件这些术语时，首先让人联想到的就是 Amazon CloudWatch。CloudWatch 是 AWS 的统一日志平台，用于监控从应用程序到基础设施再到你的账户中发生的所有事件。显然，成本和使用数据是对你的基础设施进行度量的一种形式。实际证明，你可以在 CloudWatch 中监控计费情况。

如果你已经在使用 CloudWatch 进行基础设施和应用程序监控，那么在 CloudWatch 中监控计费活动就是有意义的。你可以在 CloudWatch 中创建仪表盘，其中包含各种部件来显示所需的指标，如图 4.5 所示。你可以对这些指标应用不同的功能，以不同的方式呈现你的数据，无论是某个时间段的平均值、总数，还是某个指标的最小值和最大值。

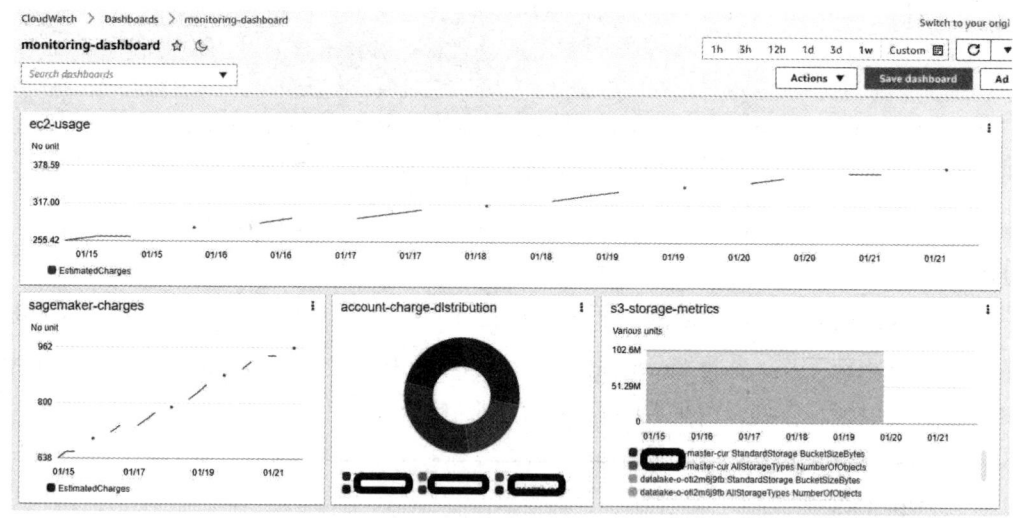

图4.5　一个 CloudWatch 仪表板

由于 CloudWatch 包含了所有的指标，因此在监控成本时，它是最有用的工具。举例来说，你可以创建一个仪表板来监测 EC2 实例的自动缩放活动。这可以包括一个小部件来监测自动缩放指标，如 GroupInServiceInstances 和 GroupTerminatingInstances，同时还可以监测属于自动缩放组的 EC2 实例的成本。将这些信息集中在一个地方，比将自动缩放活动与成本资源管理器的报告进行协调更加方便。

> **重要说明**
>
> 当你已经使用 CloudWatch 来监控你的工作负载时,考虑使用 CloudWatch 指标来监控计费情况是很合理的。这样就可以避免单独使用 CloudWatch 来监控计费产生的浪费,因为你可以更经济地使用 Cost Explorer 来实现这一目的。

你还可以将警报甚至异常检测整合到你的 CloudWatch 指标中。一个简单的示例是在 CloudWatch 中创建一个计费警报,当总估计费用等指标超过某个价格阈值时,你会收到通知。一旦触发了这种情况,CloudWatch 会将警报发送到 Amazon Simple Notification Service(SNS)主题。你可以订阅该主题,并收到计费警报的通知。

> **重要说明**
>
> 我们可以将亚马逊 SNS 视为一种消息服务。SNS 提供了你可以订阅的主题,就像你可以订阅 RSS feed 一样。如果你对该主题感兴趣,每当有更新时,你都会收到通知。

我们使用 CloudWatch 中的指标、仪表板、警报和异常检测功能将产生费用。由于这个原因,它的成本效益不如使用成本资源管理器,但如果你的团队想在监测其他应用指标的同时监测成本,仍然可以提供价值。

我们已经介绍了使用成本资源管理器、CUR 和 CloudWatch 来监控成本和使用情况的方法。这些工具都可以完成相同的功能,但使用不同的方式来完成。

成本资源管理器是最易于使用的工具,因为它是 AWS 的本地成本管理和可视性工具。它提供了默认的报告和过滤器,可以帮助你深入了解成本和使用情况,并查看一段时间的趋势。CUR 为你提供了你所需的数据粒度和额外的细节。虽然 CUR 本身不产生任何费用,但存储数据会有财务成本,并且理解数据需要投入一定的时间和资源。CloudWatch 是 AWS 的本地监控工具,与成本资源管理器不同的是,它的目的不仅仅是提供成本和使用情况的可视性。你可以使用 CloudWatch 提供的数据来监控成本,但当与其他形式的监控(如应用程序和系统日志)一起使用时,它的表现更加出色。

这些工具主要从历史的角度来看待成本和使用情况。现在让我们探讨成本管理的另一面,即通过预算和预测来规划未来。

在 AWS 上编制预算 ●●●●

编制云计算支出预算与其他财务预算并没有太大的区别。在制定预算时，通常要确定一个合理的基准。你不能将食品费用的预算设定为 5 美元，而将娱乐费用的预算设定为 5 000 美元。尽管在极端情况下这可能是可行的，但对大多数人来说却不合适。重点是要设定一个合理的可变目标，并根据目标来衡量实际成本。随着时间的推移，你需要跟踪成本表现，并根据需要重新评估预算以适应新的情况。

你可以使用 AWS Budgets 来管理你的 AWS 资源的成本和使用情况，同样需要遵循相同的原则。AWS Budgets 提供成本、使用、保留实例和储蓄计划的预算设定（我们将在后续部分详细了解保留实例和储蓄计划的机制）。设定成本预算可以帮助你跟踪成本并设定目标，以便你了解每天、每月、每季度和每年的表现情况。设定使用预算有助于跟踪服务的使用情况，尤其在你想了解离达到免费层级的限制还有多远时，这是非常有用的。

根据之前的章节，我们知道可以从 Cost Explorer 和 CUR（Cost and Usage Report）中获取成本和使用的基线数据。这些数据源可以帮助你的组织制定合理的预算。图 4.6 显示了一个组织在各个地区每天支出的简单条形图。在一个简化的视图中，你的 AWS 支出基线大约是每天 100 美元。你可以利用这些信息来设定预算，并在 AWS 支出达到或超过某个阈值时设置警报。

图 4.6　每日总支出图

通过设置预算和警报，你可以及时应对意外的成本问题。如果警报引发了服务器配置不当的问题，你可以在第二天通过通知终止这些配置，从而减少浪费，而不是在几个月后才发现资源问题。你可以配置 AWS，使其不仅向你的电子邮箱发送警报，还可向聊天频道发送警报，例如 Amazon Chime 或 Slack，具体取决于你的组织使用的消息和通信服务类型。

在图 4.7 中，我们配置了 AWS，在支出超过预算金额的 20%（例如 120 美元）时向收件人发送电子邮件。我们可以看到一个成本条形图，显示了所有 AWS 区域每日的总支出。当 AWS 支出超过预算金额的 20% 时，用户会设置一个每日预算。你可能会设置不同的成本阈值。你可以根据你的阈值配置警报，并得到关于帮助你实现财务目标的事件的通知。

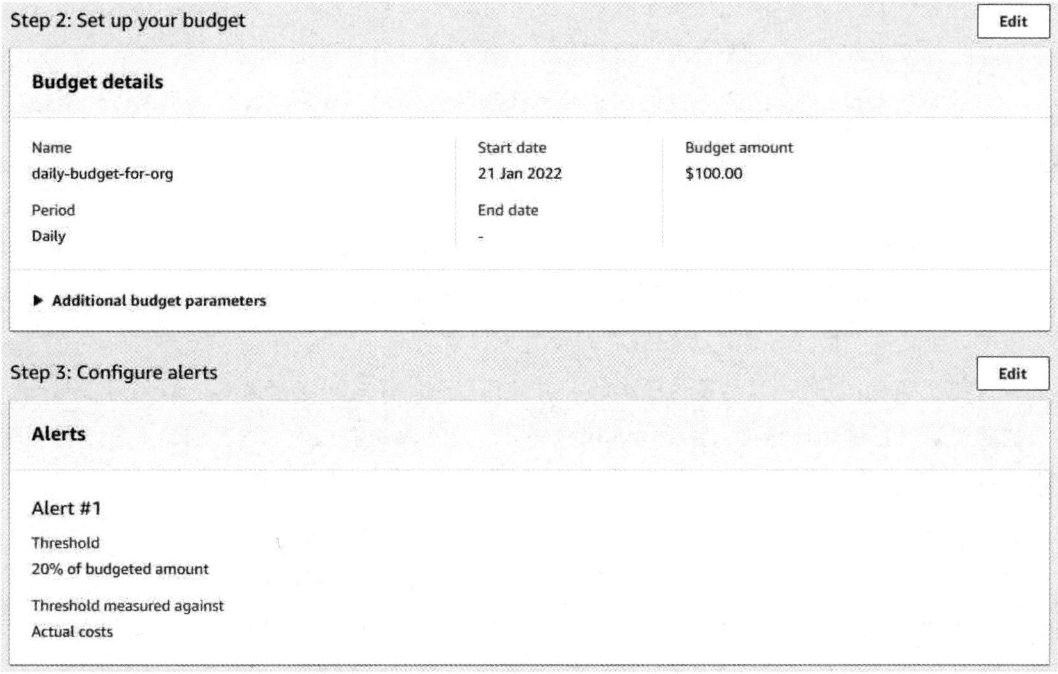

Step 2: Set up your budget　　Edit

Budget details

Name	Start date	Budget amount
daily-budget-for-org	21 Jan 2022	$100.00
Period	End date	
Daily	-	

▶ Additional budget parameters

Step 3: Configure alerts　　Edit

Alerts

Alert #1

Threshold
20% of budgeted amount

Threshold measured against
Actual costs

图 4.7　AWS 中的预算通知

亚马逊 SNS 和 AWS Budgets 可以天然地集成在一起，成为将信息传递集成到你的预算警报的解决方案。通过亚马逊 SNS，你可以配置 AWS Budgets 将通知发送到一个 SNS 主题。然后，你可以使用各种协议订阅该主题以接收这些通知。一个常见的例子是通过电子邮件订阅主题。每当 AWS Budgets 发送通知时，主题的每个电子邮件订阅地址都将收到该通知。

在 VidyaGames 设置支出报告

杰里米和埃兹拉与亚历山大安排了时间，以获得管理层对他们工作的支持。在一次会议上，杰里米解释了他们截至目前在识别和消除 AWS 上的浪费方面所做的工作。亚历山大赞赏杰里米在为 VidyaGames 的 AWS 账户带来更多的结构和增加云计算成本的可见性方面的举措。

作为首席财务官的办公室主任，亚历山大知道首席财务官最大的挑战之一是日常成本的可见性。长虹在传统的企业环境中已有几十年的经验，在这种环境中，每年都会计算和审查 IT 成本，以支持业务需求。随着首席财务官适应新的可变成本模式方法，她需要对 VidyaGames 的支出有日常可见性，并在适当的时候进行动态预算。

亚历山大说："我很高兴我们在需要积极跟踪我们的 AWS 支出方面取得了一致。截至目前，我们做了什么，你从财务方面需要什么？"

杰里米与亚历山大分享了一些报告，这些报告按服务和 AWS 账户显示了该组织的总使用量和成本，范围从过去一周到过去一年。

亚历山大说："这很好。我们已经知道了我们的支出，但看到不同账户和服务的分布情况会更有帮助。我们是否能够看到按团队划分的成本？"

杰里米说："我们开始了这项工作，并且已经制定了一个标记策略。我们正在对我们的资源进行追溯性标记，并将与各团队合作，使资源向前推进。当我们完成资源标记时，我们能够看到团队的支出情况。"

亚历山大说："这听起来很不错，这正是我们现在所缺少的东西。另外，我们通常在月底查看我们的 AWS 支出——我们能否更频繁地做一些事情？"

杰里米说："如果首席财务官需要每日报告，我们可以通过 AWS Budgets 设置一些东西来实现。如果需要，我们可以通过电子邮件发送这些报告。"

亚历山大说："转念一想，这可能有点儿过分。我可以肯定的是，在一两个星期的报告之后，它们就会变得多余了。我不认为人们会长期真正关注这些报告，尤其是如果它们最终显示相同的信息。"

杰里米说："这很公平，也许我们不需要发送每日报告。每月报告是否更有意义？"

亚历山大说："我相信如此。我认为首席财务官真正需要的是在成本超过我们所知道的正常水平时被告知。"

在你想同时通知多个人的情况下，你可以使用 AWS 预算报告向多达 50 个电子邮件地址提供报告。这将帮助你简化沟通，向团队展示他们在管理支出方面的表现。这很简单，只要选择你要报告的预算，选择频率为每天、每周或每月，并指定其收件人即可。

我们在对 AWS 的预算编制方式有了坚定的了解后，有助于区分 AWS 的各种预算编制方法。

AWS 预算编制方法 ●●●●

预算是重要的，但它们很少是静态的，不断变化的业务需求、外部市场因素以及意想不到的产品成功（或失败）都会影响应用程序的预算。AWS 预算提供了三种设置每个预算期的预算金额的方法。

固定预算在每个预算期都设定一个金额进行监控。这就是我们在上一节中使用的方法，当时我们将预算设置为每天 100 美元。固定预算在你想把支出汇总成一个组织或 AWS 账户的目标数字的情况下很有用。你可以设置一个经常性的固定预算，在每个月计费周期的第一天更新；或者，你可以在一个给定的时间让预算过期，这在为一个你知道会结束的特定项目设置预算时可能很有用。你可以在每日、每月、每季或每年的时间间隔内设置固定预算。

计划预算为每个预算期设置不同的金额来监控。你不能以每天的时间间隔来设置计划预算，这样做可能会造成更多的麻烦，而不是好事！相反地，我们应该为每个月、每个季度或每年设置计划预算。

当你想在一个设定的时间间隔内设置不同的预算金额时，你可以使用计划预算。例如，你可能知道一个特定的应用程序在假日季节得到大量的使用。你可以为构成高需求季节的月份设置不同的预算金额，以区别于其他月份。图 4.8 显示了一个例子，大多数月份的计划预算设置为 100 美元，但 10 月、11 月和 12 月的预算为 1 000 美元。

AWS 提供了一个自动调整预算的功能，以帮助消除为你的团队设置预算时的猜测。自动调整预算会根据你的 AWS 支出模式的变化而进行更新。当你希望抓住 AWS 支出的高峰时，自动调整预算的效果非常好。

你可以将自动调整预算与你现有的预算一起使用，也可以完全独立使用。这有助于节省设置预算的时间和精力，因为该功能将代替你进行预算的调整。例如，你可以基于上个月的支出模式创建一个自动调整预算。如果上个月的平均支出是 100 美元，那么下一个预算期的自动调整预算将设置为 100 美元。

Set budget amount

Period
Daily budgets do not support enabling forecasted alerts, or daily budget planning.

Monthly ▼

Budget renewal type

● **Recurring budget**
Recurring budgets renew on the first day of every monthly billing period.

○ **Expiring budget**
Expiring monthly budgets stop renewing at the end of the selected expiration month.

Start month

Mar ▼		2022 ▼

Budgeting method Info

Planned	▼
Specify your budgeted amount for each budget period.	

Enter budgeted amounts ($)   [Auto-fill budgeted amounts]
Last month's cost: $10,450.76

Mar 2022 (MTD)	Apr 2022	May 2022	Jun 2022
100.00	200.00	300.00	500.00

Jul 2022	Aug 2022	Sep 2022	Oct 2022
600.00	500.00	400.00	200.00

图 4.8　计划预算方法

　　自动调整预算也将自动更新你的通知。在前面的例子中，我们介绍了当 AWS 支出超过预算金额的 20%时，设置通知的情况。如果你将自动调整预算纳入预算编制过程，此功能将更新预算金额，包括所有的预算警报通知。订阅者将收到通知，了解这些变化和未来基于变化的警报。

　　AWS 提供了原生的预算功能，以协助你的 FinOps 之旅。预算编制使你的组织能够在财务门槛内运作。预算警报也可以帮助你及时了解意外的成本模式。预算确保你的成本与预期一致，然而，在异常情况下，不可能为每种情况都做出详尽的计划。这将是下一节要讨论的内容。

设置 AWS 成本异常检测 ●●●●

在第 3 章的"管理库存"部分，我们看到了 VidyaGames 的朋友提供的一个案例，他们使用成本资源管理器来查看异常使用情况。在这个例子中，Jeremy 对过去的支出数据进行了分组和过滤，发现 Amazon EC2 服务和 Runinstance API 动作对成本的贡献很大。如果柱状图代表每日支出，在某一天突然飙升，你可以深入了解那一天是什么账户、服务或 API 动作导致了这一飙升。虽然这是一种手动的方法，但它是一种合法的检测异常支出活动的方式。

AWS 成本异常检测有助于减轻这种手动方法的负担。成本异常检测通过使用机器学习监控你的支出模式，并检测异常活动。使用这项服务可以帮助你更快地发现异常情况，比人工操作更高效。

然而，异常检测可能会产生一些不理想的效果，即假阳性噪声，这可能会告诉你一个事件是异常的，但实际上它并非如此。为了减少这些错误警报，你可以创建不同类型的监控器，选择按照 AWS 服务、链接账户、成本类别（如第 3 章中所述的"管理库存"）和标签等来进行监控。

一旦选择了监控器类型，你将创建一个警报订阅，该订阅将通知 AWS 在何时、何种情况下向哪些人发出警报。图 4.9 展示了一个例子，当 AWS 检测到任何超过 400 美元的 AWS 服务支出异常时，将向财务团队发送警报。

在服务开始学习你的消费模式之后，通常会给予一些时间（通常为 24 h）。一旦服务建立了活动基线，它将根据你的配置发出警报，并通过事件日志保存检测历史。你可以使用这些日志来分析各个事件，包括寻找根本原因和了解其对财务的影响。这样，你可以获得更多的见解，以便更好地管理和控制成本。

在图 4.10 中，检测历史日志列出了在你指定的时间范围内检测到的异常情况，本例中为一个星期。观察到在 5 d 内，成本异常检测发现亚马逊 QuickSight 服务的支出大约增加了 34 美元。如果这些异常情况对你的工作有价值，你可以提交一个评估，以说明这些异常情况不是问题，或者提供准确的解释。随后，该服务将采纳你提供的意见，以改进未来检测异常情况的方式。这种反馈和改进的过程将有助于提升检测准确性并确保你获得更准确的异常警报。

▼ **Alert subscription #1**

Alert subscription

◉ Create a new subscription

◯ Choose an existing subscription

Subscription name

Finance Team

A unique subscription name is required. Names must be between 1-50 characters.

Threshold

Specify the spend amount for which you would like to receive alerts.

$ 400

Summary: The alert recipients will be notified when an anomaly detected is greater than $400.00.

Alerting frequency

Specify when you want to receive anomaly alerts. Choose between individual, daily, or weekly summaries.

Weekly summaries ▼

Alert recipients

Use a comma to separate between email addresses. You can have up to 10 email recipients.

user@finance.com

Add alert subscription

Cancel   Previous   Create monitor

图 4.9 一个成本异常监测器

Cost Anomaly Detection summary

Anomalies detected (MTD)	Total cost impact (MTD)	Total spend (MTD)	Total spend (vs. last month)
0	$-.--	$275.21	+58%

Detection history | Cost monitors | Alert subscriptions

Detection history (5) Info

Find detected anomalies by property or value   Last 90 days (all) ▼   ‹ 1 ›

Detection date ▲	Severity ▽	Duration	Monitor name	Service	Account ID	Total cost impact ▽	Assessment
2022-01-31	Low	5 days	my-monitor	Amazon QuickSight		$34.01	Not submitted
2022-01-27	Low	3 days	my-monitor	Amazon FinSpace		$404.16	Not submitted
2022-01-26	Low	2 days	my-monitor	AWS CloudTrail		$43.71	Not submitted
2022-01-24	Low	1 day	my-monitor	AWS Config		$0.65	Not submitted
2022-01-21	Low	1 day	my-monitor	Amazon FinSpace	-	$24.19	Not submitted

图 4.10 成本异常检测历史日志

给 VidyaReviews 应用程序加标签

根据 Ezra 与亚历山大的谈话，他对 Cost Explorer 的成本异常检测服务有了更深入的了解，并开始将其应用于一些 AWS 账户中。Ezra 首先为 AWS 服务设置了一个成本监视器，这有助于他单独监控每个 AWS 服务，以便检测到较小的异常情况。通过这样做，该服务将根据历史支出模式自动调整异常阈值。

尽管此监视器在高层次上非常有用，但 Ezra 还与 Jeremy 和应用团队合作，为几个成本类别和成本分配标签设置了异常。例如，VidyaGames 最受用户欢迎的应用程序——VidyaReviews 被标记为应用程序名称，这使得各个团队能够了解维持该应用程序正常运行所需的成本。

VidyaReviews 是一个视频游戏评论平台，允许用户分享视频、图片和游戏体验的评论。由于其庞大的用户社区，该平台帮助消费者在购买视频游戏之前从社区中试用。它还允许社区分享经验，提供有用的提示，并且游戏开发商积极监测用户的参与，以塑造游戏的发展方向。

从 Jeremy 的标签工作中，各个团队现在对维持应用程序运行所需的公司成本有了更好的了解。基于这些标签，Ezra 设置了一个成本异常监控器，帮助应用团队监控与应用程序相关的意外成本。这也有助于团队测试新功能，因为他们可以更好地估计将变化推向生产环境的影响。通过这种方式，团队能够更加精确地掌握与应用程序相关的成本情况，并在预算管理和开发测试过程中做出更明智的决策。

成本异常检测是一项免费且易于实施的服务，因此它是你的 FinOps 工具包中不可或缺的一部分。该服务可以检测到逐渐增加的支出和一次性的成本激增，因此它可以帮助你解决多种情况。

此外，CloudWatch 还提供了一种实施异常检测的方法。

用 CloudWatch 进行异常检测 ●●●●

CloudWatch 异常检测遵循与 Cost Explorer 的成本异常检测相同的方法。它分析你指定的指标，并在时间推移中创建该指标的预期值模型。我们训练一个 CloudWatch 异常检测模型可能需要几周时间，但在数据收集阶段之后，它便能够确定特定指标的正常范围。

利用 CloudWatch 异常检测，你可以轻松地将机器学习（ML）纳入你的度量标准，而无须自己进行模型的训练、调整和部署。AWS 会自动调整模型，以保持高水平的准确性。图 4.11 展示了 CloudWatch 中对亚马逊 EC2 估算费用的异常检测结果。你可以看到图 4.11 中显示了一个表示正常值的波动范围。通过使用 CloudWatch 异常检测，你可以及时发现异常的成本变化，并快速采取行动进行调整，以确保你的成本控制和优化策略的有效性。

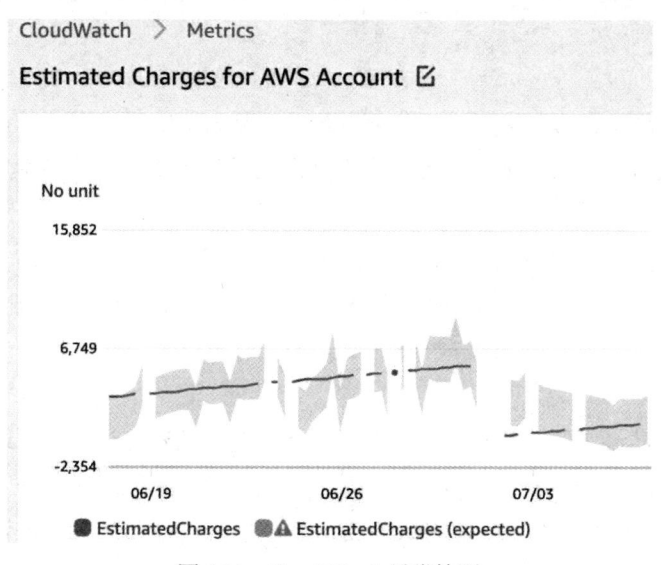

图 4.11　CloudWatch 异常检测

然而，使用 CloudWatch 的异常检测会带来额外的成本。例如，在美国东部（俄亥俄州）地区，每 10 000 个指标收费 0.30 美元，每个警报指标收费 0.10 美元。因此，启用 CloudWatch 异常检测功能会影响你的月度使用费用。

基于这一情况，我建议你优先使用 Cost Explorer 的异常检测功能，而不是 CloudWatch。在大多数情况下，我们使用 Cost Explorer 的异常检测功能更为适合。然而，在某些情况下，你可能希望使用 CloudWatch 来监测和警报应用程序的日志，并将成本异常情况与现有仪表板整合。或者，你可能将 CloudWatch 的日志汇总到第三方解决方案中，并希望对成本指标和异常情况进行集中处理。

本节中，我们将异常检测与预算、成本和使用情况跟踪结合使用。异常检测可帮助你快速自动地对意外的成本增长做出反应，而无须手动搜索报告以找到导致异常的原因。你之所以使用 Cost Explorer 的成本异常检测会更有利，是因为它不会增加你的财务成本，并且仅需少量的设置工作。

本章小结 ●●●●

本章中，我们讨论了 Cost Explorer 的特点和功能。该服务允许你对你的 AWS 支出进行基线分析，设置预算和预测，并发现异常情况。这些数据点有助于你了解你的支出模式，这对计划减少浪费至关重要。

我们还了解了 CUR 如何为你的整个组织提供全面而详细的信息。CUR 提供你所需的数据，涵盖与你的 AWS 支出相关的人员、事务和时间。我们还看到了 CUR 如何与 Athena、Redshift 和 QuickSight 集成，以帮助你挖掘这些数据并获取洞察力。

最后，我们了解到 CloudWatch 如何增加另一层次的成本可见性，特别是在与基础设施和应用程序监控相结合时。

通过对我们的 AWS 库存有了更深入的了解，我们现在可以进行下一步的管理和控制，确保我们的成本与预算保持一致。

进一步阅读 ●●●●

如果你想要了解更多信息，请参考以下资源：

- 用 Amazon Athena 查询成本和使用报告，2022：https://docs.aws.amazon.com/cur/latest/userguide/cur-query-athena.html。
- 亚马逊 Redshift 定价，2022：https://aws.amazon.com/redshift/pricing/?nc=sn&loc=3
- 如何将 AWS 成本和使用报告（CUR）摄入并可视化到亚马逊 QuickSight？，2022：https://aws.amazon.com/premiumsupport/knowledgecenter/quicksight-cost-use-report/。
- 通过云智能仪表板和 CUR 用亚马逊 QuickSight 对你的 AWS 成本和使用情况进行可视化和深入了解，2021 年：https://aws.amazon.com/blogs/mt/visualize-and-gain-insights-into-your-aws-cost-and-usage-with-cloud-intelligence-dashboards-using-amazon-quicksight/。

管理成本和使用情况 ⑤

前两章已经解释了在 FinOps 工作中实施适当的库存管理和周到的预算的必要性。我们讨论了可以帮助你实施这些实践的本地工具。尽管这些实践有良好的初衷，但仅有良好初衷并不能产生长期的效益。你还需要有控制措施，以确保你的良好意图能够产生预期的结果。控制措施可以降低财务风险，并检测出与预期结果的偏差，而治理措施则可以实现前几章中提出的良好意图。

接下来，我们将看到如何在成本优化工作中应用治理。这些方法并不等同于束缚灵活性，相反地，它们的存在是为了给团队提供适当的边界，使其能在合理的范围内发挥作用。我们将探讨 AWS 组织层和账户层的治理措施，以及可用于这两个层级的工具。

本章将涵盖以下主要议题：

- 建立 IAM 简介
- 建立 SCP 的治理
- 建立和实施标签策略
- 用服务目录进行治理
- 用 CloudTrail 进行审计

技术要求 ●●●●

为了完成本章的练习，我们将继续应用之前几章中一直使用的组件。

建立 IAM 简介 ●●●●

截至目前，我们一直以为创建异常检测监控器、在 CUR 上运行查询，甚至创建整个组织就像登录管理账户和完成你想做的那样简单。幸运的是（或不幸的是什么？），这并不像我们所期望的那样简单。事实上，即使登录管理账户也不应该像登录你喜欢的社交媒体平台那样简单。

首先，你必须证明你是谁。我们都熟悉通过提供用户名和密码进行认证的过程。在许多网络应用程序中，遵循了这种普遍接受的做法，AWS 也不例外。你可以将用户名和密码与 AWS 账户相关联，允许授权人使用他们所知道的信息（密码）来验证他们的身份。你可以（而且应该）使用他们所拥有的其他因素，如多因素认证（MFA）令牌或手机，来增强你的安全性，即强制执行额外的认证层。

我们对这个过程很熟悉，但我们也知道记住所有的密码是多么麻烦。在其他方面，身份和访问管理（IAM）角色帮助你节省了输入和记住所有账户的用户名和密码的时间和精力。AWS 角色通过允许授权人扮演一个身份来简化这个过程。本质上，你在一定时间内成了别人。

无论你是以用户身份还是角色身份进行认证，下一个检查涉及授权你可以进行哪些操作。即使你进入了 AWS 内部，除非你被授权执行某些动作，否则你可能在进入后没有被允许做任何事情。图 5.1 提供了一个简单的图示，显示了一个实体作为用户进行认证的工作流程。

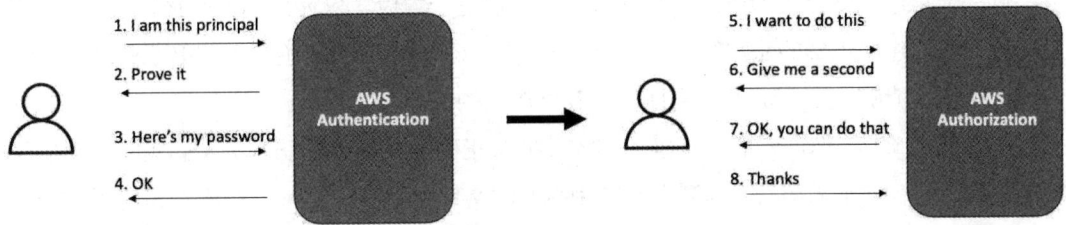

图 5.1　一个 IAM 用户的认证工作流程

> **重要说明**
>
> 行使最小权限原则（PoLP）始终是最佳实践。PoLP 指的是只授予进行一项任务所需的最小权限。例如，与其赋予一个 IAM 实体更多的权限，不如明确说明该实体需要哪些 API 调用，然后设置适当的 IAM 权限来满足这些需求。

　　IAM 用户和角色可以拥有一个以上的策略，这些策略概述了它们被允许执行的操作。然而，想要使用一个角色的实体必须首先获得承担该角色的权限。一旦他们承担了该角色，就可以执行该角色所允许的操作。如图 5.2 所示，该实体可能没有直接执行某个操作的权限。在第 9 步中，该实体尝试执行一个被拒绝的操作。然而，当通过承担的角色进行执行时，该操作是被允许的。这展示了角色的一项优点，即它可以为拥有该角色的实体提供临时的特权，使其能够执行特定的操作，同时仍保持为实体分配的最小权限原则。

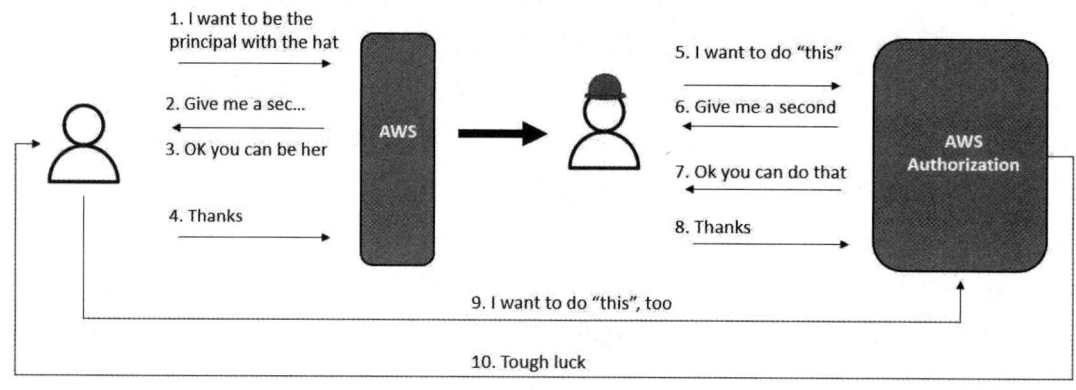

图 5.2　一个 AWS IAM 角色的认证工作流程

　　角色简化了你在执行跨账户操作时的能力，无须记住用户名、密码和 MFA 设备。举个例子，如果一个财务分析师在一个账户中需要访问另一个账户中的 Cost Explorer 报告，你可以提供一个角色，该分析师可以在目标账户中承担这个角色，仅能访问这些报告。此外，我们在第 2 章 "建立正确的账户结构" 中讨论的 AWS Control Tower 还提供了单点登录（SSO）体验，使实体能够在一个地方找到他们所有可访问的账户和角色。

　　我们已经确定，你需要成为正确的实体并拥有正确的权限才能访问 AWS 内的任何内容。在此基础上，让我们看看你如何能够查看和访问 AWS 组织中其他账户的成本和使用数据。

在成本资源管理器中访问成员账户 ●●●●●

　　为了简化工作，当你在管理账户中启用 Cost Explorer 时，所有成员账户都可以默认访问其成本和使用数据。这消除了需要单独激活每个账户的成本资源管理器的负担。

　　一旦会员账户被激活，管理账户可以进一步控制对会员账户的权限。例如，管理账户可以选择显示或隐藏会员账户的退款和积分，这有助于避免在集中管理退款时造成混淆。此外，管理账户还可以选择禁用小时级别和资源级别的数据，以防止会员账户启用额外的费用功能。图 5.3 展示了如何在 AWS 成本管理控制台的首选项下更改会员账户的视图选项。

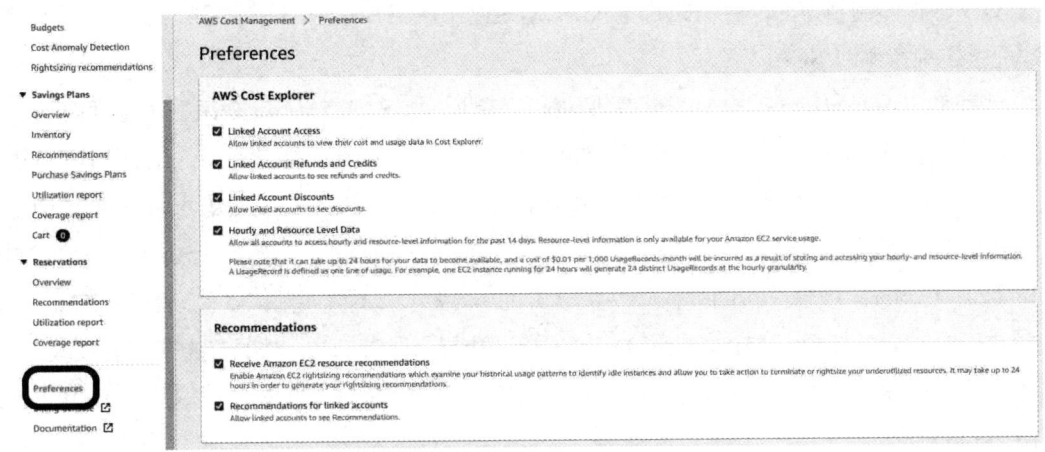

图 5.3　AWS 成本资源管理器的偏好

一旦你为组织启用了成本资源管理器，所有账户都可以访问其数据。你无法单独授予或拒绝访问权限。管理账户具有查看所有成员账户的成本和使用数据的权限，而成员账户只能查看自己的数据。

如果你想在一个成员账户中指定用户或角色来查看或访问另一个账户中的 Cost Explorer 数据，就必须明确配置适当的角色和权限，如图 5.2 所示的那样。幸运的是，你不需要为管理账户执行这些配置，因为它们已经具有查看成员账户的成本和使用数据的权限。

在对 IAM 角色和权限的工作原理有了更好的理解之后，让我们看看这些原则如何适用于 AWS 组织中的整个账户或组织单位（OU）。

建立 SCP 的治理 ●●●●

在第 2 章"建立正确的账户结构"中，你了解了如何使用 AWS 组织设置多账户结构。你还了解到如何将账户分组为 OU，以模拟你组织的结构，并将你的 AWS 账户和云资产进行逻辑分离。这有助于更容易处理计费、应用程序边界和治理的问题。

治理有助于你对逻辑上分组的 AWS 账户应用正确的权限边界。例如，一组用于沙盒和 AWS 服务探索的 AWS 账户应遵循不同的规则，而不是一组用于承载生产工作负载的 AWS

账户。AWS 组织帮助你通过应用权限边界来实现这些治理规则。

你可以对一个 OU 应用权限边界，以管理负责该 OU 的人可以执行的操作。任何策略应用于 OU 都将影响与该 OU 相关的所有账户，甚至是子 OU 和它们的相关账户。这些策略被称为服务控制策略（SCP）。

让我们以 VidyaGames 的 Jeremy 为例进行简单说明。对于 Jeremy 来说，通过管理账户，他被授予查看 A 到 F 账户的成本资源管理器的权限。然而，A 到 F 账户是一个 OU 的一部分，而 Della 是该 OU 的所有者。作为所有者和领导者，Della 有权限查看和访问她的 OU 中账户的成本资源管理器。但是，如果 Jeremy 为该 OU 应用了一个 SCP，拒绝对 A、B、D 和 F 账户的 Cost Explorer 报告进行阅读操作，那么 Della 将无法查看这些账户的 Cost Explorer，即使她自己有查看的权限。SCP 影响了 Della 的权限边界。尽管 Della 对所有账户都有权限，但实际允许的权限是由 IAM 策略和 SCP 的结合决定的。因此，Della 只能读取账户 C 和 E 的 Cost Explorer。

> **重要说明**
>
> 在 AWS 中，明确的拒绝会覆盖明确的允许。换句话说，如果一个策略明确规定你可以启动实例，但另一个策略明确规定你不能启动实例，那么你最终将不能启动实例。AWS 在他们的文档中详细解释了策略评估逻辑，这可以帮助你定义自己的权限边界。

在图 5.4 中，展示了一个 IAM 委托人的权限边界示例。重叠部分代表两个策略的结合，表示该委托人的允许权限。

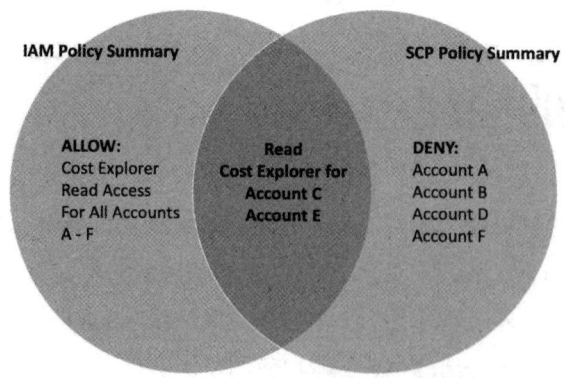

图 5.4　两个政策之间允许的权限

　　你可以使用 SCP 在整个 AWS 组织或你的账户子集内执行和防止特定行动。根据你在前几章学到的内容，进行云资产清点、分享报告和进行异常检测都是良好的 FinOps 实践。

　　将 SCP 应用于帮助管理你的资源是另一个可以在你的组织内共享的好做法。例如，通过分析历史使用情况并与开发人员进行对话，你可能会发现团队可能为测试或沙箱目的配置了比实际需求更大的服务器。为了节约成本，团队可以合作并决定使用较小的实例类型来提供足够的计算能力以运行简单的测试。限制开发人员使用较小的实例类型既不会带来商业风险，也不会影响他们的生产力。你可以使用 SCP 来实施这种组织倡议，以促进在测试和沙盒工作负载中使用较小的实例类型。我们可以看一个示例来了解如何使用 SCP 来实施此控制。以下是一个 JSON 格式的 SCP 示例，它只允许使用 t2 和 t3 实例类型，并且限制实例规模为.nano、.micro 和.small：

```json
{
    "Version": "2012-10-17",
    "Statement": [{
        "Sid": "AllowT2AndT3InstancesOnly",
        "Effect": "Deny",
        "Action": "ec2:RunInstances",
        "Resource": "*",
        "Condition": {
            "ForAnyValue:StringNotLike": {
                "ec2:InstanceType": [
                    "t2*",
                    "t3*"
                ]
            }
        }
    }, {
        "Sid": "AllowSmallInstanceSizesOnly",
        "Effect": "Deny",
        "Action": "ec2:RunInstances",
        "Resource": "*",
        "Condition": {
            "ForAnyValue:StringNotLike": {
                "ec2:InstanceType": [
```

```
                "*.nano",
                "*.micro",
                "*.small"
            ]
        }
    }
  }]
}
```

通过将此 SCP 应用于相关账户，你可以限制启动实例时只允许 t2 和 t3 实例类型，并且只允许使用.nano、.micro 和.small 实例规模。这样可以促使团队遵守组织的倡议，节省成本并改进资源利用率。

你需要采取一揽子预防措施的情况下，考虑使用 SCP（服务控制策略）。我们之前讨论过由于员工离开公司而导致的 AWS 账户丢失或无法访问的情况。为了暂时限制对该账户的任何使用，你可以通过创建一个拥有的组织单元（OU）限制任何操作，直到你找到合适的所有者并将该账户正确放置在你的组织。通过这种方法，你可以控制成本，并且在该账户包含在该 OU 中时，知道不能在其上配置其他资源，这样更安全可靠。

在 VidyaGames 应用 SCPs

根据与安德鲁合作的经验，杰里米提出了在 VidyaGames 的 AWS 组织中应用 SCP 到沙盒 OU 的想法。这个 SCP 仅允许开发人员部署相对较小的实例类型，以进行测试和探索。两个团队都同意，这样的 SCP 不会影响他们的开发工作。 然而，杰里米意识到存在一些特殊情况，开发人员可能需要更大的实例类型来支持工作。由于这些情况并不经常发生，杰里米和团队建立了一个例外程序，允许开发人员启动特定的大型实例类型。这样管理团队就可以继续对沙盒 OU 中的资源进行控制和可见性，同时给予开发人员使用所需资源的灵活性。杰里米还与安全团队和应用团队会面，以确定工作负载和安全操作单元的 SCP。针对面向公众的应用程序（如 VidyaReviews），控制要求与面向内部的应用程序不同。这些团队只列出了支持 VidyaReviews 生产环境所需的批准服务。这有助于锁定工作负载环境，提供更大的控制和安全范围。同时，这也防止了不必要的资源部署在生产环境中，避免造成浪费。最后，团队合作确定了应用团队所在的 AWS

区域。杰里米了解到 VidyaGames 的所有云资源都部署在两个区域，目前没有扩展 AWS 覆盖范围的计划。因此，在这两个区域周围创建一个边界是合理的，以防止用户在其他区域部署资源，除非业务需求发生变化。杰里米可以使用 AWS 控制塔轻松应用数据驻留护栏。控制塔通过 SCP 和 API 限制资源在特定区域的使用。这提高了 VidyaGames 的安全性和财务控制，并消除了将闲置资源留在未知区域的风险。

AWS 还提供了一个方法，让你能够集中查看和更新 AWS 账户的替代联系人。在拥有 AWS 账户的员工离开组织，或者团队更换导致原所有者难以确定的情况下，如果有一个具有管理替代联系人权限的管理员，你就可以减少 AWS 账户中闲置资源运行所带来的风险。图 5.5 展示了你如何在 AWS 组织中为计费、操作和安全目的设置备用联系人。这将提高你在员工离职或无法确定所有者的情况下对账户的控制能力。

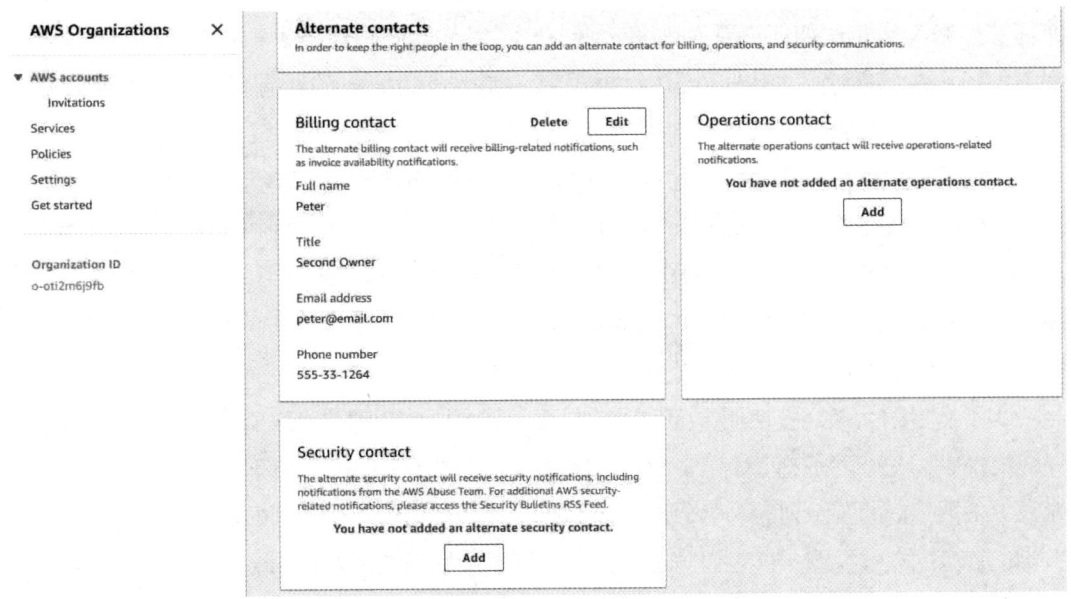

图 5.5　设置备用联系人

在 AWS 组织中，你需要启用 AWS 账户管理选项。启用后，你可以编程方式修改账户信息和元数据。

SCP 可以帮助你在整个 AWS 组织中进行治理。虽然我们的重点是通过成本控制来进行治理，但它也对提升安全状况和提高运营效率非常有用。我们举了一个简单的例子，使用 SCP

来限制特定 OU 内可操作的亚马逊 EC2 实例的账户类型,但你可以根据组织的需求应用相同的原则来创建最适合你的 SCP 策略。在下一节中,我们将介绍另一个 SCP 的例子,重点强调使用标签来控制持续成本的重要性。

建立和实施标签策略 ●●●●

我们已经知道标签如何帮助你更好地了解你的 AWS 资源库存,并通过报告成本和使用情况来查看它们。一旦你确定了标签策略,就可以通过在整个组织应用 SCP 来提高资源和成本的可见度。你可以编写自己的 SCP 策略,将其作为 JSON 文件应用于 OU。但你也可以在 AWS 管理控制台的 AWS 组织中创建和应用标签策略。

标签策略与服务控制策略密切相关,因为它们可以帮助你在整个 OU 中标准化操作,但标签策略具体管理如何以及对哪些资源打标签。你需要通过 AWS 组织在 OU 或账户级别附加一个标签策略。如果应用在组织根部,那么该组织内的所有账户都将受到该策略的约束。

让我们假设你想应用一个标签策略,以确保所有的 EC2 实例都打上一个 "所有者" 标签。这样,你的团队在遇到任何与实例使用相关的问题时,就可以联系到相应的人员。你可以在 AWS 控制台中创建一个策略(如图 5.6 所示),然后将此策略应用于目标,无论是 OU、账户还是两者的组合。AWS 组织中的标签策略示例要求所有 EC2 实例都必须有 "所有者" 标签键,并且其值必须是 alice、bob 或 charlie 之一。

为了衡量团队在标签使用方面的成功与否,你可以使用通过 AWS 资源组访问的标签遵守性报告。在第 3 章 "管理库存" 中我们已经介绍了这项服务,那时我们学习了如何获取 AWS 账户中未被标记的资源列表。类似地,标签遵守性报告提供了根据你的标签策略为基础的所有标记资源的完整视图。这可以帮助你快速找到未被标记的 AWS 资源。

需要注意的是,由于标签策略或资源的更改可能需要 48 h 才能完全反映出来,这项服务可能无法实时满足要求。然而,在你需要对资源是否符合标签策略进行快照的情况下,它仍然是一个有用的工具。为了更快地响应不符合要求的资源,你可以将标签管理与 AWS 配置整合起来。这将在下一节进行讨论。

图 5.6 一个标签策略样本

用 AWS 配置进行标签治理 ●●●●

一旦你应用了标签策略，就可以使用 AWS 配置来查看你的账户对标签策略的遵守情况。在 AWS 配置中，你可以配置一个名为 "required-tags" 的 AWS 管理规则，以评估你的资源，并查看哪些资源不符合你的策略要求。在这种情况下，该策略是要求所有账户内的 EC2 实例都应该有一个 "所有者" 标签键。图 5.7 展示了一个应用 "required-tags" 管理规则的示例，用于检查具有 "required tag" ——"所有者" 键的 EC2 实例。

一旦激活，AWS 配置将定期根据定义的规则对你的资源进行评估。Config 会将不符合规则的资源标记为不合规。当你发现一个不合规的资源时，你可以采取适当的措施来改变其状态。

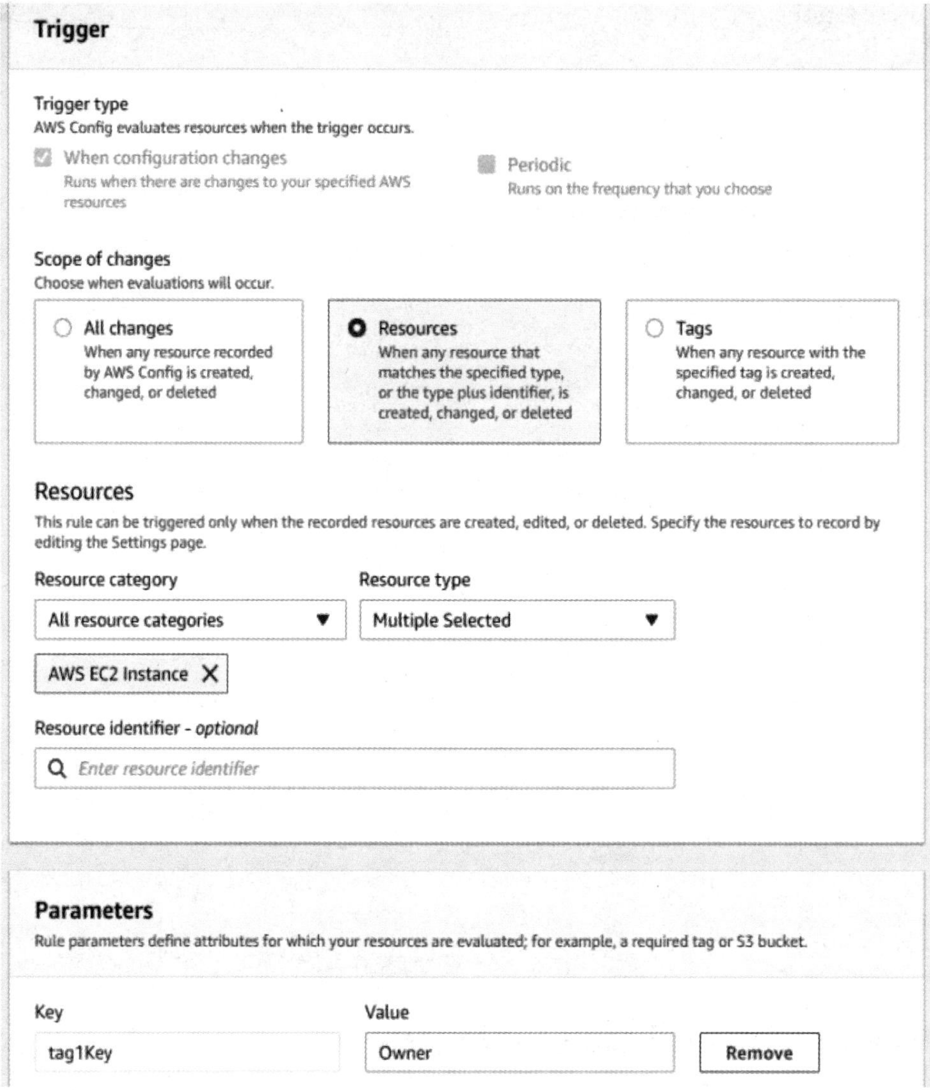

Trigger

Trigger type
AWS Config evaluates resources when the trigger occurs.

☑ When configuration changes
Runs when there are changes to your specified AWS resources

☐ Periodic
Runs on the frequency that you choose

Scope of changes
Choose when evaluations will occur.

○ All changes
When any resource recorded by AWS Config is created, changed, or deleted

● Resources
When any resource that matches the specified type, or the type plus identifier, is created, changed, or deleted

○ Tags
When any resource with the specified tag is created, changed, or deleted

Resources
This rule can be triggered only when the recorded resources are created, edited, or deleted. Specify the resources to record by editing the Settings page.

Resource category
All resource categories ▼

Resource type
Multiple Selected ▼

AWS EC2 Instance ✕

Resource identifier - *optional*
🔍 Enter resource identifier

Parameters
Rule parameters define attributes for which your resources are evaluated; for example, a required tag or S3 bucket.

Key
tag1Key

Value
Owner

Remove

图 5.7 在 AWS 配置中选择资源

如果你需要一项服务来帮助你管理 AWS 服务中的数据变化，那么使用 Amazon EventBridge 是一个不错的选择。EventBridge 是一个无服务器的事件总线，它收集在你的 AWS 环境（以及第三方服务）中发生的事件数据。由于它是一个无服务器的服务，你不需要管理任何服务器。作为一个事件总线，EventBridge 能够将实时数据从事件源（如 AWS Config）流向目标，例如 AWS Lambda、Amazon SNS 或其他软件即服务（SaaS）应用程序。图 5.8

展示了使用 required-tag 管理规则来检查具有 "required tag" ("所有者"键) 的 EC2 实例的工作流程示例。

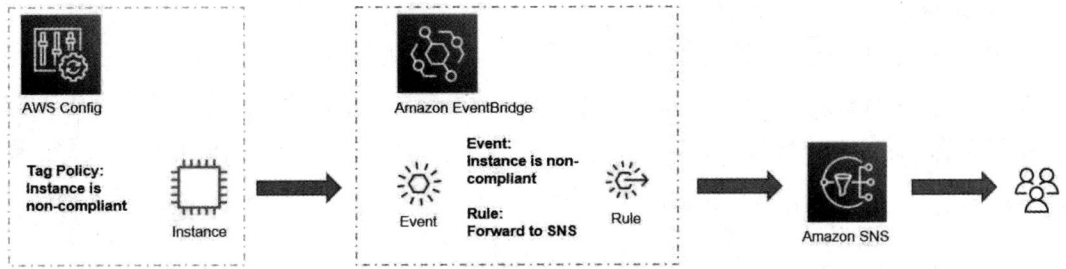

图 5.8　将 EventBridge 与 Config 结合起来

在我们的案例中 (如图 5.8 所示), 我们可以使用 AWS Config 来确保 AWS 资源按照标签策略进行标记。AWS Config 会对环境进行评估, 并将识别到的资源标记为不合规。然后, EventBridge 会将此发现的情况路由到一个目标, 例如 Amazon SNS 主题。这使你能够更快地查看和回应, 而无须每隔几天运行一次报告和解析数据。需要注意的是, EventBridge 会带来一定的费用。例如, 你将为存储的事件和发布到 EventBridge 的任何自定义事件所产生的使用量付费。然而, 你不会因为 AWS 服务发布的任何状态变化而被收费。

在 VidyaGames 应用标签

通过标签工作, Jeremy 提高了 VidyaGames 对其 AWS 资源的可见性, 并帮助团队对其云资产有了新的所有权意识。公司建立了一个标签策略, 要求团队至少包括所有者、应用程序名称和成本中心。所有者标签有助于识别拥有该资源的团队或个人, 并鼓励他们对所提供的资源负责。应用程序名称提供了对每个应用程序在公司中成本的可见性。成本中心帮助财务团队追踪和核对成本。

Jeremy 为每个 OU 创建并附加了一个 SCP, 该基线标签策略要求包含这三种标签类型。针对某些个人账户, 如工作负载 OU 内的生产账户, 他还增加了一个额外的时间表标签, 以帮助开发人员区分长期和短期运行的资源。这部分是与开发人员密切合作实施的。

随着你在 FinOps 方面的成熟度增加, 最终你会希望自动化评估和响应的过程。例如, 当 AWS 配置发现一个不符合要求的资源时, 可以触发一个工作流程来自动应用一个标签,

然后通知团队缺少一个标签，并自动应用一个默认值，而不需要手动处理。这样可以简化操作，并使你能够快速响应云的动态性质。我们将在第三部分"FinOps 的运作"中更详细地讨论自动化的内容。

本节中，我们讨论了如何定义你的标签策略，并将其应用于你的 AWS 组织，以确保与 AWS Config 和 Amazon EventBridge 等服务的一致性。这些方法需要你制定自己的治理策略，并在资源偏离你的良好意图时做出反应。另一种确保合规性的方法是使用已经符合良好意图的预定义资源。接下来，我们将探讨这一内容。

用服务目录进行治理 ●●●●

在本章的开头，我们讨论了基于身份的策略，该策略允许对单个实体进行操作，并解释了权限是如何通过身份验证和授权工作的。接下来，我们讨论了权限边界的概念，主要是通过 SCP 应用于 OU 的形式，被用于一个或多个 AWS 账户。这些 SCP 定义了影响与 AWS 账户、OU 甚至整个 AWS 组织相关的用户和角色的权限边界。

另一种管理 AWS 资源访问的方式是提供一个预先批准的资源列表，用户可以通过 AWS 服务目录来访问这些资源。用户还可以将服务目录想象成商品自动售货机，选择他们想要消费的资源。作为在机器中放置商品的人，只要你确保放置的商品是安全、合规且经过批准的，就可以确保所有资源都是按计划使用的。

服务目录在治理和成本方面有帮助。通过创建产品组合，你可以规范用户如何使用 AWS 资源。在图 5.9 的示例中，我们创建了一个名为 FinOps Portfolio 的组合，包括两个产品：一个 Amazon S3 存储桶和一个 Amazon EC2 Linux 实例。然后，通过管理组、角色和用户对该组合的访问权限，指定谁可以配置这些产品。

这些用户或角色可能没有显示被授予启动 EC2 Linux 实例或创建 Amazon S3 桶的权限，但如果他们有使用服务目录及其组合的权限，也可以通过服务目录来执行这些操作。一旦用户进入服务目录，他们就可以选择启动所定义产品组合中的资源。

图 5.10 展示了一个示例，我们可以看到有用户通过服务目录门户启动了一个 Amazon EC2 Linux 实例。

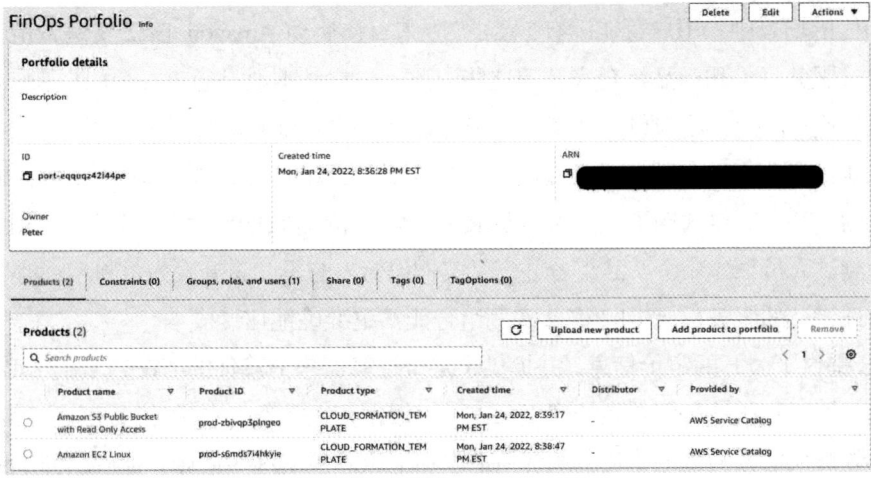

图 5.9　AWS 服务目录中的一个组合

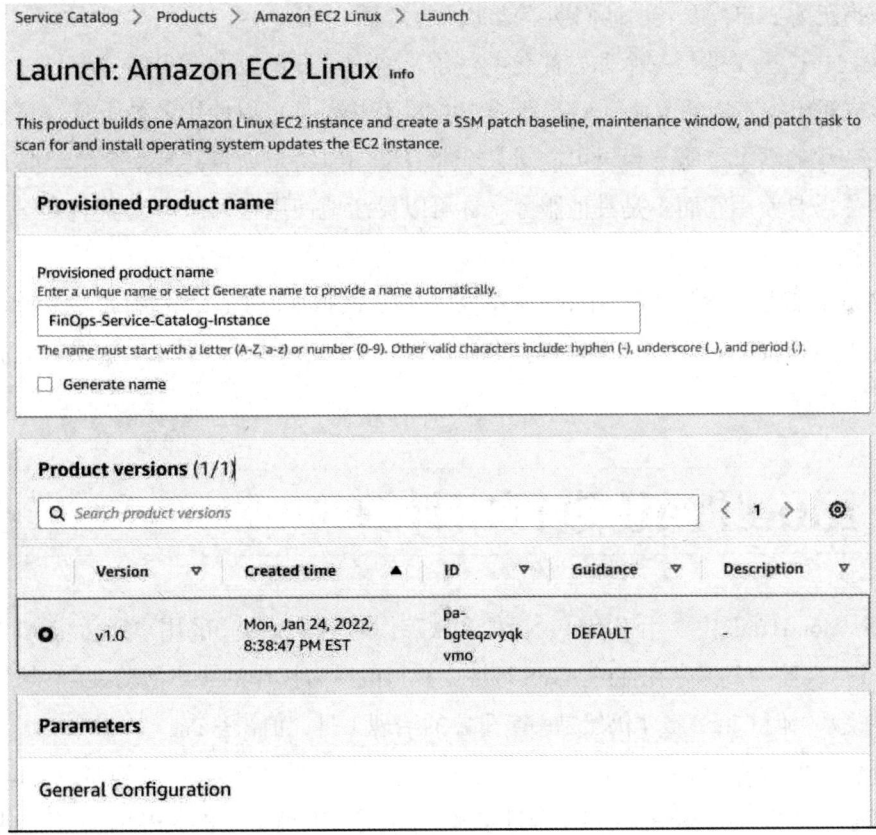

图 5.10　服务目录中的产品发布

在前面的场景中，用户可能没有 IAM 权限来直接启动 Amazon EC2 实例。相反地，用户可以通过服务目录和产品组合来访问这些资源。用户基本上是通过一个门户来访问 AWS 资源。通过这个门户，用户可以发现并使用符合组织政策和预算限制的产品。

从成本的角度来看，服务目录提供了一个机制来更好地预测你的 AWS 支出，因为产品是预定义的。举个简单的例子，如果你要求所有测试工作负载使用服务目录上的 EC2 实例，就可以为测试人员创建一个产品组合并定义实例设置。与不知道开发人员将使用哪种实例类型相比，预定义的服务目录中的 EC2 实例组合能够更准确地估计成本。

AWS 提供了公开的定价信息，并提供了定价计算器来估算你的 AWS 支出。如果你预先定义了一个用于测试的实例类型的列表，你可以根据实例类型的数量、每月总运行时间和预计的用户数量来估算测试工作负载的费用下限和上限。根据这些估算，你可以创建预算和异常检测措施，并设置标签策略，例如添加时间表标签。然后，用户可以指定一个关键的计划小时数或指定为 24/7，以表示他们期望该实例的运行时间。

虽然我在这里举的是一个非常简化的例子，但你可以看到截至目前提出的思想如何分层，以形成对组织有用的策略。AWS 服务的广度意味着你可以使用各种组合的服务来满足组织不断变化的需求。服务目录可能对某个业务部门、特定项目甚至整个组织都有用。你不必觉得你需要使用它而不是其他服务。你可以灵活地使用任何服务或多个服务，以获得最大的价值。

在结束本章之前，最后一节中我们将简要介绍 AWS CloudTrail，它提供了一种审计 AWS 账户的方法。CloudTrail 允许你准确查看谁在你的 AWS 账户中做了什么，提供对你资源的可见性和可审计性。

用 CloudTrail 进行审计 ●●●●

AWS CloudTrail 主要用于审计、保护和跟踪你的 AWS 账户的用户活动和 API 使用。CloudTrail 持续监控并保存在你的 AWS 环境中执行的所有操作的账户活动。虽然与成本优化没有直接关系，但 CloudTrail 仍然是一个重要的治理工具，值得一提。

当你使用默认的 AWS Control Tower 设置来部署多个账户的 AWS 环境时，Control Tower 会自动创建一个 CloudTrail 基线和一个日志账户，汇总所有账户中的 API 活动。CloudTrail 服务收集并保存这些日志信息，供你在需要时进行查询和分析。如果你不使用 Control Tower，就必须手动在 AWS 账户中启用 CloudTrail。

　　CloudTrail 有助于查看正在发生的活动，以跟踪其成本和使用情况。特别是当某些资源没有正确标记，且你无法确定其所有者时，这一功能尤其有帮助。以下是一个用户登录活动的事件记录示例。CloudTrail 记录了日期和时间，以及源 IP 地址和代理。

　　以下是 CloudTrail 控制台登录活动及其相关元数据的示例：

```
"userIdentity": {
    "type": "AssumedRole",
    "principalId": "AROAZBQHLPM42D7PFT36K:user ",
    "arn": "arn:aws:sts: :xxxxxx :assumed- role/developer/user",
    "accountId":"Xxxxxxxxxx
    " sessionContext":{
       "sessionIssuer": {
          "type": "Role",
          "arn": "arn:aws: iam: : xxxxxxxxx: role/user",
          "accountId":"xxxx '
       }
    }
},
"eventTime" :
"2022-01-20T15:50:18Z" ,
"eventSource": "signin. ama zonaws . com" ,
"eventName":
"ConsoleLogin" ,
"awsRegion": "us-east-1",
" sourceIPAddress": "0.0.0.0"}
```

　　从前面代码块中的 CloudTrail 事件记录样本可以看出，事件的前几行显示了执行该操作的委托人。在本例中，该委托人是一名假定了 IAM 角色的开发人员。CloudTrail 显示了用户和账户 ID，并且显示该用户没有使用 MFA 进行验证。接着，该事件记录了源 IP 地址和成功登录事件。

　　CloudTrail 记录了所有的事件活动，并将日志存储在 Amazon S3 桶中。前面的例子展示了一个管理事件，即用户登录 AWS 控制台的事件。你可以配置 CloudTrail 来记录数据事件和洞察力事件。这些事件分别涉及资源操作（如从 Amazon S3 桶上传和删除项目）和识别账户中的异常活动、错误或用户行为。你可以想象，如果你在许多 AWS 账户中记录许多用户的活动，存储成本就会增加。

根据你的业务需求，你可能希望创建一个 CloudTrail 跟踪，只记录特定账户的数据事件。通过配置更具体的跟踪，可以帮助降低成本。例如，你可能只希望记录从 Amazon S3 桶中被删除的项目，如果有这样的情况发生的话。在配置 CloudTrail 时，你可以使用高级事件选择器。图 5.11 显示了在 AWS 控制台中进行设置的一个例子。通过使用高级事件选择器，在 CloudTrail 上设置更细化的配置并降低成本。

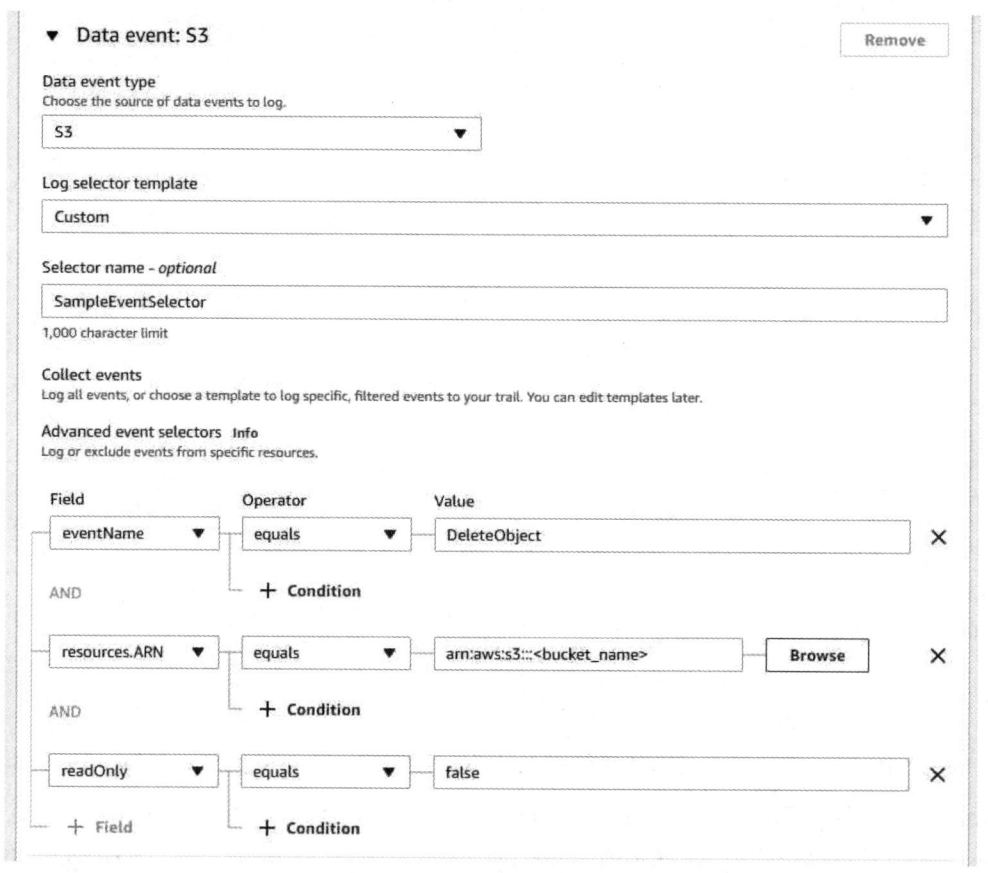

图 5.11　用高级事件选择器

在这里，我们设置了高级事件选择器，只有当发生某个特定的 Amazon S3 桶上的 DeleteObject 动作时才会记录活动。这样可以通过仅记录对你最重要的事件来降低成本。

CloudTrail 可以成为监控和审计你的 AWS 账户的有用工具。但根据你的需求，对所有事务进行审计可能会比实际需要产生更多的噪声，因此只记录重要的信息不仅可以帮助减轻筛选信息日志的负担，从长期来看还可以降低成本。

首先，配置有助于管理你的资源配置。我们特别关注确保所有资源都有配置标签。其次，配置有助于设置 CloudTrail 的规则，并帮助确定你的账户中实际发生的情况。同时使用这些服务可以提高对账户活动的可见性和控制力，最终减少浪费。

本章小结 ● ● ● ●

治理是你实施 FinOps 的一个关键部分。没有治理，你所拥有的只是良好的意图。治理为你的 FinOps 实践提供了护栏，使其能够以标准化和可扩展的方式执行。

在 AWS 中的任何活动，无论是与 FinOps 相关还是其他，都需要进行认证和授权。重要的是需要通过角色和 IAM 策略来简化跨账户访问，并遵守最小特权原则。

你可以使用 SCP 和标记策略来执行账户和 OU 的合规性。所有账户和相关实体都受制于任何 SCP。因此，允许的权限是实体的权限边界和 IAM 策略的结合。

对于日常操作，AWS 配置、AWS 服务目录和 AWS CloudTrail 是治理的重点服务，有助于执行合规性和审计账户活动。

通过建立一个多账户环境，分析我们的成本和使用情况，制定预算和实施控制，我们已经建立了正确的基础。现在我们可以努力采用实际的方法来降低成本，这将是下一章的重点。我们将探索关键的 IT 领域成本节约机会，而首先集中在成本的计算方面。

进一步阅读 ● ● ● ●

如果你想要了解更多信息，请参考以下资源：

- "如何允许单独的 AWS 账户中的用户或角色访问我的 AWS 账户？" 2021 年：https://www.youtube.com/watch?v=20tr9gUY4iO。
- "通过单点登录管理用户和访问"（2022 年）AWS Control Tower 用户指南：https://docs.aws.amazon.com/controltower/latest/userguide/sso.html。
- "政策评估逻辑"（2022 年）IAM 用户指南：https://docs.aws.amazon.com/IAM/latest/UserGuide/reference_policies_evaluation-logic.html。

- "AWS 定价计算器"（2022 年）：https://calculator.aws/#/。

- 当 AWS 资源不符合要求时，如何使用 AWS 配置通知我，2022 年：https://aws.amazon.com/ premiumsupport/knowledge-center/config-resource-non-compliant/。

- "如何通过使用高级事件选择器来优化 AWS 云径成本"（2022 年）AWS 博客文章：https://aws.amazon.com/blogs/mt/optimize-aws-cloudtrail-costs-using-advanced-event-selectors/。

第二部分

优化你的 AWS 资源

在第二部分，我们将了解能够实现实际成本节约和减少浪费的杠杆。我们将这一部分划分为四个类别。在第 6 章，我们将探讨如何优化计算成本，包括利用保留实例、储蓄计划、按需实例和 AWS 计算优化器。第 7 章展示了如何通过选择正确的 S3 存储层、使用冷存储、RDS 代理和 EFS 冷层存储来优化存储成本。第 8 章涵盖了网络优化，包括降低数据传输成本、使用 VPC 端点以及使用转运网关来减少带宽消耗。第 9 章则介绍了在计算、网络和存储以外的其他方面进行成本优化的方法。

本书的第二部分包括以下章节：
- 第 6 章，优化计算
- 第 7 章，优化存储
- 第 8 章，优化网络
- 第 9 章，优化云原生态环境

优化计算

计算一般指的是机器处理数据和执行软件程序任务的能力。云计算通过互联网按需提供这种计算能力给消费者。虽然按需付费是支付这些资源的实际手段，但 AWS 提供了其他支付方式来帮助降低成本。你可以配置计算资源以发挥最佳性能，从而降低成本。

在这里，我们将重点讨论你可以使用的机制和杠杆，以减少 AWS 上计算领域的浪费。我们将研究 AWS 的不同定价模式，以及你应该如何考虑工作负载来利用它们。我们还将探讨如何合理确定计算资源的规模，以尽量减少过度配置资源造成的浪费。本章将涵盖以下主要议题：

- 利用稳定状态折扣
- 为灵活的工作负载最大限度地节约成本
- 合理确定计算规模

技术要求 ●●●●

为了完成本章的练习，你将需要与第 5 章中规定的相同的组件。

利用稳定状态折扣 ●●●●

根据你所需的 IT 服务来支付 AWS 云资源费用是云计算的要点。这种按需性可以包含固定成本和可变成本的平衡。然而，这并不是你支付所使用资源费用的唯一方式。实际上，亚马逊 EC2 实例提供了几种选择：按需、保留实例（RIs）、节省计划（SPs）和可中断实例。

按需定价就是你按小时支付实例运行的时间。在 AWS 的 Amazon EC2 定价页面上，为各种实例类型提供了按需小时费率。小时费率取决于多个实例参数，如所启动的实例的地区、操作系统（OS）、实例类型和大小。一般而言，较大的实例的小时费率会高于较小的实例。

除了按需定价，AWS 还提供了保留实例（RIs）折扣。通过购买与实例类型、地区和计费选项相匹配的 RIs，你可以在长期使用实例时享受更低的费用。RIs 的期限可以是 1 年或 3 年，根据你的需求和预算进行选择。

节省计划（SPs）是一种管理和最大化节省的计划，适用于使用 AWS 计算资源的客户。SPs 提供更高的灵活性和更长的承诺范围，以获取可比按需支付的更大折扣。

另一种节约成本的方式是利用现货实例。现货实例是按照当前市场价格而不是固定价格进行定价的临时计算资源。这使你可以以低于按需定价的价格获得计算能力，但需要注意市场价格波动可能导致实例终止。

通过合理选择和平衡这些定价选项，你可以根据实际需求最大化节约，达到稳定状态的折扣。

RIs 如何工作 ●●●●

按需定价是合理的方式，按需定价意味着你为使用的计算资源支付实际使用的时间费用，其费率是公开的并可以查看。但是，是否有可能以较低的费率进行支付呢？实际上，有两种方法可以实现。一种是通过保留实例（RIs）和节省计划（SPs），另一种是通过亚马逊 EC2 Spot 实例。我们首先来关注 RIs 和 SPs。尽管它们在技术上有所不同，但我们将它们放在一起，因为它们具有相同的折扣率，并且都是为稳定状态使用而设计的。本节中，我们将重点讨论保留实例。

保留实例提供了运行 EC2 实例的折扣小时费率，并提供了几个协议条款。RIs 有两种类型 RIs：标准和可转换。

标准 RIs 具有更严格的条款，但折扣率更高。当你承诺购买为期一年或三年的标准 RI 时，你承诺在特定地区、实例类型、操作系统和租约下部署实例。例如，如果你购买了标准 RI 并承诺在 US-EAST-I 地区使用单个 t2.small 实例和基于 Windows 的操作系统，那么每当你启动符合这些特定参数的实例时，你将按照标准 RI 的折扣率进行计费，而不是按需定价。但是，如果你在 US-EAST-I 地区启动基于 Linux 的 t2.small 实例，将无法享受折扣，因为操作系统与你保留的实例参数不匹配。

图 6.1 展示了前面提到的 RI 配置示例，适用于特定实例，因为它与 RI 配置相匹配。实例 3 获得了与购买的标准 RI 相匹配的折扣率，因为它是唯一符合承诺参数的实例配置。而实例 1 位于不同的区域，实例 2 和实例 4 与实例类型不匹配。

Reserved Instance Parameters	Standard	Instance 1	Instance 2	Instance 3	Instance 4
Region	US-EAST-1	US-EAST-2	US-EAST-1	US-EAST-1	US-EAST-1
Instance Type	t2.small	t2.small	t3.small	t2.small	m5.large
Operating System	Windows	Windows	Windows	Windows	Windows
Tenancy	Shared	Shared	Shared	Shared	Shared
Discount Rate?		✗	✗	✓	✗

图 6.1　实例 3 接收 RI 折扣率

与标准存款保险相比，可转换存款保险以较小的折扣率提供更多的灵活性。在可转换风险投资期限内，只要新的风险投资承诺具有同等或更大的价值，你可以在任何时候改变承诺参数。以前的例子中，如果你首先购买了 T2 型可转换风险投资，考虑到业务需求，你想将其改为 M5 型大型可转换风险投资，其他一切保持不变，你可以这样做：假设 M5 型实例类型将比 T2 型实例类型更昂贵。请记住，当转换到新的实例类型时，你应该启动与新配置相匹配的实例；否则，你将增加浪费。换句话说，一旦你转换到 M5 型实例，一定要为你的工作负载实际部署一个 M5 型实例；否则，你将支付你未使用的资源。

Reserved Instances（RI）的账单有三种形式：全部预付、部分预付或不预付。当你选择全部预付时，你将在下一个账单周期支付注册会计师费用的总金额。与其他付款方式相比，你可以获得最好的折扣，但你需要预付更多的现金来支付该风险投资。部分预付与此类似，你可以预付部分费用，但剩余部分费用按月摊销。对部分预付类型，你不能选择你想预付的金额。你可以选择只支付开启费用，但稍后将有更多介绍。无预付款则意味着你不需要预付任何费用，而是按月收取费用，直至风险投资期限结束。

这三种选项都表示你以折扣价支付资源，无论你是否使用它们。如果你没有购买 RI，而是使用按需定价，你会看到按需实例的账单，根据使用的小时数收费。但是有了 RI，即使你没有启动与该配置相匹配的实例，你也会在账单上看到 RI 费用。但是，当你启动一个符合该配置的实例时，你不会被收取按需费率，而是以月度折扣费率来支付该使用量。

RI 计费机制的一个简单例子是会员制健身房。大多数健身房提供两种付款方式：每次去都付款（按需）或者付一年的会员费，一年内无限次使用（RI）。你也许在脑海中进行了计算，并确定如果支付会员费，只要每周去健身房三次，你就能得到比每次都付费更划算的价格。现在，就看你是否真的去健身房了。我不是一个发表激励性演讲的人，所以我们可以到此为止。

RI 的行为也是如此——要么使用它，要么失去它。如果你不使用它，实际上你是在浪费资源。换句话说，如果你不启动与你的 RI 承诺相匹配的实例，那么与其支付按需费率，不如直接支付 RI 承诺的年（或三年）费用，因为现在你除了支付你未使用的资源的费用之外，还要支付实际运行实例的按需费率。纠正这个问题的方法是，确保你的运行实例配置与 RI 配置相匹配。通过这样做，你的运行实例将不会被收取按需费用，因为它们将由你的 RI 承诺所覆盖。

现在对 RI 的工作原理有了更好的了解，那么挑战就变成了解你对所购买的 RI 的利用程度。你可以在成本资源管理器中找到答案。

了解 RI 的利用情况 ●●●●●

你可以在成本资源管理器（Cost Explorer）中访问 RI 利用率报告，该报告显示了你对账户所拥有的任何 RI 的利用情况，或者如果从管理账户查看，则显示整个 AWS 组织的利用情况。该报告帮助你尽量减少对保留实例的浪费，通过显示你本应支付的费用，无论你是否使用了按需实例，都将其与你的实际 RI 成本进行比较。然后，报告会通过减去这些值来总结你的净节约。理想情况下，你希望净节约总额等于实现 100%利用率的潜在节约总额。图 6.2 是一个 RI 成本的低利用率示意图。

低利用率就像它听起来的那样。你没有充分利用付费的 RI，就像你支付了健身房年费，但没有去健身房一样。RI 利用率报告显示低利用率意味着，如果你只使用按需实例并在使用时付费，你将能够节省资金。以健身房的类比来说，你不应该购买会员资格，而只需支付使用设施的费用，因为你那一年只去了两次健身房。这种方式的使用导致 RIs 本来作为成本节约工具的功能转变为浪费资源。

图 6.2 直观地显示了你对 RI 的利用程度，即你去健身房的频率。这是一个利用率低的例子，RI 成本超过了按需成本的等值，这反映了 RIs 的浪费。换句话说，你支付了健身房会员费，但你从未去健身房。

为了避免这些情况，你应该使用本报告来确保所购买的 RI 配置与你实际启动的实例配置相匹配。如果你偶尔犯了一个错误，例如在购买 RI 时将配置设置为 t3.small 实例而实际上启动了 t2.small 实例，那么你应该更改实例的配置以匹配 RI 的配置。对于标准 RI 来说，这可能是困难的，因为你无法在标准 RI 条款的期限内更改 RI 配置。

图 6.2　RI 低利用率

我们已经看到你希望尽可能充分利用你的 RI。成本资源管理器中的 RI 利用率报告可以帮助你跟踪 RI 的使用情况。但在某些情况下，你可能需要更改你的 RI 配置。那么，如果你需要更改标准 RI 的配置，就可以采取以下措施：

修改 RIs ●●●●

修改标准 RIs 的方法之一是改变其范围。一个标准的 RI 可以是区域性的或区域性的。当你选择一个区域性的 RI 时，你可以指定你想为自己的实例保留哪个可用性区域（AZ）。

例如，如果你为 US-EAST-lA 指定了一个 RI，那么你就选择了一个区域性的 RI。为了获得折扣率，你必须在 US-EAST-lA 启动实例。假设你没有其他 RIs，如果你在 US-EAST-lB 启动一个实例，你的实例将被收取按需费率。

Zonal RIs 有一个额外的好处，即在指定的 AZ 中保留容量。如果只剩下一个实例，而你和另一个 AWS 客户碰巧选择了同一个剩余的最后一个实例来部署，那么拥有该特定实例的分区 RI 的客户将有优先权使用它（如果你们都拥有该 RI，那么谁先申请该实例谁就会赢）。如果你的工作负载需要在选择 AZ 来启动实例时具有特殊性，并且保留容量很重要，你可以选择 Zonal RIs。

你也可以使用 Linux/UNIX 操作系统来改变标准 RIs 的实例大小。每个 RI 都有一个定义其规范化大小的实例大小足迹。例如，小型实例的归一化系数为 1，而中型实例的归一化系数为 2。如果你一开始用一个中型的 Linux/UNIX RI，但想改成两个小型的 Linux/UNIX 实例，你可以这样做，因为它是针对 Linux/UNIX 操作系统的。

图 6.3 提供了亚马逊 EC2 页面中的一个例子。这里我们看到一个 RI 的修改，从一个 t3.micro、Linux/UNIX、区域 RI 到两个 t3.nano、Zonal RIs，适用于 US-EAST-lA。

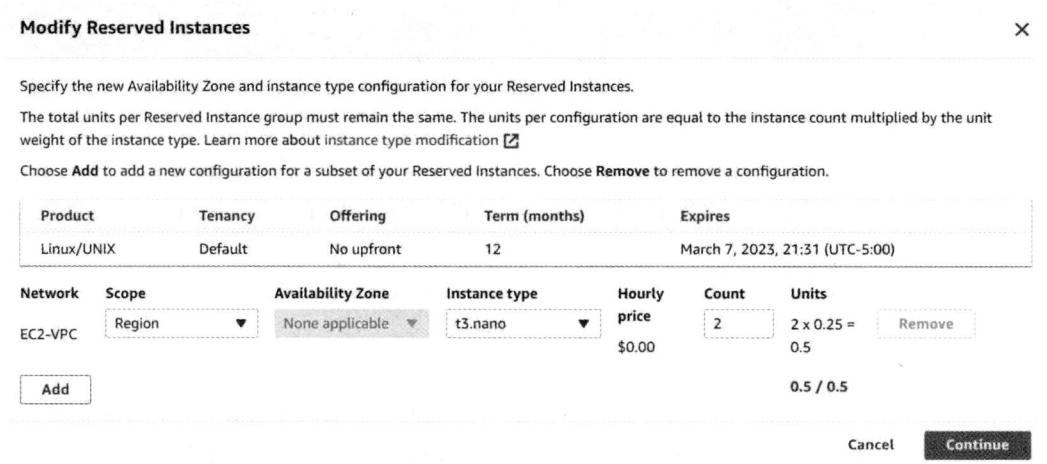

图 6.3　在 Amazon EC2 控制台修改一个 RI

修改区域和／或大小并不能提供太多的灵活性，因为你仍然需要使用一个特定的实例类型、操作系统和租约。但是，你不能用标准的 RI 来改变这些配置。如果你发现自己不再需要一个标准的 RI，而且期限还剩下相当长的时间，你可以尝试在 RI 市场上将 RI 卖给另一个可能正在寻求你的配置的 RI 的客户。这类似于另一方接管了你的租赁。AWS 将处理所有权的变更，并向新的所有者付款。

尽管我们了解到你可以修改标准 RI 的某些方面，但仍然存在一些限制。在下一节，我们将看到我们如何使用可转换的 RIs 交换 RIs，以获得全新的配置。

交换 RI ●●●●

通过使用标准 RIs 提供的灵活性较少。为了处理不确定性并提高资源利用率以减少浪费，更好的方法是使用可转换的 RIs。

通过使用可转换 RIs 来获得更好的折扣，但代价是灵活性降低。相反地，使用可转换的 RIs 增加了灵活性，但所能获得的折扣低于标准 RIs。可以说，从长远来看，如果你的工作负载配置需要变化，可转换的 RIs 可能会为你节省更多成本。在之前的例子中，我们看到在 12 个月的时间段内，RI 的利用率很低。业务会经历内部和外部的变化，例如新的业务需求或 AWS 推出的新产品和服务。有时，在考虑到业务和技术变化的速度时，为了获得承诺条款的灵活性而支付额外费用是值得的。

当你购买可转换的 RI 时，你可以交换 RI 以适应新的工作负载要求。如前所述，新的 RI 的价值必须与现有 RI 相等或更高。如果你需要将其转换为更便宜的 RI 配置，可能需要购买额外的可转换 RI 来弥补差额。图 6.4 和图 6.5 展示了如何将现有的可转换 RI 交换为新的预订。你可以在 Amazon EC2 页面上将一个可转换 RI 交换为一个新的 RI。

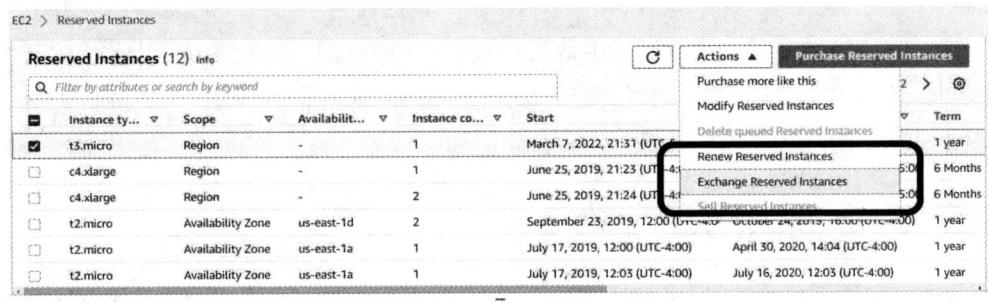

图 6.4　选择要交换的 RI

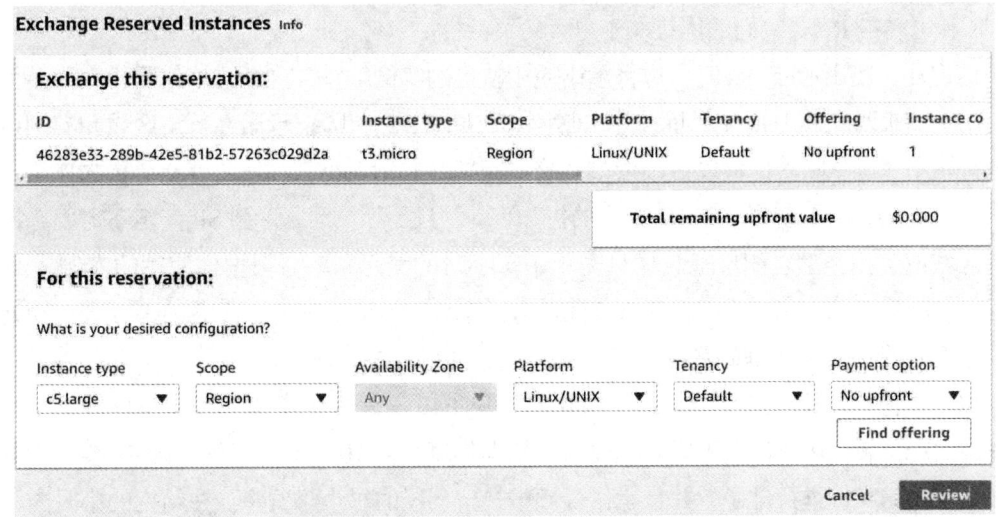

图 6.5　将一个可转换的 RI 换成一个新的 RI

1. 选择你要交换的 RI。从"操作"（Actions）菜单中选择"交换保留实例"（Exchange Reserved Instances）。然后你可以选择你想要交换为的 RI 配置。新的 RI 与旧的 RI 是同一到期日，但配置不同。

2. 选择所需的目标 RI 配置。

3. 选择"寻找供应"（Find offering）以找到符合你配置的新 RI 列表。

4. 选择"审查"（Review），然后选择"交换"（Exchange）来执行更改。

除非你交换为相同价值的 RI，否则交换费用可能会涉及其中。类似于标准 RIs，可转换 RIs 可以在区域范围内进行转换（反之亦然），并且对于 Linux/UNIX 实例大小的更改是免费的。当你需要大规模交换 RIs 时，情况很快就会变得复杂。购买、监控和管理你的预订车队，并与团队协调，以确保他们使用正确的实例类型与你的预订相匹配，这些操作负担可能会给团队带来压力。

有效地管理 RIs 以最大限度地减少费用，需要时间和资源，特别是对于大型组织来说可能很困难。幸运的是，在我撰写本书时，AWS 正在采用一种不同的方法，具有相同的机制和折扣率，但是管理要求更少。这种方法就是使用 SP。

用 SP 提高利用率 ●●●●●

SPs（Savings Plans，节省计划）提供与 RIs 相同的折扣率，但需要更少的管理，例如交换或修改 RIs。SPs 仍然分为两种类型，即 EC2 实例 SPs 和计算 SPs，其折扣率分别相当于标准 RIs 和可转换 RIs。它们的优势在于更大的灵活性。

请记住，使用标准 RIs 时，你将承诺使用特定的实例配置，这意味着你需要在许多个月中使用实例来匹配 RI 的配置。而使用 EC2 实例 SP 时，你只需要承诺在特定区域和实例系列上进行使用。这意味着你可以更改操作系统、租期和实例大小，仍然能够获得折扣率。

计算 SP 提供了与可转换 RIs 相同的折扣率，并且更加灵活。计算 SP 甚至不需要选择特定的区域或实例类型。相反地，你只需承诺每小时的美元利率。根据你使用的实例，AWS 将对你启动的实例应用相应的折扣率，直到达到你承诺的每小时美元费率。AWS 会自动处理这一过程，消除了修改和交换 RI 的需求来优化成本节省的麻烦。

以一个简单的例子来说明，假设你承诺每小时 10 美元的计算 SP 价格。图 6.6 展示了一个虚构的定价表，用于说明不同实例类型。根据你每小时 10 美元的承诺，AWS 会基于节省百分比对你的实例进行排序，并从承诺金额中提取 SP 的每小时费率。在给定的小时内，实例 1 以 60% 的节省率运行。由于它是节省率最高的五个实例之一，它排名第一。该实例从承诺的 10 美元中消耗了 2 美元。现在你还剩下 8 美元。接下来，AWS 考虑到实例 2 具有下一个最大的节省率，并从剩下的 8 美元中扣除 3 美元。当它到达实例 5 时，你已经用完了每小时的承诺。因此，实例 5 将按需计费。在实例 5 之前的所有实例都按 SP 折扣率计费，而不是按需计费。换句话说，你自动节省了这些实例的费用，并且不需要将你正在使用的实例与 RI 的配置相匹配。

Hourly Commitment: $		10.00		
	SP Hourly Rate	OD Hourly Rate		Savings %
Instance 1	$ 2.00	$	3.20	60%
Instance 2	$ 3.00	$	4.50	50%
Instance 3	$ 4.00	$	5.60	40%
Instance 4	$ 1.00	$	1.20	20%
Instance 5	$ 3.00	$	3.50	17%

图 6.6　将 SP 率应用于使用率

SP 的购买选项与 RI 的购买选项相同，但有一点不同。你仍然可以选择三种付款方式。然而，对于 SP，你可以选择部分预付金额，即预付 50%。SP 的总金额是基于期限的，可以是一年，也可以是三年。

RIs 和 SP 之间的不同之处在于，AWS 如何应用折扣。对于 RI，基本上 AWS 会查看 EC2 实例的使用情况，然后查看你是否有任何与该使用情况相匹配的 RI 配置，最后，如果有匹配的，就应用折扣率。如果没有匹配，AWS 会根据需求计费。而对于 SP，AWS 不会将用量与 RI 实例配置相匹配，而是简单地将你的承诺美元应用于所有适用的实例。

SP 和 RI 可以在你的组织内跨账户共享，这有助于降低整体支出。SP 和 RI 会优先考虑购买它们的账户。例如，如果你在管理（付款人）账户购买 SP，那么 AWS 优先将 SP 折扣率应用于管理账户内的任何计算使用，然后再将折扣率应用于其他账户的任何其他计算使用。

如果你对账户策略进行了调整，使得在管理账户中没有任何计算资源运行，或者创建一个专门的 SP/RI 采购账户，那么折扣可以自由传播到所有账户中。这样一来，AWS 将按照节省的百分比对所有账户中的计算使用进行排序，并相应地应用折扣，就像如图 6.6 所示。

如果你的业务需求需要，你可以选择关闭特定账户的共享功能。或者，如果你想优先考虑特定账户的折扣，就可以在该账户中购买 SP/RI。这样做可以确保某些工作负载享受到折扣。通过在一个账户中购买 SP/RI，AWS 将首先应用该账户中的折扣，并查看是否有剩余的承诺可用于其他账户。例如，即使账户 B 中的实例节省的百分比高于账户 A 中的实例，如果账户 A 购买了 SP，AWS 会确保账户 A 使用相同数量的小时承诺，并将折扣应用于账户 B 中运行的实例。

图 6.7 显示了 AWS 计费控制台中的共享选项。一旦你导航到 AWS 管理控制台中的 AWS 计费仪表板，就可以从左侧菜单中选择计费偏好。左边框中列出的账户将共享 SP/RI，而右边框中列出的账户将被排除在共享之外。

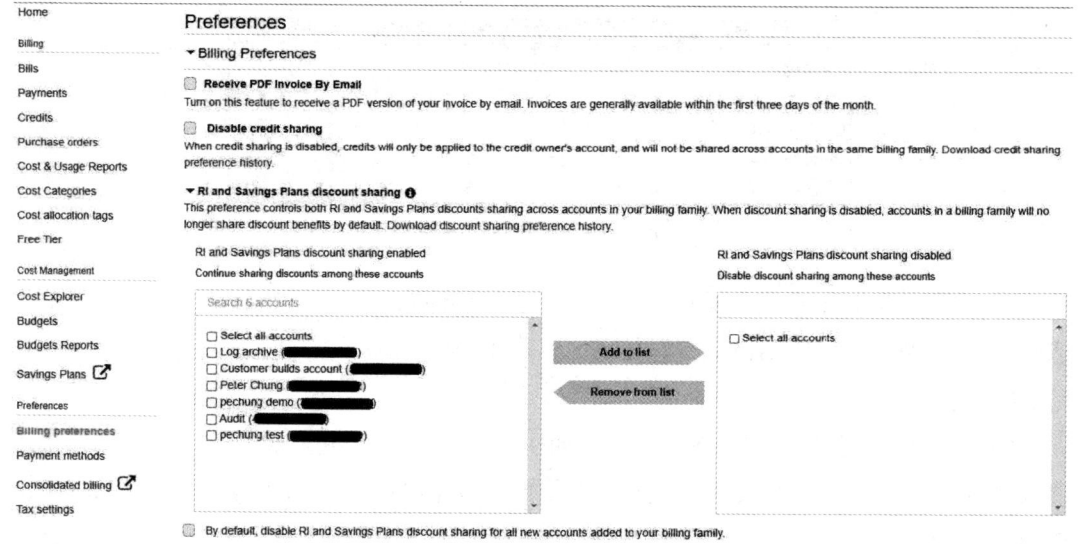

图 6.7　AWS 计费控制台中的 RI 和 SP 折扣共享

因此，通过使用 SP 相较于 RI，实现高利用率更加容易。现在的问题不再是"你是否使用该实例类型？"，而是变成了"你是否使用计算资源？"。

SP 也提供折扣率给 AWS Lambda 和 AWS Fargate 的使用。Lambda 是一种无服务器的计算服务，它将底层服务器完全抽象化，开发人员只需通过代码告诉 AWS 要做什么，而 AWS 负责处理如何去执行。Fargate 也是一种无服务器和任务的 AWS 计算服务，具有相同的责任水平，但专门用于容器。由于 SP 涵盖了这些类型的计算用途和实例，并且不考虑地区，因此它们比可转换的 RI 提供了更广泛的覆盖，减少了管理的复杂性。

如果你不确定应该选择多少小时的承诺，成本资源管理器可以为你提供建议。成本资源管理器会根据你的历史使用情况，提供在 7 d、30 d 或 60 d 回溯期内的建议。如果你想进一步完善分析，就可以将这些建议视为基准。

图 6.8 显示了控制台视图，其中有选项可以调整建议的金额。在这个例子中，我们看到了 Cost Explorer 为支付账户提供了一年期限的计算节省计划类型的 SP 建议。

Recommendations Info

Recommendation parameters Info

Savings Plans type

- ● Compute Savings Plans
  Applies to EC2 instance usage, AWS Fargate, and AWS Lambda service usage, regardless of region, instance family, size, tenancy, and operating system.

- ○ EC2 Instance Savings Plans
  Applies to instance usage within the committed EC2 family and region, regardless of size, tenancy, and operating system.

- ○ SageMaker Savings Plans
  Applies to SageMaker service usage, regardless of region, instance family, and component.

Recommendation options

Recommendation level Info	Savings Plans term	Payment option	Based on the past
● Payer	● 1-year	● All upfront	○ 7 days
○ Linked account	○ 3-year	○ Partial upfront	● 30 days
		○ No upfront	○ 60 days

图 6.8 节省计划建议

一旦你选择了所需的 SP 配置，成本资源管理器将提供 SP 条款的详细信息，如图 6.9 所示。在这里我们可以看到，在每小时承诺 0.19 美元的计算量之后，预计每月可节省约 136 美元。AWS 将为所有符合条件的计算使用应用折扣率，你不再需要自行管理。

Recommendations (1) Info
Date last updated Apr 6, 2022 12:06:47 UTC

Before recommended purchase	After recommended purchase	
Current monthly on-demand spend	Estimated monthly spend	Estimated monthly savings
$573.09	**$436.62**	**$136.47**
($0.79 per hour)	($0.60 per hour)	($0.19 per hour)

图 6.9 SP 术语

SP 相较于 RI 提供了更大的灵活性。我们可以看到 AWS 如何自动将 SP 费率折扣应用于你的实例使用，从而节省了你在转换可转换 RI 上所需的时间。此外，我们还学习了如何启用和禁用跨账户的 RI/SP 共享，并且了解了如何通过 Cost Explorer 获取 SP 建议。接下来，我们将进一步了解 Cost Explorer 中的另一个有用的 SP 报告，即 SP 覆盖率报告。

知道何时购买更多的 SP ● ● ● ●

你可以在成本资源管理器中找到 SP（和 RI）覆盖率报告。该报告可以深入了解你的实例成本在特定时期内受益于 SP 折扣的比例。覆盖率为 0%意味着你没有享受到 SP 折扣，而覆盖率为 100%意味着 AWS 将为你的所有实例应用 SP 折扣。换句话说，在 100%覆盖率下，你没有为任何实例的使用支付按需费用，所有实例的使用都得到了优化。

实现 100%的覆盖率应该是最大化成本节省潜力的目标。然而，由于竞争性的优先事项、人力不足和不同的 FinOps 成熟度，并不是所有组织都能够达到和维持这个目标。根据我的经验，60%~80%的覆盖率是一个很好的起点和合理的目标。我发现，许多 AWS 客户根据 Cost Explorer 中的 SP 建议采取行动，达到了这个范围。

在实践中，购买 SP 之前，你可以使用 SP 覆盖率报告来帮助分析你的 SP 承诺量，并使用 SP 利用率报告来量化购买中的优化程度。你也可以从一个小的 SP 承诺开始，逐步购买额外的 SP。有了 SP，你可以立即通过优化你的计算支出来减少浪费，而且在选择无预付款选项时，没有大量的前期财务成本。此外，不需要像 RIs 那样单独管理它们，因为 AWS 负责计费，并且将折扣应用于你该月的实例使用。

你还可以使用 SP 和预订预算来跟踪一段时间内的覆盖率和利用率。设置这些预算后，当覆盖率低于预设的阈值时，AWS 将通知你。这可能是一个信号，表明你要购买更多的 SP，假设你继续使用计算资源。当你设定一个利用率目标时，AWS 也会通知你，告知你 SP 或 RI 的利用率不足。

图 6.10 显示了一个用户为一个 SP 设置了 75%的利用率目标，创建了一个利用率预算。这意味着如果你的利用率低于目标的 75%，你将收到通知。

保留实例（RI）是稳定工作负载的理想选择，例如需要 24/7（7 天 24 小时）可用和持续运行的实例。对于这些类型的实例，以较低的价格支付 RI 比按需价格更有经济意义。即使在承诺期内实例没有持续运行 24/7，收支平衡点通常在 8~9 个月（对于 1 年的 RI）或 18 个月（对于 3 年的 RI）左右。换句话说，即使你只在支付 RI 的 12 个月中使用了 10 个月，你仍然可以获得比支付按需价格更好的价格，因此可以节省资金。使用 RI 变得更加灵活，因为你不再限制于特定的实例类型。AWS 将把折扣率应用于你在期限内使用的任何形式的计算。

尽管并非所有的工作负载都是稳定的，但企业通常会运行需要短时间内大量计算的批量工作负载，或者需要临时使用计算来进行测试和实验。如果由于某些原因使计算资源无法使用，这可能并不会造成大问题，因为团队可以重新启动工作或使用不同类型的实例重新启动。在这种情况下，亚马逊 EC2 的 Spot 实例是一个理想的选择，你可以为了获取更便宜的价格而牺牲一些可用性。

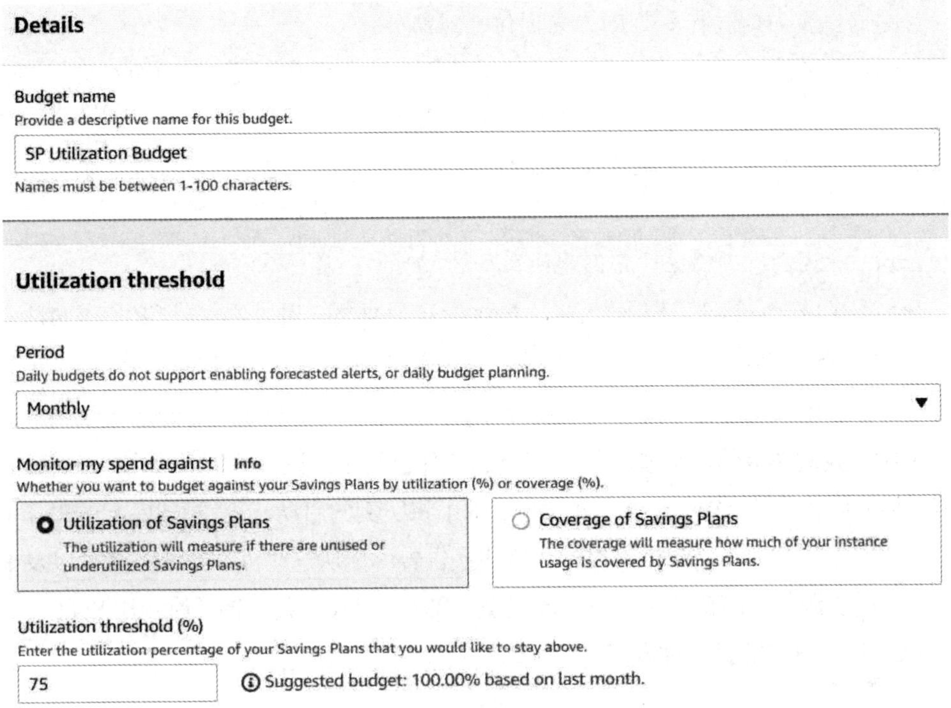

Details

Budget name
Provide a descriptive name for this budget.

SP Utilization Budget

Names must be between 1-100 characters.

Utilization threshold

Period
Daily budgets do not support enabling forecasted alerts, or daily budget planning.

Monthly ▼

Monitor my spend against   Info
Whether you want to budget against your Savings Plans by utilization (%) or coverage (%).

● **Utilization of Savings Plans**
The utilization will measure if there are unused or underutilized Savings Plans.

○ **Coverage of Savings Plans**
The coverage will measure how much of your instance usage is covered by Savings Plans.

Utilization threshold (%)
Enter the utilization percentage of your Savings Plans that you would like to stay above.

75   ⓘ Suggested budget: 100.00% based on last month.

图 6.10　设置 75%的利用率

在 VidyaGames 购买 SP

在 VidyaGames 购买 RI 方面，Jeremy 和 Ezra 进行了交谈，探讨了更多关于 VidyaGames 的 RI 采购战略的内容。在他们的对话中，Ezra 与 Jeremy 分享了他的团队一直在为该组织购买 RI 方面处于领先地位的情况。一些应用团队自行购买 RI，而另一些则没有购买。Ezra 和他的团队致力于填补 VidyaGames 在增加覆盖范围方面的空白，以获得更多的收益。

Jeremy 和 Ezra 一致认为，目前的运营模式效率低下，无法实现长期的优化。购买 RI 不应该是应用团队的重点关注。他们应该更专注于为客户构建软件。Ezra 表示，集中采购 RI 是有意义的，但他的团队需要应用团队提供更多信息，以便知道购买哪些 RI。

Ezra：我们需要知道开发团队的计划才能购买适合的 RI。在很多情况下，他们说要使用某种实例类型，但几个月后又改变了。然后，我和我的团队就需要将其更换为合适的 RI，这是一项艰巨的任务。

Jeremy：我们目前有多少 RI，它们何时到期？

Ezra：我不知道我们有多少 RI，但我知道它们将在本月底到期，因为我有一个新的购买队列。

Jeremy：你是否考虑过使用 SP 代替？我听说它们更灵活，并且你不必花时间做交换。

Ezra：我还没有考虑过。它们是什么？

Jeremy 向 Ezra 介绍了 SP 的情况。Ezra 松了一口气，因为他希望 SP 能够消除定期交换 RI 的需要。他们决定在本月底购买一个小型计算 SP，看看它的效果如何。

本节中，我们对 RI 和 SP 作为计费机制的运作进行了解读。我们看到 SP 如何提高你的利用率，从而优化你的 AWS 支出，因为它消除了将实例的启动与 RI 配置匹配的操作。我们还研究了成本资源管理器中的相关报告，这些报告告诉你从这些机制中获益多少以及如何通过购买更多的资源来提高覆盖率来进一步受益。在下一节中，我们将探讨使用 Spot 实例支付亚马逊 EC2 计算资源的另一种方式。

为灵活的工作负载最大限度地节约成本 ●●●●

与 RIs（保留实例）和 SPs（可预订实例）类似，Spot 实例也为你提供 EC2 使用的折扣，但折扣率不同。与 RIs 和 SPs 不同的是，Spot 实例适用于可以中断的工作负载，同时也能够提供实例的灵活性，这意味着你通常不需要关心使用哪种实例类型来完成任务。在这些权衡方面，Spot 实例提供比 SPs 更高的折扣。

早在 2006 年，AWS 首次提供了 ml.smal1 实例类型。截至目前，AWS 已经提供了超过 400 种不同类型的实例供用户选择。我们可以有信心地说，AWS 拥有大量备用容量。与按需实例相比，AWS 以大幅折扣向客户提供这些备用容量，但前提是 AWS 可以根据需要收回这些备用容量。AWS 提供了 2 min 的提前警告，因此，这个过程不会突然中断你正在运行的工作负载。

在 AWS 早期，实例中断相对较常见。如今，随着可用实例数量的增加，实例中断的可能性越来越小，但仍然存在一定的风险。然而，选择实例类型就像在购物中心选择停车位一样。每个人都希望选择离购物中心最近的停车位（以减少步行距离）。如果你也希望尽量减少步行距离，就可能需要等待一个空闲的停车位，并可能需要在停车场绕几圈才能找到理想的停车位。

如果你选择的位置不太理想，你很可能会遇到干扰（有时将车停在远处是值得的，这样你就可以避免接近其他人）。

虽然停车位和 EC2 Spot 实例不一定完全相同，但通过将这两个概念联系在一起，我们可以得出一些类似的想法。如果你构建了一个环境，使得你的应用程序能够在 r5、anm5、m4、CS、C6g 等不同类型的实例上运行，那么你很可能不会遇到中断的情况。你可以创建一个 Spot Fleet 来配置构成 Spot Fleet 的实例类型。你创建的 Fleet 越多样化，中断的可能性就越小，因为 AWS 降低了同时收回这六种不同实例类型容量的机会。

你还可以定义一个分配策略作为 Spot Fleet 配置的一部分。这个策略告诉 AWS 如何从指定的 Spot 容量池中满足你的实例请求。假设你的池子包括 c3.large、m3.large、t2.large、c4.large、r3.large 等实例类型。默认的最低价格策略是根据池子中的最低价格选择实例，而容量优化策略是根据可用容量选择实例，从而最大限度地减少中断的可能性。从纯粹的成本角度来看，选择最低价格可能是可取的，但如果可用性对你来说比成本节省更重要，你可能会根据手头的工作负载选择另一种策略。

当你选择 Spot 实例时，你会指定你愿意支付的最高价格。这并不是一个竞价系统。你不会与其他客户竞争，也不是价格最高的出价者获胜。相反地，Spot 实例的价格会根据需求而波动，并且根据你选择的可用区（AZ）而略有不同。图 6.11 展示了 c5.large 实例类型的价格变化示例。如果一个实例的价格超过你设定的价格阈值，那么就会触发中断。然后，Spot 将给你 2 min 的时间来回收实例占用的容量。默认情况下，Spot 的最高价格会设定为这个实例的按需价格。

图 6.11 显示了在 EC2 控制台上，c3.large 实例类型在过去 3 个月内的价格历史。价格历史图还显示了各个可用区的 Spot 价格。

在你的计算中使用 Spot 实例是一个很好的工具，可以用于优化你的工作。在一个 Spot Fleet 中混合使用 Spot 和按需实例是另一种快速降低成本的方法，因为通过混合使用这两种定价模式，你可以同时获得可用性和成本的好处。

Your instance type requirements, budget requirements, and application design will determine how to apply the following best practices for your application. To learn more, see Spot Instance Best Practices⬀

◯ Display normalized prices

Graph	Instance type	Platform	Date range
Availability Zones ▼	c4.xlarge ▼	Linux/UNIX ▼	1 week ▼

☑ ● On-Demand price
$0.199 Apr 29 2022, 08:13
$0.199 Average hourly cost

☑ ● us-east-1a
$0.1002 Apr 29 2022, 08:13
$0.1014 Average hourly cost
49.05% Average savings

☑ ● us-east-1b
$0.0844 Apr 29 2022, 08:13
$0.0815 Average hourly cost
59.05% Average savings

☑ ● us-east-1c
$0.0883 Apr 29 2022, 08:13
$0.0879 Average hourly cost
55.82% Average savings

☑ ● us-ea
$0.0818
$0.0809
59.36%

$0.200

$0.150

$0.100

图 6.11　Spot 实例定价历史

选择正确的定价模式将取决于工作负载的类型。图 6.12 展示了每种定价模式适用的典型使用模式。对于提出的稳态工作负载，选择按需服务是合适的，因为它可以为你提供持续较低的价格。对于不可预测和不能容忍中断的工作负载，选择按需服务是合适的，因为使用 Spot 实例可能会导致较低的利用率，从而增加不必要的支出。最后，对于可以中断的工作负载，例如周末批处理作业，使用 Spot 实例是一个不错的选择。

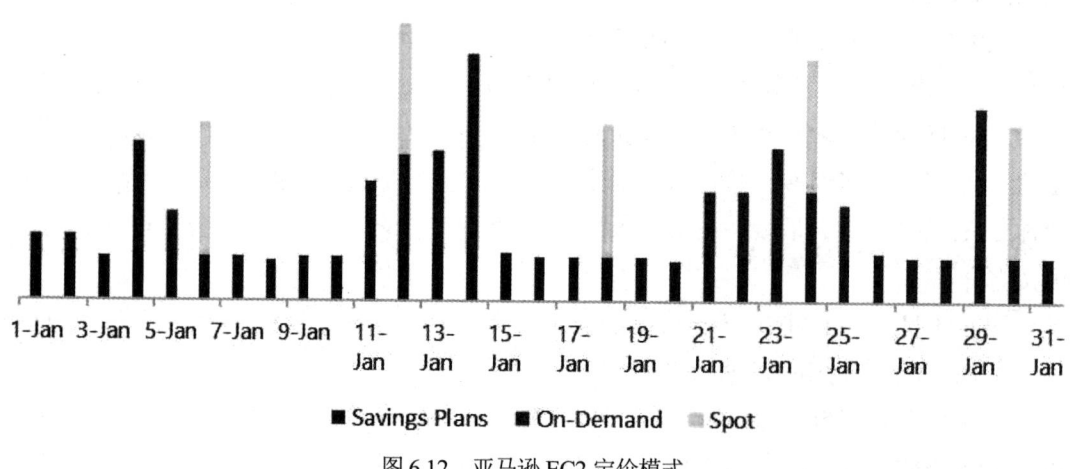

■ Savings Plans　■ On-Demand　▨ Spot

图 6.12　亚马逊 EC2 定价模式

由于 Spot 实例可能会出现中断，许多客户将其视为一种有风险的选择。然而，AWS 已经通过多种方式帮助减轻这种担忧，例如增加可用实例的数量，稳步增加可用区的数量，并提供 Spot 实例重新平衡建议等机制。当一个 Spot 实例处于高中断风险时，重新平衡建议会发出信号。你可以利用这个信号，在 2 min 警告之前主动管理 Spot 实例。此外，你还可以使用 Spot Fleet 中的容量重新平衡功能，以帮助你通过新的 Spot 实例增加 Spot Fleet 的容量。

测试 Spot 实例稳定性的最佳方法是实际使用它们。你可以遵循 AWS 的最佳实践，在较小的项目、沙盒环境或时间不敏感的批处理作业中测试 Spot 实例，从而将中断风险降到最低。对于这些工作负载来说，大规模使用按需实例会造成浪费，因为它们并不是你的业务关键。将 Spot 实例纳入你的计算工作负载中，可以大大降低成本。

EC2 Spot 和 RIs/SPs 是优化计算资源使用的强大工具，但我们也希望在选择适当的计算规模时减少浪费。这就是所谓的合理规模，我们将在下一节中讨论。

合理确定计算规模 ●●●●

一个重要的问题是，在保留实例之前，是否需要先调整实例的大小？事实上，我们不希望在保留一个实例时发现，它本来并不需要保留！这样做会导致资源的浪费。然而，有了 SP（节省计划承诺），这个问题就变得不那么重要了，因为有了 SP，你在选择实例类型上有更大的灵活性。即使你今天启动一种实例类型，明天启动另一种实例类型，只要你的 SP 足够支付累计小时使用量，你仍然可以从新的实例类型中受益。

合理地确定规模仍然是云计算资源管理的关键组成部分。合理的规模利用了云计算的弹性。当你在数据中心配置服务器时，你往往会针对最高峰值进行配置。为了维持服务的稳定，你购买了足够多的高性能服务器来处理最大的负载，即使这种负载只出现在一年中的几个小时。而在一年的其他时间，这些更强大的机器将会被过度使用，资源得不到有效利用。另一方面，妥协的办法是提供适当规模的服务器，在大部分时间内高效运行，但在需求高峰，当需求超过容量时，你仅仅能处理有限的请求。然而，如果能正确地确定规模，你就可以动态配置计算资源，以满足需求。我们无须猜测容量需求，也无须一直被限制在特定服务器和集群规模之中。

AWS 提供了多种不同的实例类型，以满足不同的工作负载需求。通用实例提供了计算、内存和网络能力的平衡，非常适合灵活的工作负载或者对于不确定从何开始的情况。你还可以选择计算、内存或网络优化的实例类型，以满足特定需求。此外，AWS 还提供了加速计算实例，专为处理特定工作负载而设计。由于有如此多的实例类型可供选择，你可能需要在不同的实例类型和规模之间进行反复权衡，以选择最适合你的实例。幸运的是，Cost Explorer 可以帮助你解决这个问题。

Cost Explorer 提供了正确的规模建议，帮助你有效地管理资源。这有助于减少整体的资源浪费，确保资源能够满足你的计算需求。这类似于推荐 RIs（保留实例）和 SP（储值承诺）的方法，正确的规模建议会分析历史上的 EC2 使用情况，并确定哪些实例处于闲置或未充分利用状态。例如，如果成本资源管理器发现某些 c5.xlarge 实例在过去的两周内以低于 5%的 CPU 利用率持续运行，你可以考虑将这些实例转换为更小的实例类型，从中获得节省。

你可以从两种类型的正确规模建议中进行选择，包括闲置和／或利用率低的实例。如图 6.13 所示，你可以选择两者。Cost Explorer 建议将实例大小从 t2.small 更改为 t2.micro。

Optimization opportunities	Estimated monthly savings	Estimated savings (%)
7	$322.03	50%

Findings   💾 Download CSV

Q *Filter by region, tag, and account ID*   ‹ 1 › ⚙

Instance ID	Estimated savings ▼	Finding	Finding reason(s)	Account ID	Instance
i-00238	$70.08/month	Underutilized instance	CPUOverprovisioned, +5 more	40	m5.xlarge
i-00d4e	$69.87/month	Underutilized instance	CPUOverprovisioned, +5 more	40	m5.xlarge
i-05c16	$69.87/month	Underutilized instance	CPUOverprovisioned, +4 more	40	m5.xlarge
i-075b6	$69.87/month	Underutilized instance	CPUOverprovisioned, +4 more	40	m5.xlarge
i-06016	$33.87/month	Underutilized instance	-	40	t2.large
i-02afd1	$4.23/month	Underutilized instance	CPUOverprovisioned, +5 more	40	t2.micro
i-0a9c1	$4.23/month	Underutilized instance	Underutilized instance	40	t2.micro

图 6.13　Cost Explorer 中的合理规模建议

AWS Compute Optimizer 执行的功能与正确调整建议类似。然而，虽然正确规模建议只建议缩小规模的行动，Compute Optimizer 还会建议扩大规模的行动。尽管这可能与节约成本的努力相矛盾，但根据业务需求，这种权衡可能是必要的。

图 6.14 显示了 AWS Compute Optimizer 的仪表板，展示了一个优化的 EC2 实例。你可以通过管理账户访问 Compute Optimizer，并查看组织中所有账户的优化建议。尽管 Compute Optimizer 不提供总体视图，但你可以从 AWS 管理控制台的下拉菜单中选择单个账户，并查

看每个账户的建议。Compute Optimizer 还可以帮助你合理调整 EBS 卷的配置，我们将在下一章详细讨论这个功能。

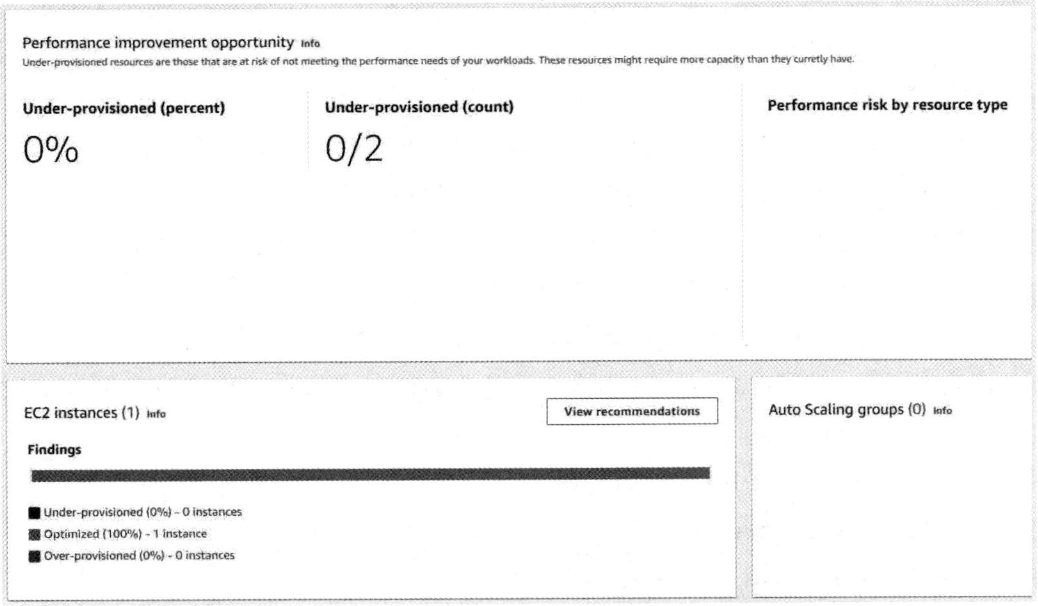

Performance improvement opportunity Info

Under-provisioned resources are those that are at risk of not meeting the performance needs of your workloads. These resources might require more capacity than they currently have.

Under-provisioned (percent)
0%

Under-provisioned (count)
0/2

Performance risk by resource type

EC2 instances (1) Info
View recommendations

Findings

■ Under-provisioned (0%) - 0 instances
■ Optimized (100%) - 1 instance
■ Over-provisioned (0%) - 0 instances

Auto Scaling groups (0) Info

图 6.14　AWS Compute Optimizer 的仪表板

Compute Optimizer 建议使用自动扩展组来优化 EBS 卷。第 7 章，我们将进一步了解如何优化 EBS 卷，第 9 章，我们将了解如何优化云原生环境中的自动扩展组。最后，Compute Optimizer 还研究了如何优化 AWS Lambda 函数的方法。让我们在下一节中进一步了解 Lambda。

优化 AWS Lambda ●●●●

AWS Lambda 是一种无服务器的计算服务，它允许你简单地编写或上传代码，而 AWS 将负责管理底层基础设施来执行你的代码。与亚马逊 EC2 相比，你不需要担心切换不同的实例类型，确保你的实例高可用性，以及确保你的实例的安全性。Lambda 可以与 200 多个 AWS 服务集成，非常适用于构建事件驱动的架构。

为了优化 Lambda 的使用，我们必须先了解服务背后的成本因素。首先是你的 Lambda 函数的执行时间。AWS 根据执行时间的毫秒数收取 Lambda 费用。因此，Lambda 的执行时间越短，费用就越低。

Lambda 允许你选择多种语言来执行你的代码。一般而言，编译语言如 C++、Rust、Go 等的运行速度更快，但初始化时间较长。因此，对于需要进行密集计算的复杂应用程序，编译语言通常效果更好。否则，对于简单的功能，选择脚本语言如 Python 和 Node.js 即可。

你还可以使用编译语言来利用供应并发，以减少 Lambda 函数的运行时间。供应并发是一种保持函数初始化（或预热）的功能，以便能够快速响应请求。当调用 Lambda 函数时，请求会被路由到一个执行环境。若函数在一段时间内没有被调用，AWS 需要创建一个新的执行环境，这需要时间。同时，函数的依赖项，如需要安装代码和包，也会增加其运行时间。这就像在寒冷的天气中汽车必须预热一样，它被称为"冷启动"问题。供应并发的目的是通过初始化所需的执行环境数量来减少冷启动问题，以确保它们准备好快速响应，就像确保在启动汽车前它已经预热好并且内部舒适一样。

图 6.15 显示了如何在 Lambda 控制台中配置供应并发。若要在 AWS 管理控制台上执行此操作，请按照以下步骤进行：

1. 在 Lambda 控制台中选择你的函数。
2. 选择"Configuration"选项卡。
3. 在左侧菜单中选择"Concurrency"。

你可以在此页面中选择几个选项，并添加或编辑你所配置的供应并发设置。

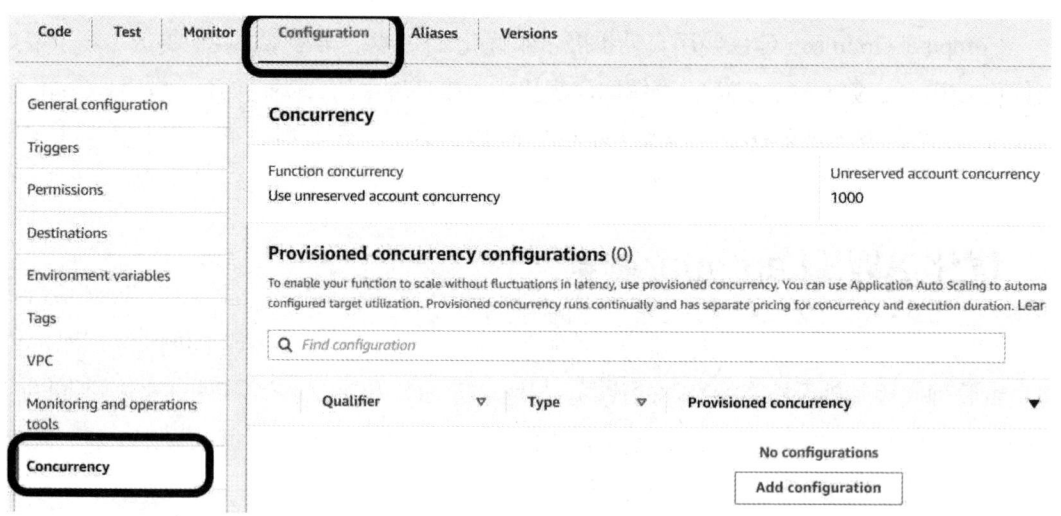

图 6.15　AWS Lambda 控制台

从逻辑上讲，我们应该尽量减少初始化代码中的依赖关系和库的数量。这是造成延迟和执行时间更长的主要因素，因为在执行实际任务之前需要完成这些初始化操作。

　　另一个与 Lambda 相关的成本因素是内存配置。如果你将 Lambda 函数过度配置，将会带来额外的成本，就像过度配置 EC2 实例一样。你可以为 Lambda 函数设置内存配置，如图 6.16 所示。通过适当配置内存，你可以优化 Lambda 函数的性能和成本。

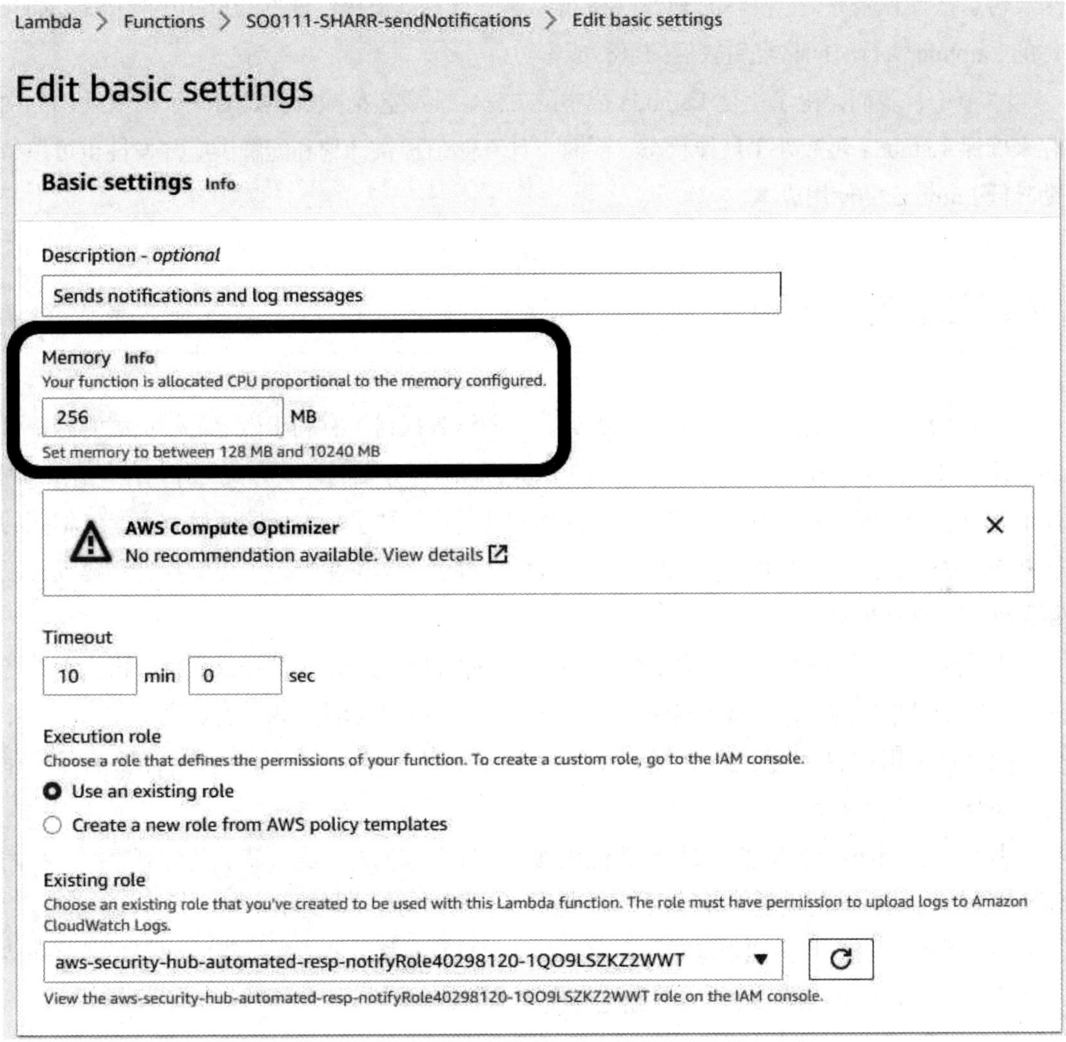

图 6.16　配置 Lambda 内存设置

　　你不要认为过度配置是一个糟糕的选择。你可以考虑自动配置最小的内存量以保持低成本，但是低内存配置可能会导致执行时间延长。内存的增加在成本上可以忽略不计，但它可能会对减少执行时间产生更大的影响。因此，务必监控你的函数并根据需要进行相应的调整，以优化它们的使用。通过使用计算优化器工具可以帮助你获得对函数性能的可见性。

另外，我们可以运用计算储值提供计划来优化 Lambda 使用。如果你有足够的承诺小时来支付这些计算服务，不仅你的 EC2 实例可以享受计算储值提供计划的折扣小时费率，而且你的 Lambda 执行时间将经历较低的毫秒成本。

本节中，我们讨论了优化 Lambda 成本的方法，主要包括减少执行时间、配置适当的内存来确保 Lambda 函数处于最佳状态。同时，计算储值提供计划和配置供应并发性也可以帮助降低 Lambda 的使用成本。

本章小结 ●●●●

本章的重点是优化 AWS 上的计算服务。我们深入探讨了有利于稳定工作负载的计费机制，并对 RIs 和 SPs 进行了详细讨论。我们解读了这两种方案的计费方式，并得出结论，SPs 比 RIs 更适合，因为它们具有更高的灵活性和较低的维护要求。由于这两种方案提供相同的折扣率，因此，选择 SPs 而不是 RIs 是更合理的选择。成本资源管理器提供报告和建议，以帮助你制定 RI/SP 购买策略。

我们还探索了 Spot 实例作为计算服务的另一种选择。Spot 实例是灵活且价格优惠的选择，适用于可中断的工作负载。然而，由于 Spot 实例的可中断性，我们需要注意在构建工作负载时如何使用它们。我们讨论了使工作负载对 Spot 实例中断具有弹性的机制，如容量优化分配策略和容量再平衡。

最后，我们通过合理化建议和计算优化器，研究了如何合理配置我们的计算资源。我们深入了解了 Lambda 的机制，并讨论了减少执行时间以节约成本的策略。

在下一章中，我们将把重点转向存储。和优化计算一样，所有应用程序都需要存储来持久保存数据。我们将探索在 AWS 上优化存储成本的方法。

进一步阅读 ●●●●

如果你想要了解更多信息，请参考以下资源：

- 亚马逊 EC2 实例类型，2022 年：https://aws.amazon.com/ec2/instance-types/。
- 亚马逊 EC2 按需定价，2022 年：https://aws.amazon.com/ec2/pricing/on-demand/。
- EC2 实例历史，2015 年：https://aws.amazon.com/blogs/aws/ec2-instance-history/。
- EC2 Spot 的最佳实践，2022 年：https://docs.aws.amazon.com/AWSEC2/latest/UserGuide/spot-best-practices.html。

优化存储

计算的重点在于处理任务，而存储的重点在于保存信息。你需要一个地方来存储数据。鉴于数据的数量、速度和准确性，如今的技术领域常将数据称为"新的石油"。企业正在寻找方法将其数据作为一种资产加以利用，实现货币化，并从中获得有意义的洞察。尽管直接将数据货币化不是本书的讨论范围，但我们至少可以在冒险走上这一道路时优化我们所存储的数据，以便随时使用。

AWS 提供了多种存储数据的方法，我们将专注于优化对象存储和块存储。我们还将讨论优化数据库的问题。在前一章中涉及的一些主题也将在这里再次出现。

本章将涵盖以下主要议题：

- 建立优化对象存储
- 建立优化数据库
- 建立优化块和文件存储

技术要求 ●●●●

为了完成本章的练习，我们将继续使用之前几章中一直使用的组件。

建立优化对象存储 ●●●●

上一章中，我们详细讨论了按需配置计算资源的问题。无论你使用的是 EC2 实例还是

Lambda 函数，都需要一个地方来存储数据。幸运的是，在 AWS 上，存储和计算一样易于获取和使用。

亚马逊简单存储服务（Amazon S3）被广泛用作 AWS 上的存储介质。但是，利用 Amazon S3 来降低存储成本的效果取决于具体应用，因为备份和存档的需求与电子商务网站或流媒体视频服务的需求是不同的。

降低 Amazon S3 的成本可从以下三个方面来考虑：

- 存储数据的位置：你在 S3 中存储数据的地方。
- 数据检索频率：你对存储数据的检索频率。
- 数据迁移策略：你选择将数据迁移到何处。

这些问题会因工作负载的不同而有所不同。举个例子，备份工作负载可能较少涉及请求和检索操作，而与之相比，视频流媒体服务则可能存在更高的访问频率。即使针对视频流媒体服务，访问模式也会随着时间的推移而变化，因为新的内容可能比旧的内容被请求更频繁。

我们将从三个方面着重优化 Amazon S3。首先，我们将讨论 Amazon S3 的数据管理问题，因为保持数据存储的清洁和可管理性对我们的优化工作至关重要。其次，我们将了解不同的存储类别，并探讨如何巧妙利用它们来最大限度地节省开支。最后，我们将讨论如何在规模上操作 Amazon S3，以便即使你的存储量在时间推移中呈指数级增长，你也能够高效管理存储成本。

确保 Amazon S3 的数据存储清洁卫生 ●●●●

你需要决定的第一件事是，如何组织你在 Amazon S3 中存储的数据。这与我们最开始讨论的方法相同。我们首先谈到了在正确的多账户结构中组织你的账户，并创建反映你的业务层次或应用域的逻辑边界（可参考第 2 章，构建正确的账户结构）。在 Amazon S3 中组织数据也是如此。我们要避免创建一个杂乱无章的数据存储，你无法优化它，因为你甚至不知道要查找什么。

首先，你可以使用存储桶（Buckets）来组织数据。存储桶作为一个逻辑容器，可以容纳各种对象，无论是 CSV 文件、ZIP 文件、MP3 文件还是纯文本文件。当然，你可以创建一个存储桶，将所有东西都放进去。S3 会自动扩展以满足你的需求。然而，这可能会在以后变成负担，因为你将不得不在整个存储桶中搜索你要查找的内容。

为了尽量减少这种风险，你可以使用前缀来组织 S3 存储桶中的对象，形成层级结构。前缀模拟了文件夹结构，你可以在其中找到你的数据，就像把对象或文件放在一个文件夹路径中一样。例如，如果你有表示房子里不同对象的数据，一个前缀为"house/master/bed"的床对象就不同于一个前缀为"house/guest/bed"的床对象。尽管这两个床的对象可能看起来相同，但前缀让你不仅可以区分它们，还可以知道它们的存储位置。

此外，你还可以将标签与特定对象相关联，也可以将标签应用于整个存储桶。我们在前几章中已经介绍了标签的重要性，但在这里还值得再次强调其价值。标签不仅可以提高你的成本可见性，还可以对你存储对象的位置进行更细粒度的控制。S3 提供了几个不同的存储类别，每个类别都有不同的存储价格。通过根据对象的访问模式来确定适当的存储类别，你将减少存储成本的浪费。

现在，我们已经为保持 S3 存储的正确性奠定了正确的基础，让我们看看如何为我们的数据选择正确的存储类别，以最大限度地发挥我们的节约潜力。

使用 S3 存储类进行优化 ●●●●

你可以选择在存储成本更低的情况下牺牲耐久性、可用性和性能。然而，当你为较低的存储成本支付时，你可能需要支付更高的对象检索成本。目前，S3 提供了 8 种不同的存储类别（其中 6 种在表 7.1 中显示），此处我们看到的是 US-EAST-2（0 HIO）地区的价格。这些百分比显示了相较于 Amazon S3 标准存储层的变化。例如，Amazon S3 Glacier Instant Retrieval 比 Amazon S3 Standard 便宜了 83%，但检索请求的价格要贵 300%。

表 7.1　亚马逊 S3 存储类别比较

S3存储类别	S3 Standard	S3 Standard-IA	S3 One Zone-IA	S3 Glacier Instant Retrieval	S3 Glacier Flexible Retrieval	S3 Glacier Deep Archive
Storage Costs Per GB (up to 50TB/month)	$0.023	$0.0125 (46%)	$0.01 (57%)	$0.004 (83%)	$0.0036 (84%)	$0.00099 (96%)
PUT, COPY, POST, LIST (1000) Requests	$0.005	$0.01 100%	$0.01 100%	$0.02 300%	$0.03 500%	$0.05 900%

最佳的存储类别取决于对象的访问模式。作为一个简单的例子，请参考表 7.2，假设你向客户提供一个大小为 1 GB 的视频文件。将该文件存储在 S3 标准存储中，费用为每月 0.023 美元，而存储在 Glacier 即时检索中，费用为每月 0.004 美元，相当于节省了 83% 的存储费用。这听起来是多么美妙的节省成本的梦想啊。然而，这是一个受欢迎的文件，一百万个（1 000 ×

1 000）用户都要求查看它。现在，将这个文件从 S3 标准存储中检索 1 000 次将花费 20 美元，而如果存储在 Glacier 即时检索中，则只需 5 美元。

表 7.2　S3 成本比较

	Storage Costs + Retrieval cost per 1,000 requests	
Amazon S3 Standard	1GB * $0.023 + 1,000 * $0.005	$5.02
Amazon S3 Glacier Instance Retrieval	1GB * $0.004 + 1,000 * $0.02	$20.00

如果你对一个对象的访问模式并不了解，但仍然希望在优化存储成本方面采取措施，那么 S3 提供了智能分层存储类来满足这一需求。智能分层通过自动将数据传输到最具成本效益的访问层，帮助降低你的存储成本。

根据你的访问模式，智能分层可以无须额外检索费用地进行操作。如果智能分层检测到一个视频已经一个月未被访问（与此同时，有另一个更受欢迎的视频正在走红），它将把这个目前过时的视频移到一个针对不经常访问而优化的低成本层。但如果这个视频再次变得流行并被访问（哦，等等，它又火了），它将会自动被移回高成本层。

如果你确实了解对象的访问模式，可以基于持续性的应用程序或领域专业知识，使用生命周期策略将对象自动转移到最佳级别。一个经典的例子是设置一个生命周期策略，在对象创建后的一定天数内将其转移到较冷的存储层。图 7.1 展示了一个生命周期策略的示例，它在对象创建后 30 天过渡到 Standard-IA 层，60 天后过渡到 One Zone-IA 层，90 天后过渡到 Glacier Deep Archive 层。

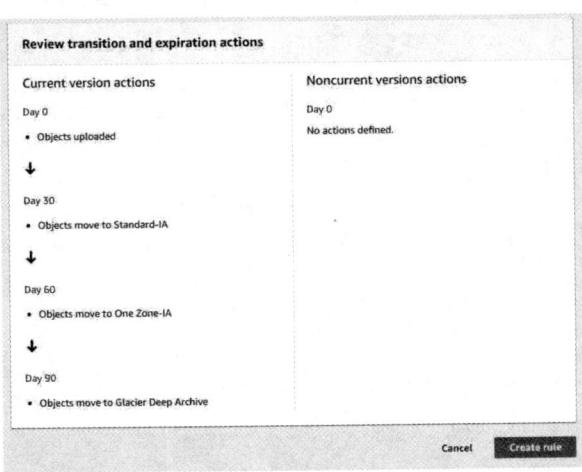

图 7.1　亚马逊 S3 生命周期策略的一个例子

重要说明

在撰写本文时，Amazon S3 生命周期过渡请求的成本为每 1 000 个请求 0.01 美元。因此，使用 AWS 定价计算器来估算你的成本，并在将对象转移到任何存储类别之前考虑过渡成本，总是一个明智的做法。

你可以使用标签和前缀来获得更精细的控制。你可以为对象分配标签，并根据这些标签应用不同的生命周期策略。你还可以选择将生命周期策略应用于 S3 存储桶中特定前缀的对象（或文件夹）。或者，你可以选择将两者结合使用，图 7.2 展示了 Amazon S3 控制台视图中的情况。

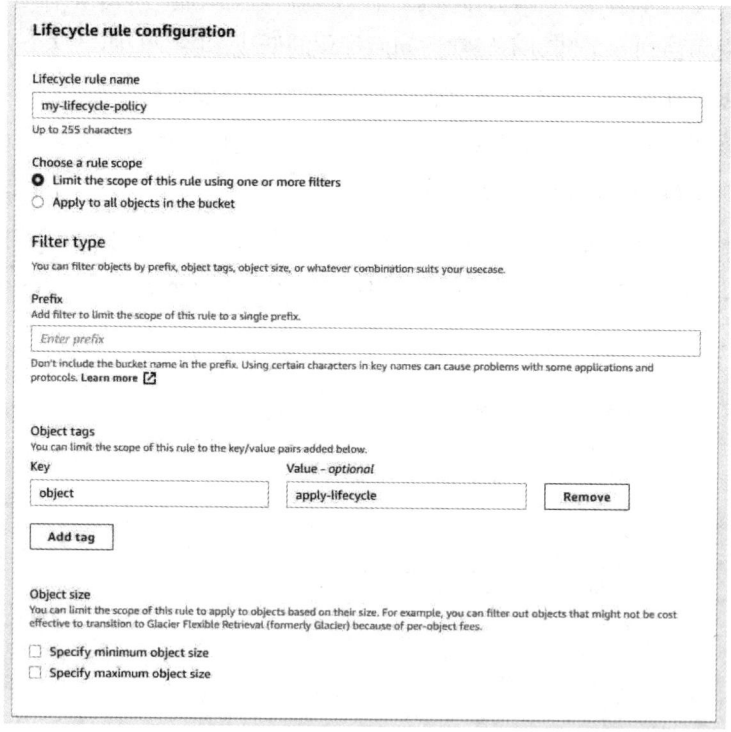

图 7.2　将生命周期策略应用于有特定对象标签的对象

VidyaReviews 是 VidyaGames 的一个重要应用程序

VidyaReviews 是 VidyaGames 的核心业务应用程序，它是一个社交媒体平台，用户可以在此分享自己的视频游戏经历。最初，此应用程序是设计用于用户分享视频游戏评论，以帮助其他用户决策是否购买某个特定的游戏。应用程序的主要功能是聚集评论，同时还允许用户关注特定配置文件和受欢迎的影响者，以获取他们的意见。为了提供更好的体验，用户可以每月支付会员费以获得独家内容，并从在线和移动体验中移除所有数字广告。

VidyaReviews 的应用产品团队选择使用 Amazon S3 来存储用户的视频和图片文件。为了保持简单，他们将所有媒体文件放在标准存储类中。然而，随着用户增长和上传/下载内容的增加，团队意识到这种方法将不是可持续的选择。

为了解决这个问题，团队对用户访问模式的两年数据进行了分析。他们发现，一旦某个游戏工作室在市场上发布一款游戏，对该游戏媒体内容的需求通常会持续 1~2 个月。有时，市场对游戏内容的需求甚至会持续 3~6 个月，尤其是那些获得好评的游戏。

团队还发现，当游戏工作室推出一款游戏的续集时，市场对前作游戏的需求会增加。这可能是因为用户希望在备受期待的续集发布之前体验或回顾前作游戏。另外，他们还发现，在没有明显原因的情况下，市场对某款特定游戏内容的需求会出现意外的高峰。即使没有宣布续集，某个特定类型的游戏突然走红，可能会引发对同类型其他游戏的需求，或者与游戏相关的电影上映也可能会突然引发对游戏内容的需求。由于视频游戏需求的意外性质，应用团队发现很难总结出适用于 S3 中所有内容的通用模式，但他们确实确定了两个关键模式，并基于此制定了策略。

团队决定采用双重模式策略。对于整体评价较高的游戏，将为其添加特定标签，而对于整体评价较低的游戏，将使用另一种标签。整体评价较高的游戏通常会产生更多的内容，并有更大的可能性会推出续集，而整体评价较低的游戏通常会在发布后的 30 天内被淘汰。对于综合评价较高的游戏，团队计划使用智能分层技术。对于综合评价较低的游戏，他们计划实施一个生命周期策略，将其内容转移到较冷的存储层。他们将使用标签来区分高评价和低评价的内容。

虽然团队可以使用网络分析工具捕捉社交媒体的趋势话题，并使用公开数据来预测用户需求，但由于其他优先事项，他们决定在将来重新审视这个问题。

在 Amazon S3 中，组织对象将帮助你更轻松地访问它们，并使用单独的存储桶、前缀和标签进行管理。根据访问模式，你可以选择使用较冷的存储层来节省成本。你可以将数据对象直接上传到默认的较冷层，或者通过生命周期策略将其转移到较冷层。如果你不确定访问模式，可以使用智能分层功能自动处理数据对象的存储层级。

接下来，让我们探讨如何跨多个存储桶和账户有效地管理你在 Amazon S3 中的数据。

规模化地管理 S3 ● ● ● ● ●

仅管理少数几个 S3 桶和其中的数据对象可能会导致资源浪费，但当规模扩大至数千个桶时，管理工作便变得复杂起来。在最理想的情况下，我们应该采取良好的实践，确保你的云计算中心和团队清楚每个桶的用途以及其中存储的对象。通过保持良好的 S3 库存健康，我们能够减少因不清楚实际存储了哪些内容而引发的困扰和烦恼。

亚马逊存储透镜（Storage Lens）可以帮助实现涉及对象存储的全组织可视化，作为补充存储健康的工具。它能够提供使用和活动指标以及报告仪表板，涵盖你组织内所有账户中的桶。通过使用存储透镜的指标，你可以查看对象的访问模式，进而基于数据驱动的选择来决定选择哪种存储类别。在 AWS 管理控制台中，默认的存储镜像仪表板的概况如图 7.3 所示。

Snapshot for Apr 5, 2022
A glossary of metrics is available. Learn more

3.5 GB	1.2 M	3.0 KB	16	1
Total storage	Object count	Avg. object size	Active buckets	Accounts

Metric name	Total for Apr 5, 2022	% change	30-day trend
Total storage	3.5 GB	1.75%	
Object count	1.2 M	0.07%	
Avg. object size	3.0 KB	1.67%	
Active buckets	16	33.33%	
Accounts	1	0%	

图 7.3　存储透镜仪表板

倘若使用 Storage Lens 中的指标会对你非常有利。例如，一个 1 GB 大小的视频可以通过多部分上传（MPU）方式上传到 S3，这是一个良好的选择。MPU 允许你将数据对象分成多个部分上传到 S3，如果上传过程失败，你可以继续上传其他部分，而不需要重新开始整个上传过程。然而，当 MPU 未完成时，即使任务被中止，这些部分仍然会留存在 S3 中。你可以在图 7.4 中看到，存在 750 MB 的未完成 MPU，Storage Lens 提供了这个视图。

Top N overview for Jan 30, 2022
You can choose to see up to the top 25 items per dimension.

Top N	Metric	Date range	% change comparison		
3	Incomplete MPU bytes ▼	Last 30 days ▼	Day/day	Week/week	Month/month
○ Sort ascending		Dec 31, 2021 – Jan 30, 2022			
● Sort descending					

Top 3 accounts

Account	Incomplete MPU bytes	% of total	% change	Trend from Dec 31, 2021 – Jan 30, 2022
■	740.0 MB	-	0%	
	-	-	0%	
	-	-	0%	

Top 3 regions

AWS Region	Incomplete MPU bytes	% of total	% change	Trend from Dec 31, 2021 – Jan 30, 2022
US East (N. Virginia)	740.0 MB	-	0%	
US West (N. California)	-	-	0%	

图 7.4　存储镜的发现

　　Storage Lens 可以显示出 MPU 失败的对象，这些数据对象应该被清理，以减少资源浪费。通过识别并清理这些未完成的 MPU 对象，我们能够有效地管理和优化存储资源的使用。我们要确保定期检查并清理这些未完成的 MPU 对象，将有助于提高存储效率并减少资源浪费。

> **重要说明**
>
> 　　当数据对象的大小达到或超过 100 MB 时，使用 MPU 是一种明智的做法。此方法可以将大数据对象分割成较小的部分进行上传，使得上传过程更加可靠和高效。另外，考虑使用稳定的高带宽网络进行多部分上传，通过同时上传多个部分，最大限度地发挥网络的利用率。这样可以提高上传速度和效率，更有效地利用可用网络资源。

　　我们将 Storage Lens 作为工具包的一部分，可以优化整个 AWS 组织的存储。Storage Lens 可以提供桶和前缀级别的使用和活动指标汇总。这有助于增强对 AWS 资源的控制感。有时候，我们克服由于不知道某些内容而感到不知所措的感觉是减少资源浪费的第一步。

　　本节中，我们介绍了正确的 Amazon S3 存储管理、选择适当的存储类别，以及利用组织范围内的观察工具，如 Storage Lens 来管理 Amazon S3 存储规模的方法。在下一节中，我们将继续讨论优化 AWS 上的存储，但重点是另一种类型的存储介质：数据库。

建立优化数据库 ●●●●

上一章中，我们花了一些时间来讨论 Reserved Instances（RI）。我们的结论是，与 Spot Instances（SPs）相比，RI 提供更少的管理开销和更好的成本节约。不幸的是，在撰写本文时，SPs 仅适用于计算服务。然而，幸运的是，RI 适用于数据库服务，如亚马逊关系数据库服务（Amazon RDS）、亚马逊 ElastiCache、亚马逊 Redshift、亚马逊 OpenSearch 服务和亚马逊 DynamoDB。

本文不会详细讨论每个服务的工作细节，因为 AWS 文档中提供了大量的信息（详见本章末尾的"进一步阅读"）。预订数据库实例的机制与预订 EC2 实例的方式相同。你仍然可以选择期限和支付方式，并且可以在 Cost Explorer 中获取关于这些类型的预留实例的建议。AWS 应用折扣的方式也相同；如果你购买了一个 RI，AWS 将对符合 RI 配置的任何数据库应用折扣率。

图 7.5 显示了各种 AWS 数据库服务的几个 RI 选项，包括 Amazon RDS、ElastiCache、Redshift 和 OpenSearch。你还可以选择不同的支付选项和过去的时间段来获取推荐信息。

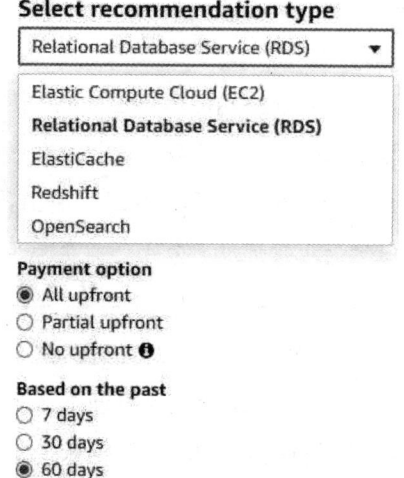

图 7.5　在 Cost Explorer 中为亚马逊 RDS 选择 RI 建议

现在让我们关注一下 RIs 如何为亚马逊 RDS 工作。定价机制类似于 RIs 对亚马逊 EC2 实例的工作方式，但由于服务的性质，有一些区别。

RDS 保留的实例 ●●●●●

RDS 在架构上与云中的服务器有一些细微差别。服务器通常被视为可被替换的资源，因而被称为"牛"。这意味着对于架构师来说，服务器可以很容易地被抛弃，因为它们可以在云中快速替换。然而，数据库并不像服务器那样容易被消耗，因为它们存储着应用程序可能依赖的关键数据，无论好坏。

为了确保数据的可用性，AWS 建议使用多可用区（AZ）实例配置来部署 RDS 实例。图 7.6 展示了多 AZ RDS 实例的逻辑表示，事实上，你在运行两个数据库实例，一个在 AZ 1，另一个在 AZ 2。

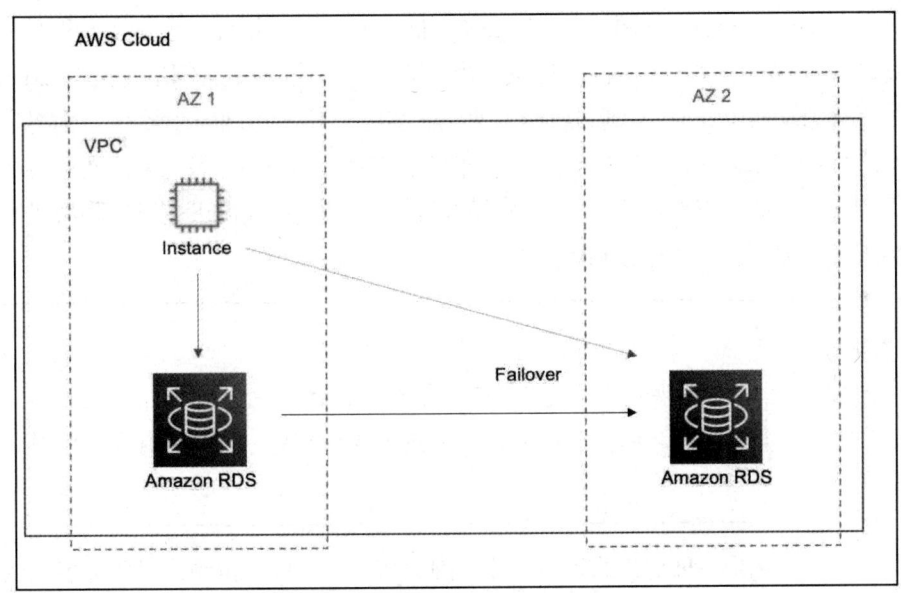

图 7.6　亚马逊 RDS 的多 A 区部署

当 AZ 1 的 RDS 实例遇到故障时，AWS 会自动将故障转移至 AZ 2 的实例上，从而实现对上游实例服务器持续访问数据而无须停机。由于 RDS 是一项受管理的服务，AWS 通过自动切换到备用机来处理故障切换。因此，在这种配置下，你运行着两个实例。

> **重要说明**
>
> Multi-AZ 是指在多个可用区（AZ）中配置 RDS 数据库实例。换句话说，RDS 数据库实例会在一个以上的 AZ 中进行设置。

如果你的应用程序采用这样的设计，并且你希望保留实例，那么你应考虑购买一个多 AZ 部署。如果前面的图与你的设计相符，并且你只购买了一个保留的单 AZ 实例，那么折扣率将仅适用于你的一个 RDS 实例。例如，AZ 1 中的 RDS 实例将按折扣价计算，而 AZ 2 中的备用实例将按需计费。因此，如果你计划让 RDS 实例持续运行，购买一个多 AZ 部署可以减少浪费的按需消费。

另外，RDS 还为大多数数据库引擎提供了尺寸灵活性。当你配置一个 RDS 实例时，你可以选择引擎和实例的大小，以及其他设置。随着你逐步增加，实例的大小基本上是倍增的关系。例如，xlarge 是 large 的两倍，2xlarge 是 xlarge 的两倍，以此类推（参考我们在第 6 章关于优化计算中对实例大小灵活性的讨论）。当你购买的 RDS 预留实例足以覆盖 2xlarge 的大小时，如果你启动四个 large 实例，或两个 xlarge 实例，或一个 2xlarge 实例，你将享受折扣率。此外，如果你启动一个 4xlarge 实例，一半的费用将按需收费，另一半的费用将按预留实例收费。利用灵活的规模性，即使是小规模的预订，在适用的情况下也可以降低成本，并且如果以后需要扩展，也能够充分利用。

> **重要说明**
>
> 关于亚马逊 EC2 提供的尺寸灵活性，目前该灵活性仅适用于 Linux/Unix 类型的实例。在 SP（服务提供商）撰写本文时，尺寸灵活性并不是一个重要因素，这可能不是首选的方法。

预订 RDS 实例是一种直接的省钱方式，因为作为一种计费机制，只要你启动的实例与预订的配置相匹配，AWS 将为你的应用程序提供折扣。如果你计划启动几个与高可用性（HA）配置特别相关的实例，请考虑保留多个实例。

我们通过使用像亚马逊 RDS 这样的托管服务可以在另一个方面帮助优化成本，就是最大限度地有效利用数据库。亚马逊 RDS 支持存储自动扩展，它可以根据你的工作负载需求自动扩展存储容量。如果你在亚马逊 EC2 上运行数据库，就必须考虑在存储需求增加或减少时扩大和增加数据库的管理影响。如果没有适当的监控和自动化，你可能会面临为确保应用程序的可用性而过度配置的风险，这可能会导致成本的增加。通过 RDS 存储自动扩展，AWS 持续监测存储消耗，并根据需要扩展容量，从而自动消除了你和你的团队的管理负担。这可以改善你的成本，因为你只需在需要存储时，为你实际需要的存储容量付费。由于这个功能没有额外的成本，因此可以轻松地利用它来优化你对 AWS 数据库资源的使用。

现在我们对优化 Amazon RDS 有了很好的了解，让我们继续探讨如何优化另一个数据库产品——Amazon OpenSearch Service。

优化 OpenSearch 集群 ●●●●

亚马逊 OpenSearch Service 是一项管理服务，用于在 AWS 云中运行 OpenSearch 集群。OpenSearch 服务支持传统的开源搜索和分析套件 OpenSearch、ElasticSearch OSS。

在成本优化方面，关于 OpenSearch 集群，有两个要点需要了解。第一个要点是保留 OpenSearch 集群实例，保留 OpenSearch 集群实例的机制与 Amazon RDS 和 Amazon EC2 实例的保留实例相同。你可以选择支付方式、实例数量、实例类型和期限长度，这没有什么新的概念。

第二个要点是关于 OpenSearch Service 的 UltraWarm 节点存储选项。概念上，它类似于 S3 的冷存储类别。对于存储在 OpenSearch Service 中的数据，你可能不需要高性能级别，特别是对非频繁查询或写入的数据。UltraWarm 为这些数据提供了较低的存储价格。图 7.7 展示了同时具有热数据和 UltraWarm 节点的 Amazon OpenSearch Service 集群的架构。你可以看到，UltraWarm 节点是由 Amazon S3 进行支持的。

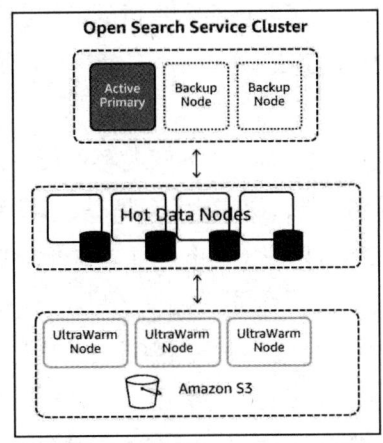

图 7.7　OpenSearch Service 集群的架构

虽然 OpenSearch Service 将热数据存储在 EBS 存储卷中，但它使用 S3 来存储 UltraWarm 节点中的数据。这样做既能提供更好的存储价格，又可以保证 S3 的耐久性和可用性。需要注意的是，UltraWarm 节点只能存储只读索引。如果你需要对其进行写入操作，就必须将其转移到热节点。

一个使用案例是将你的应用程序的日志数据存储在以搜索为重点的数据存储中，如 OpenSearch Service。如果你打算使用 OpenSearch Service 来聚合日志数据，那么在 UltraWarm 层中存储较早的、不可更改的日志数据以减少存储成本是有意义的。

亚马逊 OpenSearch 服务是存储应用程序日志数据的好选择。你可以快速响应应用程序状态的变化，并有效地存储数据，将旧的数据转移到较冷的存储层以节省成本。然而，你需要选择适合你工作的合适数据库。下面我们将继续讨论数据库问题，了解 AWS 中提供的 NoSQL 类产品——Amazon DynamoDB。

优化 DynamoDB ● ● ● ●

DynamoDB 是一种由 AWS 提供的 NoSQL 类数据库。作为一项完全托管的服务，AWS 负责扩展性、软件补丁、硬件配置、设置和配置以及复制等方面的工作。当你使用 DynamoDB 时，你创建的数据库表可以存储和检索任意数量的数据，并且可以根据请求的级别进行自动扩展。作为一种 NoSQL 数据库，DynamoDB 是无模式的，这意味着你无须像在关系型数据库中那样为每个列定义数据属性。这使得 DynamoDB 成为一个出色的数据库，尤其适用于需要低延迟且使用简单的基于键值的查询访问模式的场景。

为了优化 DynamoDB 的成本，了解该服务提供的不同容量模式是很有帮助的。你应根据应用程序的流量模式选择合适的容量模式。这三种容量模式是配置模式、按需模式和保留模式。

1. 配置模式：选择配置模式时，你需要定义每秒的读写请求次数，并按小时计费根据所选规格。图 7.8 展示了在选择配置模式并关闭自动扩展时设置 DynamoDB 表的情况。你也可以将 DynamoDB 与自动扩展结合使用（在下一章节中将详细介绍）。自动扩展可以帮助你自动调整数据库集群。你可以设置最小和最大的读 / 写容量单位，以及目标利用率百分比。该目标利用率可跟踪消耗和配置吞吐量，并根据需求自动增加或减少配置的吞吐量，类似于家庭恒温器将房屋保持在目标温度。然而，与家用恒温器不同的是，你可以为 DynamoDB 集群设置一个温度，而不是在读 / 写容量的 20%～90% 设置目标利用率值。当你具有稳定状态或可预测的工作负载时，使用配置模式是适合的选择。

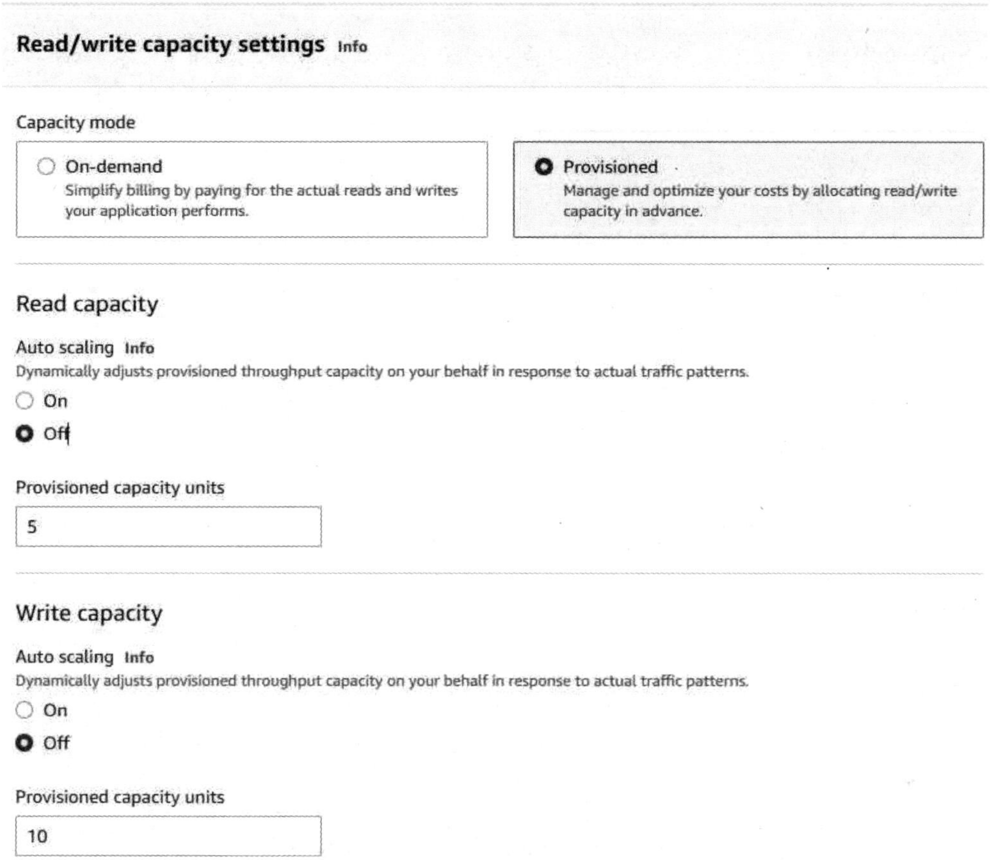

Read/write capacity settings Info

Capacity mode

○ On-demand
Simplify billing by paying for the actual reads and writes your application performs.

● Provisioned
Manage and optimize your costs by allocating read/write capacity in advance.

Read capacity

Auto scaling Info
Dynamically adjusts provisioned throughput capacity on your behalf in response to actual traffic patterns.
○ On
● Off

Provisioned capacity units

5

Write capacity

Auto scaling Info
Dynamically adjusts provisioned throughput capacity on your behalf in response to actual traffic patterns.
○ On
● Off

Provisioned capacity units

10

图 7.8　在 AWS 控制台读 / 写容量设置中选择的 DynamoDB 配置模式

2. 按需模式：第二种类型是按需模式。我们对按需定价方式非常熟悉。按需模式非常适用于那些具有不可预测工作负载的场景，此时你无需或不想预先定义 DynamoDB 所需的吞吐量。DynamoDB 会根据你的流量自动进行调整，并相应地增加或减少吞吐量。按需模式特别适合用于小型开发测试负载，或者当你面临不可预测或不断变化的工作负载时，以便快速进行测试。

3. 预留容量模式：预留容量是最后一种模式，在你能够预测所需吞吐量的情况下，它是理想的选择。与其他提到的模式相比，预留容量为你提供了最佳的折扣。虽然 DynamoDB 的预留容量不像其他数据库那样在 Cost Explorer 中显示，但你仍然可以预留容量。你会承诺支付每小时的费率，无论你是否使用它，该费率与其他资源和服务一样。与其他预订类型不同的是，你只有预付的选择。图 7.9 展示了在 AWS 控制台中使用的预留容量模式。

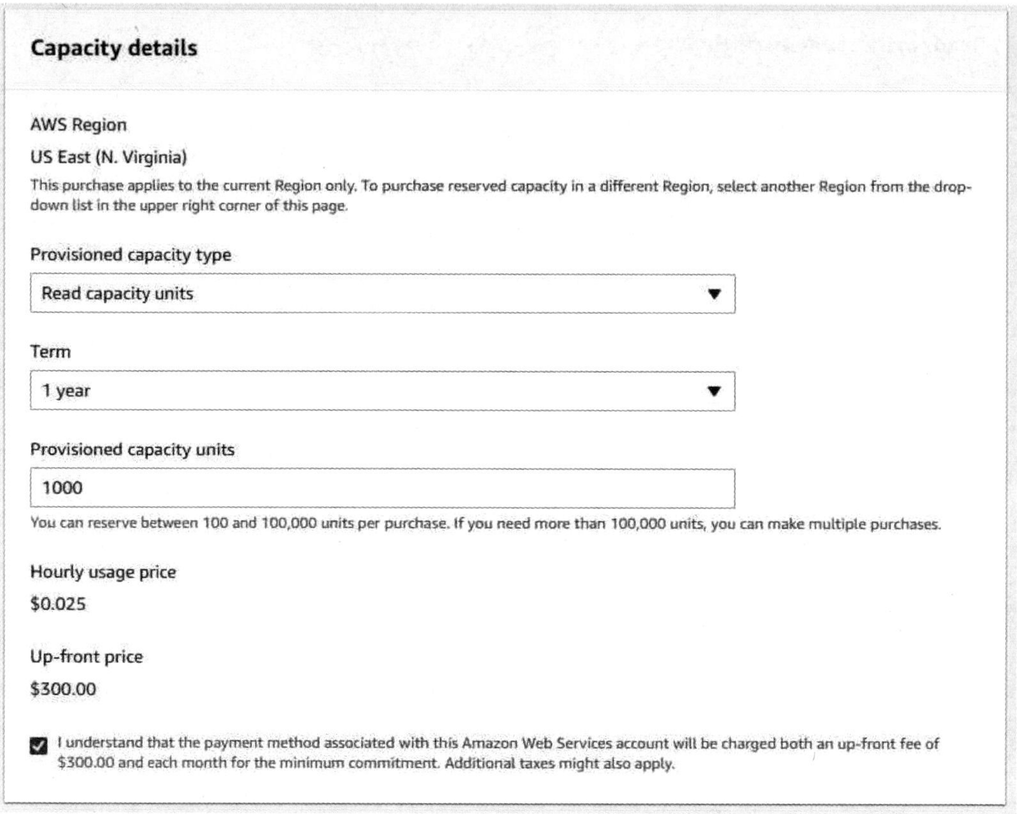

Capacity details

AWS Region
US East (N. Virginia)
This purchase applies to the current Region only. To purchase reserved capacity in a different Region, select another Region from the drop-down list in the upper right corner of this page.

Provisioned capacity type

| Read capacity units | ▼ |

Term

| 1 year | ▼ |

Provisioned capacity units

| 1000 |

You can reserve between 100 and 100,000 units per purchase. If you need more than 100,000 units, you can make multiple purchases.

Hourly usage price
$0.025

Up-front price
$300.00

☑ I understand that the payment method associated with this Amazon Web Services account will be charged both an up-front fee of $300.00 and each month for the minimum commitment. Additional taxes might also apply.

图 7.9 在 AWS 控制台保留 DynamoDB 容量

当你有可预测的应用程序流量或能够提前预测容量需求时，购买预留容量以优化 DynamoDB 的成本是一个不错的选择。但需要注意的是，你需要预先付款并承诺在一定期限内达到最低使用量，这可以是一年或三年。如果你对承诺期限不确定，可以选择配置模式，因为你可以在配置模式和按需模式之间自由切换。

无论你选择哪种配置模式，你都可以利用 DynamoDB 的一项成本优化功能，即标准-经常访问（S3 Standard-IA）。类似于 Amazon S3 存储类别，如果你的 DynamoDB 表的访问频率较低，那么你可以使用 S3 Standard-IA 表类别来降低存储成本。由于选择表类别并非永久性的，你可以根据需要选择合适的表类别来优化成本。你可以在控制台上轻松更新表类别，因此不必担心被锁定在某个表类别中。

本节中，我们介绍了数据库的优化方法，并在前一节中介绍了 Amazon S3 对象存储。

我们最后还需要讨论的是块存储和文件存储这两种优化存储介质，将在下一节进行讨论。

建立优化块和文件存储 ●●●●●

文件存储类似于用户在个人计算机上组织文件的方式。通过文件存储，你可以将数据组织和展现为文件夹中的层次结构文件。另外，块存储则将数据分组为有组织且大小均匀的卷。你可以将其类比为将文件、图像、视频和其他媒体文件复制粘贴到外部硬盘驱动器中的方式。该硬盘驱动器就是一个块存储。接下来，我们将探讨如何优化块存储和文件存储。

优化 EBS ●●●●●

对于你启动的许多 EC2 实例，你可以将一个块存储卷与该实例关联起来。你可以将这些存储卷类比为本地计算机上的附加硬盘，类似于购买一个 1 TB 的硬盘并将其连接到你的计算机以扩大存储空间的方式。亚马逊弹性块存储（EBS）卷在这方面类似，但具有额外的优势。你可以弹性地调整卷的大小（随意增加或减少存储容量），还可以对这些卷进行快照，并冗余地保存你的数据。

> **重要说明**
>
> 有些 EC2 实例只提供临时的块级存储，这些被称为实例存储卷类型。请务必检查你的实例上的实例存储配置，以避免意外丢失数据。

与 Amazon S3 类似，EBS 为你提供了几种不同的 EBS 卷类型，以满足你的价格和性能需求。一般来说，EBS 卷可以分为两种类型：固态存储驱动器（SSD）和硬盘驱动器（HDD）。HDD 卷的存储成本较低，而 SSD 卷则具有更高的性能。无论是 HDD 还是 SSD，你都需要在事先配置存储容量。例如，你需要创建一个专门的 40 GB 卷。然后，你可以使用该卷上的最大 40 GB 存储空间，但你需要为整个 40 GB 的容量付费，即使实际使用空间少于 40 GB。不过，如果你实际上只需要 30 GB 的空间，就可以灵活地缩减其大小。

因此，对于 EBS 卷来说，监视其大小是非常重要的，因为大小会影响性能。有时候，一个 EBS 卷可能会被过度配置，或者故意地超额配置，以获取额外的 IOPS。例如，一个使用 GP2（通用第二代）卷类型的团队可能最初配置了 20 GB，从而达到 100 IOPS（3 IOPS/GB *

20 GB）。然而，如果应用程序需要 300 IOPS，团队会将卷的大小调整为 100 GB（3 IOPS/GB *
100 GB），但存储并没有充分利用。

为了使事情更加简单，可以使用 AWS 计算优化器来获取有关 EBS 卷大小的建议。你自
己监测指标可能是最准确的方式，因为你比其他人更了解自己的应用需求（希望如此！），但
计算优化器能够为你提供一个良好的起点，可以与团队进行讨论。

在 EBS 中，你可以选择几种不同的 EBS 卷类型。通常推荐使用 EBS GP2 卷类型来满足
大多数工作负载。GP2 的理念是，你配置的容量越大，可以期望得到的 IOPS 就越高。因此，
有时你可能最终配置的存储容量比实际需要的要多，因为你希望获得更高的 IOPS。然而，
AWS 继续推出和推广更新的卷类型，以更低的成本激励这些卷类型的使用。

在撰写本书时，EBS GP3 是最新的存储类型，支持通用工作负载。EBS GP3 的目标是，
解决在上一段中提到的 GP2 的过度配置问题。你可以使用 EBS GP3 来独立配置性能，而不
仅仅是存储容量，相较于上一代，仍然可以提供高达 20% 的财务支出。如果你希望以较低的
成本获取性能提升，并且切换到 GP3（以及未来的后续更新一代）不会太麻烦，请考虑迁移
到 GP3。

重要说明

如果你计划使用 AWS 的自动扩展功能，请务必考虑在扩展期间处理 EBS 卷的策略。
否则，当自动扩展功能终止 EC2 实例但不终止 EBS 卷时，你需要支付未使用的 EBS 卷
的费用。你可以在第 9 章"优化云原生环境"中了解有关自动扩展的更多信息。

现在，我们对于 EBS 的工作原理和选择合适的卷类型有了更好的了解，让我们看看在
做出这些决策后如何进行成本优化。

优化 EBS 快照 ●●●●

快照是 EBS 的重要组成部分，因为它们在备份、灾难恢复、勒索软件防护和数据迁移
等方面具有多种用途。快照就像是对你的 EBS 卷进行的时间点记录。

一个常见的用例是，创建一个快照策略，以满足业务需求。例如，你的公司规定在任何
时候都不能丢失超过 5 min 的数据，你可以设置一个定期的快照计划，每隔 5 min 对应用数
据进行快照。现在，你可以在任何 5 min 的间隔内进行数据恢复。然而，快照的存储费用可

能会变得不可控。

为了减轻管理快照的负担，AWS 为 Amazon EBS 提供了一些工具，如 EBS 快照归档和 EBS 回收站。EBS 快照归档是 Amazon EBS 的存储层级之一。你可以通过将快照存档来节省与快照存储相关的成本。你还可以运行程序来自动删除超过指定时间范围的快照，以节省存储费用。因此，删除不再需要的快照正是我们所追求的减少浪费的形式。随着时间的推移，旧的 EBS 快照会不断积累，但 AWS Trusted Advisor 可以帮助识别这些快照，以便你可以进行清理。如果你不小心（或故意）删除了一个快照，然后需要恢复它，EBS 回收站可以防止意外删除。通过回收站，EBS 快照被置于可恢复的状态，你可以在永久删除前一定的时间范围内恢复它们。

AWS 将在你指定的保留期内保留已删除的快照。在保留期之后，EBS 快照将被永久删除。图 7.10 显示了适用于所有 EBS 快照的 EBS 回收站保留规则的示例。在此示例中，用户指定了 30 d 的保留期。你可以将此保留期设置为最长的 365 d。

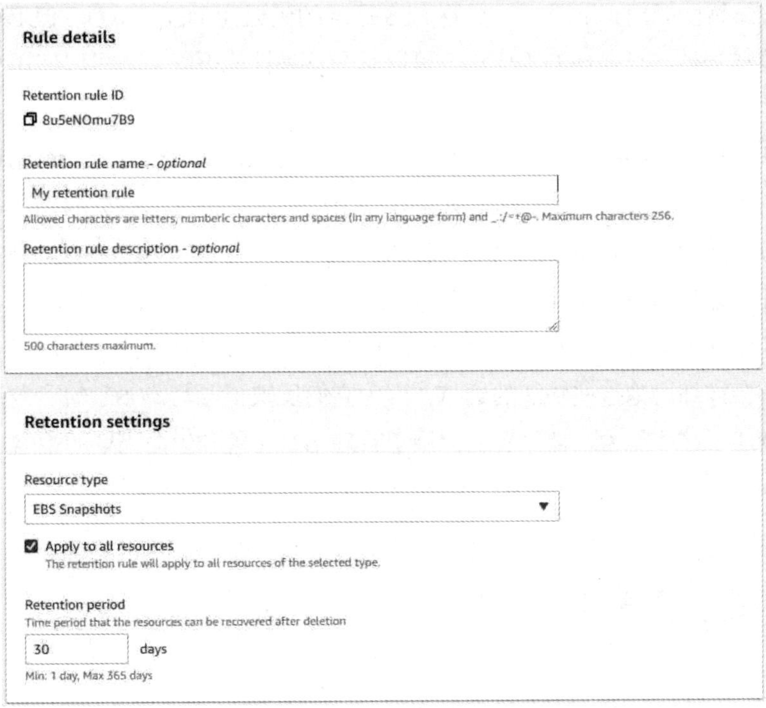

图 7.10　一个 EBS 回收站保留规则

通过使用 EBS 快照归档和回收站来针对你的快照应用类似的策略，就像你对 S3 对象进行生命周期管理一样。尽管这些步骤可能看似微小，对整体成本的影响可以忽略不计，但请记住，我们的目标是减少浪费。无论采取的行动如何，它们都将对你的组织产生积极的影响。

优化 EFS ●●●●

在 AWS 上，最后一种可以进行优化的存储类型是使用亚马逊弹性文件系统（EFS）进行文件存储。亚马逊 EFS 是一个共享的文件系统，可与亚马逊 EC2 实例和企业内部的服务器一起使用。它为基于文件的工作负载提供了一个文件系统接口，并根据存储需求自动进行扩展。

与 Amazon S3 类似，EFS 也提供不同的存储类别。默认的存储类别是 EFS 标准，与其他类别相比，它的存储成本最高。EFS 标准（EFS Standard）-频繁访问（Standard-IA）是 EFS 标准的成本优化版本，适用于访问频率较低的文件。通过使用 EFS 标准-IA 可以在一定程度上降低成本，虽然性能稍有下降——尽管 EFS 标准的延迟为个位数毫秒，但 EFS 标准-IA 的延迟可达两位数毫秒。只要你的工作负载可以承受这种性能下降，就可以使用 EFS 标准-IA 进行优化。

另外，EFS 还有两个更廉价的版本，即 EFS One Zone 和 One Zone-IA。顾名思义，EFS One Zone 仅在一个可用区内维护你的数据。如果在多个可用区维护你的数据的冗余副本并非关键要求，可以考虑使用 EFS One Zone 和更经济的 EFS One Zone-IA 来进行成本优化。

如果你不确定应该选择哪个 EFS 存储类别，就始终可以使用 EFS 智能分层作为与亚马逊 S3 中版本类似的概念。EFS 也支持生命周期管理，你可以将文件从一种存储类别转移到另一种。我不会详细讨论这些功能的细节，因为它们反映了亚马逊 S3 的能力，我已在本章的前几节中概述了这些能力。请注意，你用于管理 S3 对象和生命周期的策略也可以应用于亚马逊 EFS 的文件。

本章小结 ●●●●

对于任何基于云的工作负载来说，存储都是至关重要的。你在哪里以及如何存储数据将在很大程度上取决于应用程序和数据本身的形式。AWS 提供了许多存储技术来支持你的工作负载，并为每种技术都提供了相应的成本优化策略。

首先，你可以使用亚马逊 S3 进行对象存储。一旦你对如何在 S3 中组织和划分数据有一定了解，可以选择最适合的存储类别来降低存储成本。你不必在一开始就完美选择，可以使用生命周期策略将对象从一个存储类别过渡到另一个。你还可以借助 AWS 提供的 Intelligent-Tiering 功能，让 AWS 帮助你将对象转移到最适合的存储类别。同样的原则也适用于基于文件的存储，例如亚马逊 EFS 和亚马逊 OpenSearch 的 UltraWarm 存储。

另外，你可以使用亚马逊 EBS 为你的亚马逊 EC2 实例提供块存储，并在需要时也可与企业内部服务器配合使用。请充分利用最新一代的 EBS 卷类型，以实现最佳性能。你还可以归档 EBS 快照来节省成本，并确保监测卷的性能，以有效利用可用的空间。

如果你打算长期保持数据库的运行，并购买亚马逊 Redshift 用于基于云的数据仓库，则可以考虑为你的数据库和 Redshift 购买 Reserved Instances（RI）。其折扣率将在几个月内得到回报，从而让你获得比按需付费更低的价格。

本章已经涵盖了计算和存储。下一章，我们将探索优化连接这些组件的方法：优化网络。

进一步阅读 ●●●●

如果你想要了解更多信息，请参考以下资源：

- 亚马逊 S3 存储类，2022 年：https://aws.amazon.com/s3/storage-classes/。
- 管理你的存储生命周期，2022 年：https://docs.aws.amazon.com/AmazonS3/latest/userguide/object-lifecycle-mgmt.html。
- 介绍亚马逊 S3 存储透镜——组织范围内针对对象存储的可视性，2020 年：https://aws.amazon.com/blogs/aws/s3-storage-lens/。
- 为亚马逊 RDS 保留的 DB 实例，2022 年：https://docs.aws.amazon.com/AmazonRDS/latest/UserGuide/USER_WorkingWithReservedDBinstances.html。
- 读/写容量模式，2022 年：https://docs.aws.amazon.com/amazondynamodb/latest/developerguide/HowitWorks.ReadWriteCapacityMode.html。
- 亚马逊 OpenSearch 服务的 UltraWarm 存储，2022 年：https://docs.aws.amazon.com/opensearch-service/latest/developerguide/ultrawarm.html。
- AWS，"回收站"。2022 年：https://docs.aws.amazon.com/AWSEC2/latest/UserGuide/recycle-bin.html。

优化网络

我们拥有持久的数据，存储在云端。我们也提供计算资源来处理这些数据任务。现在，我们需要一种管道来链接这些组件，使它们能够互相通信并在不同位置之间移动。网络服务即为这种管道，也是我们本章讨论的主题。更具体地说，我们将研究如何在 AWS 上优化我们的网络工作负载。

底层系统架构会导致不同的网络成本。例如，分布式系统跨越多个可用区（AZ）和多个区域的冗余，其网络成本会高于完全驻留在一个 AZ 的系统。其与储蓄计划等机制相比，很难应用统一的网络优化策略，因为储蓄计划可能覆盖 AWS 组织内的所有计算使用。我们将讨论如何在构建系统时考虑网络成本，并特别关注数据传输成本。我们还将探讨一些 AWS 工具，可以帮助降低数据传输成本。

本章将涵盖以下主要议题：

- 理解数据传输情况
- 管理数据传输成本
- 最小化数据传输成本的提示

技术要求 ●●●●●

为了完成本章的练习，我们将继续使用之前几章中一直使用的组件。

建立了解数据传输的情况 ●●●●

为什么会存在数据传输成本呢？数据传输成本存在的原因是，AWS 生态系统中存在各种网络边界，跨越这些边界是需要付费的。你可能需要跨越边界从 AWS 网络到互联网，或者跨越边界从一个 AWS 区域到另一个区域。

在每个 AWS 区域内，至少有两个可用区（AZ）。每个可用区可以代表多个数据中心，每个可用区都有自己的基础设施，例如电力、冷却和安全措施。它们通过冗余的超低延迟的连接方式相互连接，且在物理上相互分离。这些可用区的集群构成一个区域，并被分隔开来，以保护它们免受停电和自然灾害等问题的影响，但仍然足够接近，以支持工作负载的同步复制方案。

为了充分利用 AWS 全球网络，你可以创建一个跨越多个可用区的虚拟网络，并建立多个跨越众多区域的网络。你可以使用 Amazon Virtual Private Cloud（VPC，虚拟私有云）定义你的虚拟网络。正如我们之前讨论过的，Amazon VPC 定义了你的逻辑网络边界在指定的区域内。你可以在 VPC 内部部署许多 AWS 资源，就像一个虚拟数据中心。VPC 可以跨越一个区域内的多个可用区。

当你的应用程序的数据跨越可用区和区域边界传输时，将会产生数据传输费用。这种情况经常发生在 Amazon VPC 内部和不同 VPC 之间，因为许多客户将他们的云应用程序部署在 Amazon VPC 中。这些数据传输的发生是完全合理的；事实上，在构建具有分区和区域弹性的架构时，有时是必要的。此外，通过网络传输数据需要物理组件，如交换机、路由器、电缆和其他网络硬件的支持。然后，你需要提供网络服务，例如宽带网络〔如互联网服务提供商（ISP）〕、移动网络、卫星网络或其组合。

虽然你不需要为这些组件单独付费，但你通过数据传输费用来间接支付网络的维护和管理费用。AWS 服务具有独特的数据传输定价率，其中费率根据数据传输的来源和目的地位置以及相关的可用区而有所不同。与其解读每个 AWS 服务的数据传输费率，我们可以将数据传输费用分为以下四类。

让我们从一个简单的场景开始，逐步增加其复杂性，以了解数据传输成本如何取决于应用的架构。

AWS AZ 内部的数据传输 ●●●●

让我们从一个简单的例子开始，如图 8.1 所示，该例子由一个 AWS 区域内的一个可用区（AZ）组成。我们在区域内部署了两个虚拟私有云（VPC），每个 VPC 包含两个 EC2 实例。顶部的 VPC 中的实例使用私有 IP 进行通信，而底部的 VPC 中的实例使用公共 IP。这些实例可能会使用弹性 IP（EIP）作为它们的公共通信形式。两对 EC2 实例在各自的 VPC 内部进行通信，我们可以将这种通信称为可用区内数据传输或可用区内数据传输。

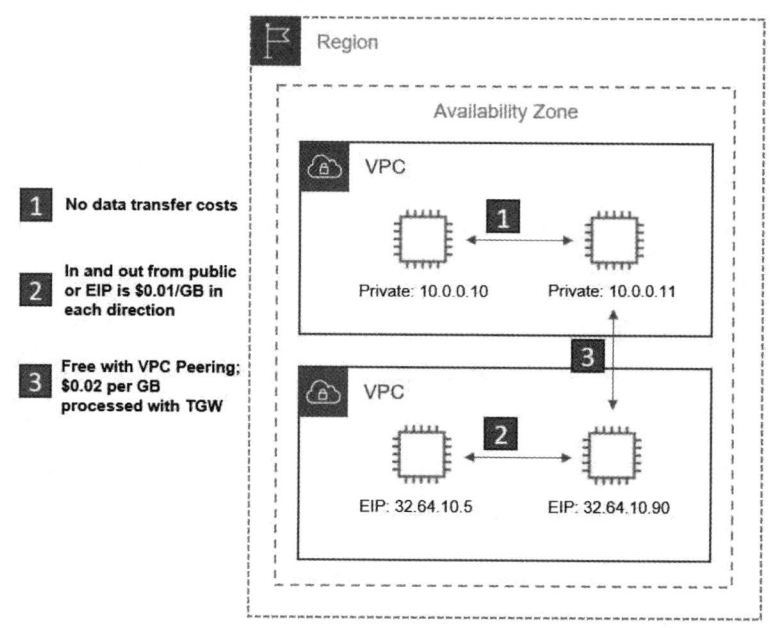

图8.1　区域 AZ 内的数据传输情况

顶部一对 EC2 实例使用它们的私有 IP 进行通信，这不会产生任何数据传输成本。从总体上来看，这是一种比使用公共 IP 进行通信更理想的方式，可以尽量减少数据传输成本。我们应该优先使用私有 IP 进行可用区内部的通信，以避免数据传输费用的浪费。

而底部一对 EC2 实例使用了弹性 IP（EIP）。弹性 IP 是一个公共的 IPv4 地址，可以从互联网访问。它们可以从 AWS 的地址池中分配给实例，或者自行指定 IP 地址。当一个实例使用弹性 IP 或任何公共 IP 地址进行通信时，即使在单个可用区的单个 VPC 内部通信，也会产生数据传输费用，按每千兆字节（GB）计费。如图 8.1 所示，每传输 1 GB 的数据，会收取0.01 美元的数据传输费用。换句话说，传输 1 TB 的数据（1 000 GB），将会产生 10 美元的数据传输费用。

为了尽量减少数据传输费用，你应该优先考虑使用实例的私有 IP 地址进行通信。除非有业务相关的理由，需要实例通过互联网访问，否则使用私有 IP 地址更安全、更经济。此外，如果你将多个弹性公网 IP（EIP）与运行中的实例相关联，每个 EIP 都会产生按小时的收费，第一个 EIP 免费。同样地，任何未与运行实例关联的 EIP 也会产生费用。

公共 IP 和 EIP 之间存在细微差别。EIP 是一种公共 IP 地址类型。在启动实例时，你可以指定 AWS 从公共 IPv4 地址池中为该实例提供一个公共 IP 地址，使该实例可以通过互联网访问。然而，这个公共 IPv4 地址与你的实例相关联，而非与你的 AWS 账户相关联。换言之，如果你停止、休眠或终止实例，重新启动时将获得新的公共 IP 地址。

如果你需要一个静态的公共 IP 地址，并且希望与你的实例相关联，就可以使用与你的 AWS 账户关联的 EIP。你可以将该 EIP 附加到任意实例上，实例将获得该 EIP 的公共 IP 地址。这在需要静态 IPv4 地址来遮盖实例或软件故障时非常有帮助。然而，在配置网络时，需要注意 EIP 本身的成本和相关数据传输成本。

有时，你可能有多个虚拟私有云（VPC）需要进行通信。你可以使用 VPC 对等连接来建立这种链接。对等连接可以直接连接，也可以通过 AWS 转发网关（TGW）链接。在这两种情况下，跨 VPC 边界进行通信的实例都会收费。在同一可用区内通过对等连接的数据传输是免费的。然而，如果图 8.1 中所示的 VPC 间连接是通过 TGW 进行的，由 TGW 处理的数据传输都会产生费用。这意味着使用 TGW 传输 1 TB 的数据将花费 20 美元，是使用 VPC 对等连接的数据传输价格的两倍。

在这种情况下，使用 TGW 进行 VPC 间链接可能是一种浪费，因为在两个 VPC 之间使用 TGW 来配置简单的网络有些多余。然而，当扩展到数千个 VPC 时，使用 TGW 来管理 VPC 对等连接却变得方便起来了。因为 VPC 对等连接并不是传递性的，即 A 到 B 的对等连接和 B 到 C 的对等连接并不能为 A 到 C 的链接做准备。如果架构需要，必须明确配置 A 到 C 的对等连接。我们可以想象，当拥有数十个到数百个 VPC 时，设置这些对等连接将变得非常困难。

对于简单的情况来说，通过使用私有 IP 地址来优化数据传输成本是最佳选择。然而，当需要跨可用区边界进行通信时，就变得稍微复杂了。

在 AWS 区域内的数据传输 ● ● ● ●

让我们来考虑一个稍微复杂的情况。我们仍然在同一个地区，但现在有两个可用区

（AZ）。请记住，一个虚拟私有云（VPC）可以覆盖特定区域内的所有可用区。每个可用区都有一个或多个 IP 子网。在图 8.2 中，我们可以看到顶部的 VPC 中有四个实例，每个可用区中的实例共享一个公用子网。

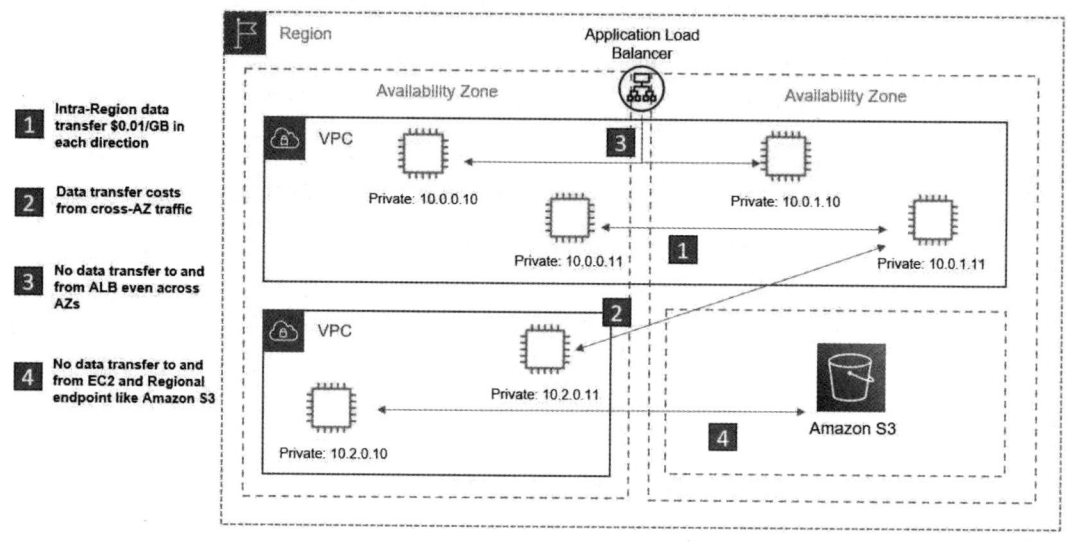

图 8.2　区域内数据传输方案

在图 8.2 的第一种情况下，我们有一个在 AZ 中的 EC2 实例与另一个 AZ 中的 EC2 实例进行对话。它们都属于同一个 AZ，但跨越了 AZ 的边界。这种跨越导致了跨 AZ 的数据传输费用。在传输 1 TB 的数据时，根据区域内数据传输的定价，将会产生 10 美元的费用，按每 GB 进行计费。为了减少应用程序跨越 AZ 边界的通信，这是一个有效的技术用来减少数据传输。

在图 8.2 的第二种情况下，位于底部 VPC 中的一个实例正在与另一个 VPC 中的一个实例通信。这可能是由于 VPC 对等连接或者 TGW 而产生的。当在一个区域的两个 VPC 之间进行通信时，跨越 AZ 的数据传输将会有每 GB 的费用。

在图 8.2 的第三种情况下，我们有一个应用负载平衡器（ALB）。负载平衡器有助于在多个后端目标之间平衡负载。通常情况下，不同 AZ 中实例之间的通信会产生费用。然而，在此情况下，从 ALB 或经典负载平衡器（CLB）传输的数据在 EC2 的一个区域内是免费的。因此，使用 ALB 或 CLB 可以尽量减少区域内的数据传输成本。

鉴于其数据传输是免费的，负载平衡器似乎是一个明显的选择。然而，负载平衡器本身会产生每小时的费用。此外，如果负载平衡器与一个实例的公共地址进行通信，那么使用负载平衡器进行数据传输将不再是免费的。

最后，在图 8.2 的第四种情况中，我们看到一个服务（如 Amazon S3）具有一个网关端点。网关端点提供了与 Amazon S3 和 DynamoDB 的可靠连接，而无须互联网网关或 VPC 的 NAT 设备。然而使用具有网关端点的服务（如 Amazon S3）之间或同一区域的 EC2 实例之间不存在数据传输费用。

在这种情况下，区域内的跨越 AZ 可用区的数据传输将产生费用。然而，AWS 不对进出 ALB 的数据传输收费。当使用区域端点连接到 Amazon S3 和 DynamoDB 等服务时，AWS 也不对数据传输收费。

现在，让我们来看看涉及跨区域通信的情况，在下一节将会重点讨论这一部分。

跨 AWS 区域的数据传输 ●●●●

当进行跨地区的数据传输时，会产生相关的费用。例如，当一个 EC2 实例与不同地区的另一个 EC2 实例进行通信时，这将被视为跨地区通信，并会有相应的每 GB 费用。以图 8.3 为例，从 US-East-1 到 US-West-2 区域的出站流量将被收取 0.02 美元每 GB 的费用。同样地，任何从 US-West-2 返回 US-East-I 的通信也会按照每 GB 0.02 美元进行收费。需要注意的是，AWS 只对出站流量进行收费，因此数据传输费用仅针对进行出站流量的区域进行计算。

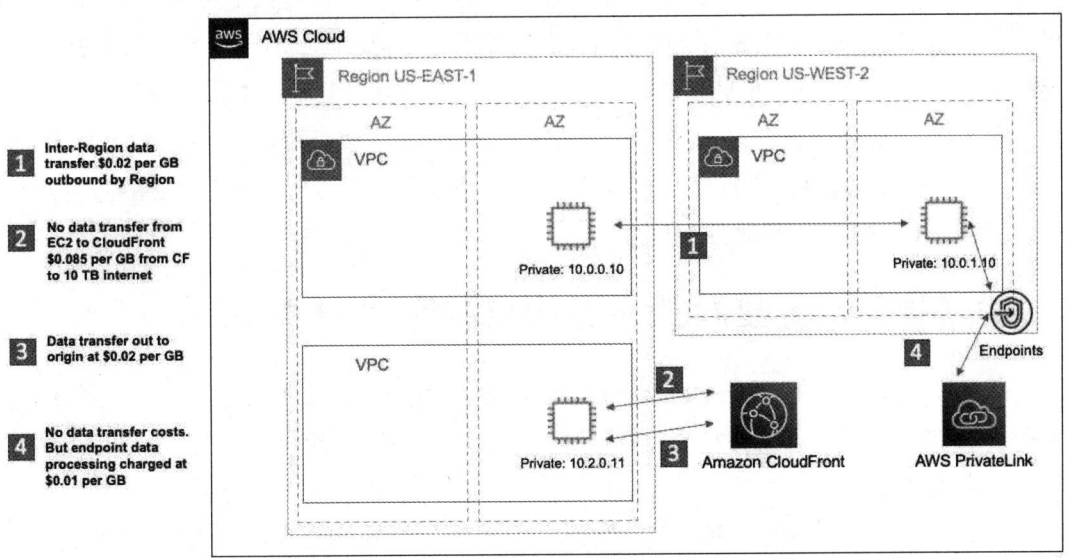

图 8.3 区域间数据传输方案

在这种情况下,你应考虑使用 Amazon CloudFront 作为内容交付网络(CDN),以向终端用户提供来自 EC2 实例的内容。CDN 可以加速从服务器向全球客户提供静态和动态内容的能力。CDN 通常由存在点(PoPs)或边缘位置组成,这些位置战略性地分布在人口密集的地区。这些边缘位置可以缓存内容,以更快地将请求提供给终端用户,而不必从单一的服务器位置获取。

Amazon CloudFront 的工作原理是,将来自 EC2 和 Amazon S3 等源的数据缓存到分布在世界各地的边缘位置。边缘位置是比区域更小的数据中心,但它们分散在全球各地,以帮助 AWS 客户更快地将内容传递给离终端用户更近的位置。

当你从 EC2 实例或其他来源向 CloudFront 提供数据时,将不会产生数据传输费用(如图 8.3 中的第二步骤所示)。然而,当你使用 CloudFront 向终端用户提供内容时,将会有一定的费用,这个费用会随着传输的数据量而减少。

从 CloudFront 返回到 EC2 源的数据也将按 GB 计费(如图 8.3 中的第三步骤所示)。作为替代方法,你可以直接从 EC2 实例提供内容。然而,基于安全、性能和可用性等方面的考虑(更不用说整体架构的设计不佳),从 EC2 实例到互联网的数据传输成本要高于使用 CloudFront 的费用。

在图 8.3 中的最后一项是 VPC 私有端点,由 AWS PrivateLink 提供。AWS PrivateLink 可为 VPC 和托管在 AWS 上的服务之间提供连接。它使用私有端点连接不同账户和 VPC 之间的服务。图 8.3 显示了 US-West-2 区域的一个 EC2 实例与同一区域的一个端点进行通信。由于端点与 EC2 实例在同一地区,你将不会产生数据传输费用。但需要注意的是接口端点的数据处理费用,以及每个 VPC 端点的运行速率定价。

当涉及在云和企业内部环境之间移动数据时,数据传输变得更加复杂。在混合环境中,让我们看一下数据传输是如何运作的。

从 AWS 到企业内部环境的数据传输 ●●●●

在某些情况下,你可能会面临混合的环境设置,其中一些资源位于企业内部,而另一些则位于 AWS(如图 8.4 所示)。在这种情况下,你希望这些系统能够相互通信,这就涉及它们之间的数据传输。

一种选择是通过 AWS 虚拟专用网络(VPN)连接系统。你可以通过该选项在亚马逊 VPC 和数据中心之间建立一个加密的连接。VPN 连接是通过公共网络共享的,所以带宽和延迟可能会有波动。

在 AWS 的 VPN 选项中，你有两个选择。第一个是 AWS 站点到站点的 VPN。这意味着一个站点（数据中心）与另一个站点（AWS VPC 环境）之间有一个直接的连接。在使用 AWS 站点到站点的 VPN 时，你需要根据 VPN 的配置和可用时间付费。每个站点到站点的 VPN 连接有两个隧道，每个隧道都有一个独特的公共 IP 地址。

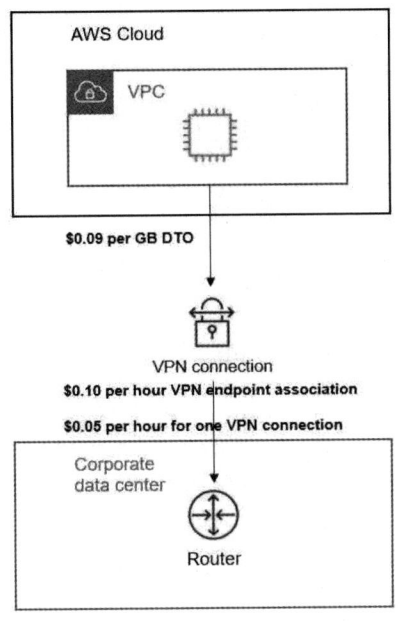

图 8.4　AWS 和数据中心间的 VPN 连接

AWS 的 VPN 选项中的一个选择是，使用 AWS 客户端 VPN，这是一个完全托管的弹性 VPN 服务。你可以使用基于 OpenVPN 的 VPN 客户端从任何地方访问你的 AWS 资源。定价方式不同于站点到站点 VPN，因为客户端 VPN 是按每小时活跃客户端连接数收费的。你还需要为与客户端 VPN 相关的每小时子网数量付费。这两种 VPN 类型都会收取与通过 VPN 连接传输的所有数据相关的标准 AWS 数据传输费用。

另一个选择是，使用 AWS 直接链接。直接链接具有更好的性能，因为它在你的企业内部系统和 AWS 之间提供了一个专用链接，速度可以达到 1 Gbps、10 Gbps 或 100 Gbps，并配备原生的 AWS 专用链接（尽管合作伙伴托管的链接确实提供其他各种速度）。由于直接链接的连接是私有的，没有在公共互联网上配置，因此与 AWS VPN 相比，带宽和延迟更加稳定。然而，设置直接链接需要更长的时间，而 AWS VPN 链接的设置更快。直接链接的计费方式是按小时计费，费用比 VPN 更高，但数据传输速率更低。这一点在图 8.5 中有所说明。

在这个简单的比较中，我们假设两种类型的链接在一整年（共计 8 760 h）内一直运行。在这段时间内，直接链接的每小时运营费用比 VPN 多出近 2 000 美元。只有当数据传输量超过 24 TB 时，直接链接的成本才会降低。你可以在图 8.6 中看到 AWS VPN 和直接链接选项之间的成本细分。

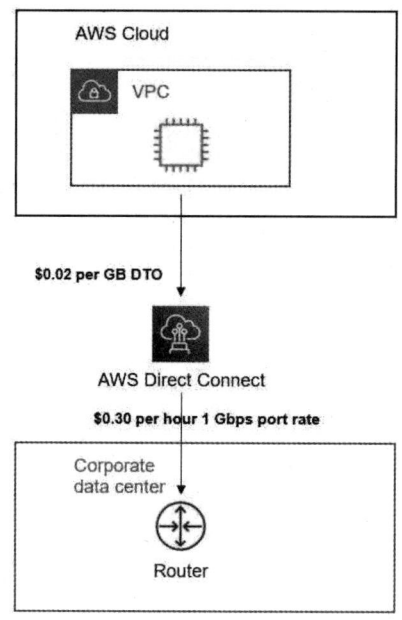

图 8.5 AWS 和数据中心间的直接链接

AWS VPN

		Rate	Cost
8,760	Hours	$ 0.09	$ 788.40
24000	DTO (GB)	$ 0.10	$ 2,400.00
10	Connections	$ 0.05	$ 0.50
			$ 3,188.90

AWS Direct Connect

		Rate	Cost
8,760	Hours	$ 0.30	$ 2,628.00
24000	DTO GB	$ 0.02	$ 480.00
			$ 3,108.00

图 8.6 两种混合链接方案的直接比较

我们可以观察到，在我们所研究的多种方案中存在着一个重复出现的模式。优化数据传输成本是值得称赞的，但可能是片面的。例如，VPC 端点或 ALB 等服务具有运行的小时费率，即使你没有使用这些服务传输数据，也仍然需要为其存在付费。如图 8.6 所示的例子中，存在一个收支平衡点，其中服务及其相关的数据传输费用的综合成本等于替代方案的成本。由于每个人的架构和使用模式都是独一无二的，很难总结出一个适用的策略。你可以使用服务定价页面和 AWS 定价计算器来估算你的工作负载的成本，以决定什么对你的业务来说最适合。

举例来说，你可能有一些应用程序需要在企业内部环境和 AWS 云环境之间保持一致及稳定的网络带宽。虽然 VPN 可能更便宜且设置速度更快，但直接链接可能更符合你的业务需求，并具有长期效益。

我们在考虑数据传输费用时，有几个一般的模式需要注意。如果你可以容忍，尽量将资源之间的通信保持在同一可用区内。这种结构的权衡是在可用区故障的情况下有更高的停机风险。同样地，对于区域间的通信也是如此。在某些情况下，业务连续性可能需要进行跨区域的复制或备份。然而，如果你可以容忍，将流量保持在一个区域内可以最大程度地减少数据传输成本，并在确实不需要时减少资源的浪费。

同样地，我们要避免通过互联网路由流量，因为在 AWS 内部路由流量时，每 GB 传输的费用是我们所观察到的最高的。例如，你可以将流量从 EC2 实例路由到互联网，然后通过 AWS 网络返回到 Amazon S3 是非常低效和浪费的做法。相反地，你也可以通过使用 VPC 端点来保持在 AWS 网络上的流量。在本章后面，我们将详细了解关于 VPC 端点的更多信息。但首先，让我们探讨如何使用 AWS 本地工具来管理你的数据传输成本。

建立管理数据传输成本 ●●●●

你可以使用成本资源管理器作为管理和可视化数据传输成本的起点。这就像管理其他资源一样，数据传输也是你库存的一部分。虽然数据传输可能是无形的资源，但 Cost Explorer 是免费且开箱即用的工具，它可以帮助你揭示这些看似无形的费用。

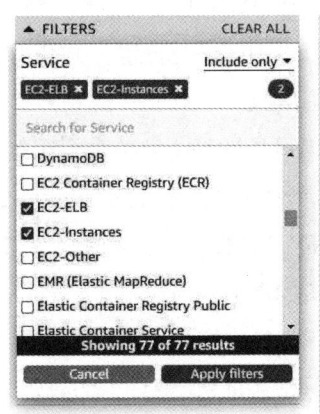

在 Cost Explorer 中，你可以使用本节中建议的过滤器来创建报告，从而清楚地了解你在 AWS 上的数据传输使用情况。如图 8.7 所示，在服务层面上应用过滤器，重点关注 EC2 实例和 Elastic Load Balancer (ELB)。这样可以减少

图 8.7　数据传输的两个主要贡献者的服务过滤器

你需要查看的数据量，因为大部分数据传输都是由这两个服务驱动的。

另一个有用的过滤器是按类型进行分组。有三种类型需要关注，它们与我们在本节中探讨的场景相对应。首先是"EC2 数据传输-AZ 间"，这包括同一地区的两个可用区之间的数据传输。其次是"EC2 数据传输-互联网（输出）"，显示了向互联网输出的数据传输。最后是"EC2 数据传输-区域到区域（输出）"，涵盖了 AWS 区域之间的数据传输。图 8.8 显示了成本资源管理器中的这些过滤器。

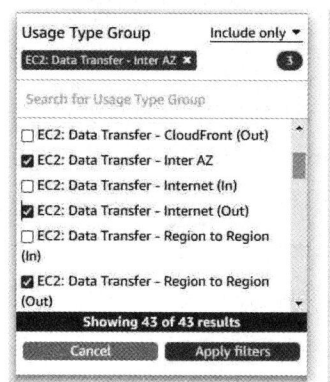

图 8.8　导致成本的数据传输情境的使用类型组过滤器

你可以对映射到你的组织的标签应用必要的过滤器，这是可选的，但同样重要的是，标签可以提供对你业务的特定部分的细化可见性，无论是按照业务部门、应用环境还是其他与你业务相关的维度进行分类。通过利用这些数据，你可以找到数据传输的热点，并洞察你的组织如何在 AWS 上消耗数据传输。利用这些视图，你可以查看随时间变化的数据传输情况，按区域或可用区进行分组，并获得有关数据传输使用情况与你组织在 AWS 上的数据传输情况的详细信息。

获得可见性是了解整个组织的数据传输使用模式的第一步。通过这些报告，你可以定位使用大量数据传输资源的账户和／或区域，并确定数据传输发生的位置。你也可以考虑使用 VPC 流量日志来深入了解原因。VPC 流量日志提供有关使用 VPC 资源（如 EC2 实例）进行网络通信的数据。流量日志将告诉你网络流量的来源和目的地，以及端口和协议信息。这有助于你确定特定资源可能超出预期数据传输成本的原因。

亚马逊 VPC 流量日志的收费方式与发布日志到亚马逊 CloudWatch 时的收费方式相同。你需要支付已发布日志的数据摄取和存档费用，但激活流量日志本身是不收费的。如果你选择将日志推送到 Amazon S3，那么你将根据存储和检索费用对其进行收费，就像其他存储在 S3 上的数据对象一样。

接下来，让我们看一下如何利用亚马逊 CloudFront 来降低数据传输成本，并优化对 CloudFront 本身的使用。

建立用亚马逊云端进行优化 ●●●●

在之前的章节中，我们了解到 CloudFront 是一种内容传送网络（CDN），它能够加速向全球客户提供静态和动态内容的能力。在第 6 章"优化计算"中，我们也了解到你可以使用保留模式来优化计算资源的成本。CloudFront 也有自己的保留模式。

CloudFront 安全节约套餐是一种灵活的定价计划，可以将你的 CloudFront 账单减少 30%。与计算保留模式类似，你需要承诺一年的使用期限，并按月支付使用费。该承诺适用于 CloudFront 的所有费用，包括数据传输出站和请求费用。此套餐还包括 AWS 网络应用防火墙（WAF）的使用，它为你的 CDN 提供边缘安全保护。

CloudFront 会根据你的使用量提供定价，并估计你每月的美元承诺，就像 Cost Explorer 为 RI 和 SP 提供建议一样。你可以根据历史或预测的使用量，让 CloudFront 为你提供定价建议。如图 8.9 所示，CloudFront 将根据现有数据估计费用并显示节省金额。

Total estimated data transfer (GB)	Average object size (kb)
1000	125

Estimated cost:

CloudFront charges	AWS WAF charges
$94.23	$12.03

Based on your estimated usage, we recommend purchasing a Savings Bundle with a monthly commitment of $65.96
This would cover $94.23 of your CloudFront usage (100%) and $6.60 of your AWS WAF usage (55%)

Before recommended purchase Monthly on-demand spend	After recommended purchase Estimated monthly spend	Monthly Savings Estimated monthly savings	Total savings Estimated 1 year savings
$106.26	$71.40	$34.86	$418.37

图 8.9　基于提供的使用情况的 CloudFront 节约建议

例如，你可以承诺使用 70 美元的 CloudFront。AWS 会对 CloudFront 收取的费用给予 30% 的折扣。此外，AWS 还会提供 WAF 积分的 10%，在这个例子中为 7 美元。

通过支付每月 70 美元的承诺费用，你可以获得价值 100 美元的 CloudFront 服务，并包括 7 美元的 WAF 积分，该承诺为期一年，相当于大约 1 160 万次 WAF 请求。如果你的工作负载需要同时使用 CloudFront 和边缘安全功能，请考虑捆绑服务，因为它可以帮助减少云端资源的浪费。

现在让我们看看在 VidyaGames 中如何应用截至目前所了解的这些概念。

优化 VidyaGames 的数据传输

VidyaGame 的 VidyaReviews 应用程序允许用户与其他用户分享他们的视频游戏体验内容。其中一个关键组成部分是视频游戏评论，用户可以根据总分和受信任的热门用户的意见来购买视频游戏。用户可以通过 VidyaReviews 移动和网络应用程序向平台上传他们的视频游戏评论，包括视频评论、文字评论、图片和剪辑。

该应用程序将这些内容捆绑并存储在 Amazon S3 中。在 S3 中，这些文件将根据用户 ID 和上传日期进行分区，并进行压缩处理。一旦储存在 Amazon S3 中，Amazon EC2 实例团队将根据用户的请求提供这些内容。

Jeremy 利用 AWS 成本资源管理器仔细审查了组织的数据传输成本。他注意到，EC2 的互联网数据传输成本随着时间的推移不断增加，并安排与应用团队会面，以了解数据传输成本增加的原因。

通过与应用团队的合作，Jeremy 更好地了解了应用的架构。Amazon S3 用作数据层，用于存储 VidyaReview 内容的媒体文件。团队已经制定了一项优化存储成本的双管齐下策略：具有高综合评级的游戏内容将被打上特定标签，而其他游戏内容将采用不同的标签。他们将使用这些标签作为属性，应用不同的存储生命周期策略来优化成本。

亚马逊 EC2 实例提供用户的网络应用前端，以及来自亚马逊 S3 中的服务器内容。根据 Jeremy 的理解，从数据传输的角度来看，这并不成问题，因为 Amazon EC2 实例和 Amazon S3 桶在同一个区域内运行。通过使用 Amazon S3 区域端点，数据传输到实例上不会产生任何费用。

然而，杰里米发现了数据传输成本不断增加背后的原因。为了提供快速响应的用户体验，VidyaReviews 应用团队采用了一个非 AWS 原生的 CDN 服务。这个第三方 CDN 服务能够快速向世界各地的用户提供内容，并省去将用户请求引导到亚马逊 EC2 实例的步骤。这个 CDN 对于应用程序的成功至关重要，是一个不可或缺的业务需求。

然而，这也为数据传输成本贡献了一部分，因为 AWS 会认为从亚马逊 EC2 实例传输到第三方 CDN 的内容属于数据传出。具体来说，这项数据是通过互联网传输的，而在 AWS 的数据传输层中，每 GB 的费用都相对较高。

在与该团队合作后，Jeremy 了解到该团队已经使用 CDN 服务几个月了。在测试和验证技术要求以满足应用程序需求后，管理层批准了这一决策，但并没有意识到数据传输成本的影响。

杰里米告诉应用团队，如果他们使用亚马逊 CloudFront 服务作为 CDN，他们将消除数据传输成本，因为从源头到 CloudFront 的数据移动不会产生费用。由于考虑到更换 CDN 会产生相对较少的技术债务，该团队决定研究使用 CloudFront 而不是之前的第三方 CDN。如果使用 CloudFront 的总拥有成本和产生的数据传输成本低于第三方 CDN，应用团队同意 Jeremy 的建议，并认为这样的转换可能是值得的。该应用团队还要求 CloudFront 的性能达到或超过他们目前的解决方案，这将成为他们迁移的一个重要因素。

我们进行了关于如何利用 CloudFront 节省数据传输成本的研究，并学习了如何使用 Cost Explorer 来分析你的数据传输费用。最后一节，我们将给出一些一般的提示来结束我们的数据传输成本优化讨论。

建立最小化数据传输成本的提示 ●●●●

在考虑用数据传输减少浪费时，有几件事情要牢记。首先涉及数据传输到互联网上。我们看到，数据传输可以直接从 EC2 实例传输到互联网，或者你可以利用 CloudFront 向你的用户提供内容。

我们使用亚马逊 CloudFront 有几个优点：首先，尽管 CloudFront 和传统数据传输都是按照 GB 收费，但是使用 CloudFront 可以节省成本，因为 CloudFront 不对从源服务器获取数据收费。源服务器获取是指从一个源服务器（如 EC2 实例）检索内容的过程。当源服务器是 EC2 等亚马逊网络服务时，在亚马逊网络服务和 CloudFront 之间的数据传输是免费的。此外，从 CloudFront 向外部传输数据的折扣比从 EC2 向互联网传输的速度更高。因此，从 langrquan 的角度来看，对于大规模数据传输，长期使用 CloudFront 将会节省成本。

另外需要记住的事情是如何构建工作负载以优先考虑区域内的流量。同一区域内不同可用区之间的数据传输是按照 GB 收费的。如果你希望尽量减少同一区域内的可用区之间的数据传输量，首先要考虑到在一个可用区内如何构建你的应用程序。如果你在亚马逊云服务上构建应用程序，通过使用可用区来划分应用程序的部分非常重要。

划分是将应用程序的一部分隔离在一个独立的可用区中，然后将该部分复制到一个或多个额外的可用区。通过这样做，你可以在多个可用区上进行冗余部署，以确保工作负载具有更好的可靠性。这也可以尽量减少不同可用区之间的数据传输量，大多数网络通信将被限制在各自的可用区内的实例之间进行。然后，通过在私有 IP 地址的单个可用区内的 VPC 上的EC2 实例之间进行通信，可以只保持通信，而不会产生任何数据传输成本。因此，在某些情况下，你可能会发现有必要在两个可用区之间进行通信。如果需要，请使用 ALB 或 CLB。EC2 实例和 ALB 或 CLB 之间传输的数据,在使用私有 IP 地址时的特定区域内是免费的。例如，你可能有一个在某个可用区中运行的实例，需要与支持不同可用区中的网络服务的实例群进行通信。在第一个可用区中复制该服务可能没有意义，相比之下，将流量路由到预定目标的负载均衡器作为目标是更合适的。通过使用 ALB 有助于确保你的网络服务保持高可用性，因为它位于服务器群集之前。它还有助于抵消可用区内请求的数据传输费用。当两个可用区之间的数据传输是必要的时候，ALB 和 CLB 可以帮助支付可用区间的数据传输费用。表 8.1 提供了 AWS 上各种负载均衡器选项之间的比较。对于 ALB 和网络负载均衡器(NLB)，定价基于每小时的负载均衡器容量单位（LCU）。如果你要计算 ALB 或 NLB 的成本，就需要进行四个独立的计算。这四个独立计算的最大值将决定你负载均衡器的最终成本。CLB 具有更简单的定价模型，成本是根据负载均衡器每小时存在和每 GB 处理计算的。

表8.1　负载均衡器定价比较表

	Application Load Balancer	Network Load Balancer	Classic Load Balancer
	Per hour or partial hour	Per hour or partial hour	Per hour & per GB processed
Load Balaner Capacity Units (LCU)	New connection established per second	New connections or flows	
Charged only on LCU dimension with highest usage	Active connections per minute	Active connections or flows	
	GB processed for HTTP(S)	Processed bytes	
	Rules processed & request rate		

为了提供一个 ALB（应用负载均衡器）成本的例子，让我们通过执行四个必要的计算来进行估算。第一种情况的计算是每秒有 25 个新连接。这意味着，如果在我们的环境中，我们每秒有 500 个新连接，那么我们需要 20 个新连接的 LCU（负载均衡器容量单位）。通过将 500 除以 25，我们得到这个数字。

对于第二个情况的计算，一个 LCU 包含 3 000 个活动连接。因此，如果我们有 30 000

个活动连接，那么我们就需要 10 个活动连接的 LCU。通过将 30 000 除以 3 000，我们得到这个数字。

对于第三个情况的计算，如果一个 LCU 包含每小时 1 GB 的 EC2 实例，我们每小时处理 10 GB 的数据，那么我们的 LCU 处理字节数就达到 10（1 GB×10）。

最后，一个 LCU 包含每秒 1 000 个规则评估。如果我们的环境每秒评估 15 000 条规则，那么我们就需要 15 个规则评估的 LCU。

现在我们已经进行了四个独立的 LCU 计算，我们取最大值 20 个 LCU，并用它来估算我们的成本。在撰写本文时，一个 LCU 的价格是每小时 0.008 美元。因此，20 个 LCU × 每小时 0.008 美元 × 每月估计 730 小时，我们估计每月运营 ALB 的费用为 116.80 美元。

最后，要注意删除任何闲置的、未与任何 EC2 实例相关联的弹性 IP（EIP）。回顾一下，连接到实例的第一个 EIP 是免费的，但任何闲置的 EIP 都会产生浪费。尽管单个 EIP 的收费标准是每小时 0.01 美元，但假设你在 50 个账户中拥有两个 EIP，你每年可能会积累超过 8 000 美元的浪费支出。因此，库存管理和标签可以帮助你识别未使用的资源的位置。

本章小结 ●●●●

本章中，我们解析了在 AWS 上不同形式的数据传输方式。我们了解了区域内、可用区内、跨地区和跨可用区的数据传输流。我们还研究了混合架构以及它们对数据传输的影响。

我们使用了成本管理工具 Cost Explorer 来了解和可视化我们的数据传输费用，这样的工具有助于解释那些令人困惑的数据传输费用，并确定这些费用产生的原因。我们还提到了 VPC 流量日志，通过这些日志可以了解数据传输背后的原因。

最后，我们看到了 AWS 服务，如 CloudFront 和负载均衡器，如何降低数据传输费用。应用程序的架构也可以通过优先考虑可用区内的网络通信来尽量减少数据传输费用。

下一章中，我们将结束有关成本优化策略的讨论，并探讨优化机器学习和分析领域的方法。我们还将深入研究云弹性和自动扩展如何成为成本优化的关键架构组件。

进一步阅读 ●●●●

如果你想要了解更多信息，请参考以下资源：

- AWS-2022 年 CloudFront 如何提供内容：https://docs.aws.amazon.com/zh_cn/Amazon CloudFront/latest/DeveloperGuide/HowCloudFrontWorks.html。

- AWS-2022 年 VPC 网关端点：https://docs.aws.amazon.com/zh_cn/vpc/latest/privatelink/ vpce-gateway.html。

- AWS-2022 年 VPC 端点：https://docs.aws.amazon.com/zh_cn/vpc/latest/privatelink/ vpc-endpoints.html。

- AWS-2022 年站对站 VPN 连接的隧道选项：https://docs.aws.amazon.com/zh_cn/vpn/ latest/s2svpn/VPNTunnels.html。

- AWS-2022 年 AWS Direct Connect 定价：https://aws.amazon.com/zh_cn/directconnect/ pricing/?nc=sn&loc=3。

优化云原生环境

9

计算、网络和存储组成了亚马逊网络服务（AWS）的大部分成本和费用。我们已经介绍了这些类别中最常见的服务，例如亚马逊弹性计算云（EC2）、亚马逊简单存储服务（S3）、AWS 的各种数据库服务和亚马逊虚拟私有云（VPC）。然而，鉴于 AWS 的完整组合超过 200 种服务，我们只是触及了表面。

本章涵盖了云原生环境所带来的优化机会，这是由云环境特有需求所诱导的。在云中，与企业内部系统相比，对 AWS 服务的需求更容易获得。例如，自动横向扩展服务器群在云中比在企业内部更容易实现，因为如果你要在企业内部横向扩展服务器，首先需要购买最大数量的服务器来满足峰值容量，而在云环境中，你只能在需要时进行扩展，并期望云供应商能够满足你对服务器的需求。此外，对于企业内部的机器学习（ML）工作负载，你需要购买和维护最大数量的服务器来运行分布式训练作业，但在云中，你只需通过应用程序编程接口（API）调用来利用分布式训练集群，一旦训练完成，你就不再为 ML 训练支付（昂贵的）服务器。我们以这种方式定义云原生环境，并利用本章来确定优化成本的方法。

虽然需要超过一章的时间来涵盖每一个服务，但我们将看一下一些服务，并从我们截至目前所见中总结出优化的最佳实践。我们从 AWS 自动扩展开始，这不仅包括 EC2 实例，还包括容器和数据库。然后，我们将看到优化在端到端（E2E）分析工作流程中的作用，包括 ML。最后，我们将浏览更多的服务，并总结出这些模式。

本章将涵盖以下主要议题：

- 利用 AWS 自动扩展实现最大效率
- 优化分析
- 优化 ML

技术要求 ●●●●

为了完成本章的练习，我们将继续使用之前几章中一直使用的组件。

利用 AWS 自动扩展功能实现效率最大化 ●●●●

我们将从了解自动扩展开始，它是云计算中弹性的体现。在我们定义了自动扩展之后，我们将学习如何利用不同的自动扩展策略和战略来满足你的工作负载需求。实施自动扩展将成为你减少云计算资源浪费的关键，因为它最接近于按需付费的理念，避免为不需要的资源付费。让我们通过一个简单的例子来对自动扩展进行定义。

什么是自动扩展？ ●●●●

大型社交聚会，如婚礼、宴会，甚至在美国庆祝感恩节时，都需要足够的食物来满足尊贵的客人。通常情况下，我们为自己准备食物时，主要考虑满足特定时刻的饥饿感，因此会提供足够的食物。

在云计算之前，信息技术（IT）资源的配置更像是准备食物的社交聚会方式。你必须提供足够的计算和存储能力来满足峰值需求。否则，当客户需要最多时，你的应用程序可能无法使用。图 9.1 显示了这种方法，线代表了适应最高流量需求的目标配置量。

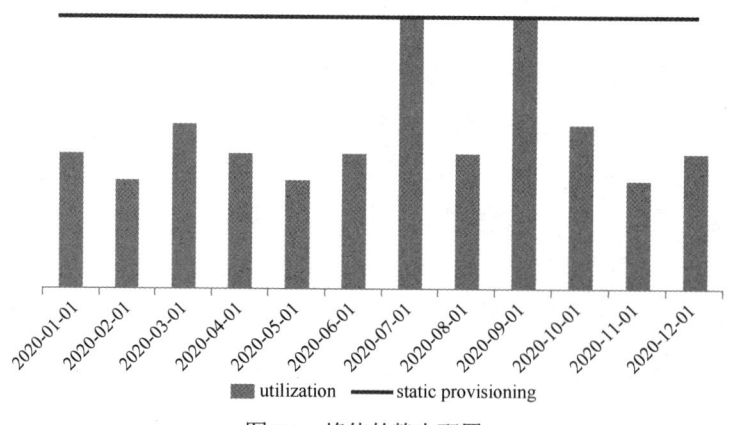

图 9.1　峰值的静态配置

静态平坦线和条形图之间的距离代表资源的浪费。我们可以看到，在 2 天内资源被最大化利用，但在其余的日子里，利用率较低（浪费）。云计算的弹性允许你根据需要配置所需的资源来减少这种浪费。AWS 使用"自动扩展"这个术语来表示按需弹性地配置资源，以满足你的系统需求。通过弹性配置，你可以实现如图 9.2 所示的效率。配置线和使用线之间的差距较小，相较于图中显示的使用模式，显示出更高的效率和更少的浪费。

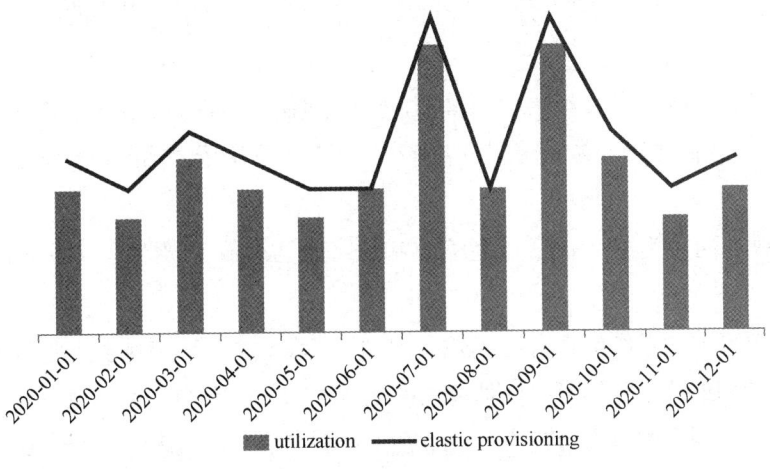

图 9.2　弹性供应使供应与需求相匹配

　　AWS 自动扩展是一项服务，它可以帮助你优化应用程序，并根据应用程序需求提供所需的资源。AWS 自动扩展可以应用于多种资源，例如 EC2 实例、EC2 spot fleets、Elastic Container Service（ECS）的容器、NoSQL 数据库（例如 DynamoDB）以及 AWS 专有的关系型数据库服务 Amazon Aurora。你可以通过扩展策略定义何时以及如何配置这些资源。

　　现在我们已经了解了自动扩展，让我们看看 AWS 如何在不同的方面应用自动扩展于 Amazon EC2。

AWS 自动扩展与亚马逊 EC2 自动扩展的比较 ●●●●

　　你可以利用管理性扩展来动态地配置特定资源，例如亚马逊 EC2 自动扩展或 AWS 自动扩展，以满足应用程序的需求。这两者都有助于减少资源的浪费，因为你只在应用程序需要时付费使用这些资源。

　　然而，管理性扩展仅适用于特定资源，例如亚马逊 EC2。而 AWS 自动扩展则为多个服务的多个资源提供管理性扩展。让我们通过观察亚马逊 EC2 作为一个服务来比较这两者。

亚马逊 EC2 自动扩展通过为你的应用程序提供所需的适当数量的服务器来处理负载, 从而优化你的资源使用。该服务会自动替换不健康的实例, 并在不需要时终止实例, 在需要时启动更多实例(进行扩展)。你可以通过策略定义服务如何添加或删除实例。

你可以两种方式之一来控制缩放, 具体如下:

1. 手动扩展: 你可以手动扩展, 这意味着监控你的应用程序并根据需要进行配置更改。作为用户, 你可以进入你的亚马逊 EC2 自动扩展车队, 并根据环境中的需求变化进行手动调整。

2. 自动缩放: 通过利用 AWS 提供的几种缩放机制来实现。尽管我们作为人类通常具有良好的意愿, 但我们往往容易出错, 并对重复的任务感到厌倦。因此, 自动缩放变得非常有意义。

自动缩放有两种类型, 包括计划缩放和动态自动缩放。接下来, 我们将详细了解这两种类型:

- 对于可预测的工作负载, 计划缩放可以避免因 EC2 实例启动时间延长而产生的延迟。通过计划缩放, 我们可以评估过去的运行时间, 确定经常重复出现的扩展事件, 例如在工作周开始时进行扩展, 以及在工作周结束时进行缩小。我们还可以考虑特殊事件, 如新产品发布、营销活动或可能导致 AWS 环境流量增加的特殊假日交易。亚马逊 EC2 自动扩展系统会根据我们的扩展策略的预定时间表, 负责启动和终止资源。

- 对于无法预测的工作负载, 动态自动缩放是更合适的选择。在动态自动缩放中, 有三种类型, 具体如下:

  简单扩展是最基本的动态自动缩放类型。通过简单扩展, 你需要设置 CloudWatch 警报来监视某个指标, 例如中央处理器(CPU)的利用率。如果你设置了一个策略, 当 CPU 利用率超过 80%的阈值时, AWS 将增加 20%的容量。当应用程序满足此条件时, 自动缩放将执行该动作。这是一种非常直接的方法, 不考虑健康检查或冷却时间。换句话说, 如果发生启动额外 20%容量的事件, 自动缩放机制必须等待新实例的健康检查完成以及缩放事件的冷却时间到期, 然后才能考虑添加或删除实例。这可能会造成问题, 特别是当你遇到负载突然增加时, 可能无法等待这些等待时间, 而需要快速调整环境。

  阶梯式扩展是另一种让你更精细地控制的策略。相较于"简单扩展"这样的整体策略, 阶梯式扩展允许你根据不同的阈值定义不同的扩展事件。在前面的例子中, 我们提到当 CPU 利用率达到 80%时增加 20%的容量。通过阶梯式扩展, 你可以使用更细化的指标，例如当 CPU 利用率在 60%～70%时增加 10%的容量，当 CPU 利用率超过 70%时增加 30%的容量。此外，即使在进行扩展活动或健康检查时，阶梯式扩展也会持续响应警报。这使得阶梯式缩放比简单缩放反应更迅速。

如果我们要继续使用 CPU 利用率作为定义扩展的指标，那么目标跟踪是最方便且需要最少管理的扩展策略。这是因为对于步骤和简单扩展，你仍需要创建 CloudWatch 指标并将其与策略相关联，但对于目标跟踪，亚马逊 EC2 自动缩放将为你创建和管理 CloudWatch 警报。通过目标跟踪，你只需提供所需的应用程序状态，就像将家中的恒温器设置为所需的温度一样。一旦设置完成，加热或冷却系统将间歇性地打开 / 关闭，以维持该温度。类似地，目标跟踪策略设置为平均 CPU 总利用率为 40%，将确保你拥有最佳的资源以保持这个目标指标。

你可以使用亚马逊 EC2 自动扩展手动或自动地扩展你的服务器，以满足你的需求。你可以将自动扩展配置保存为启动模板的形式。启动模板使你更容易管理工作负载的自动扩展，因为你预先定义了方法。换句话说，启动模板是自动扩展发生时的配置内容。这种做法可以提高效率，减少浪费，因为你只在需要时使用所需的计算资源，而不是过度购买以满足意外或预期的需求。

在实施自动扩展时，CPU 是常见的衡量指标，但不是你可以使用的唯一指标。许多客户使用内存、磁盘空间和网络延迟等指标来触发自动扩展事件的发生。你甚至可以根据你的工作负载要求使用自定义指标。例如，如果你有一个网络应用程序，并且希望使用请求-响应错误率作为衡量标准来扩展更多的 EC2 实例，那么你可以使用自定义指标来计算错误率，并在阈值被触发时让亚马逊 EC2 自动扩展部署更多的服务器。

现在，让我们来看看 AWS 自动扩展与亚马逊 EC2 自动扩展之间的关系。

何时使用 AWS 自动扩展功能 ●●●●

尽管之前的例子是针对亚马逊 EC2 的，但其他服务如亚马逊 ECS、亚马逊 Aurora 和 DynamoDB 也都有各自特定的自动扩展策略。这就是为什么 AWS 自动扩展试图将这些不同的服务聚合到一个统一的界面中，以便你可以在一个地方管理它们的扩展策略。

目前，在撰写本文时，AWS Auto Scaling 仅支持目标跟踪的扩展策略。如果你打算使用目标跟踪，请使用 AWS 自动扩展，因为它更易于管理，并可用于为其他 AWS 服务设置自动扩展策略。假设你拥有一个工作负载，其中包括一组自动扩展的 EC2 实例、一个用作数据库的 Aurora 集群以及一个用于批处理的 Spot Fleet，并且正在使用目标跟踪指标。在这种情况下，通过 AWS 自动扩展服务在同一个位置管理它们要比分别管理每个服务的扩展要方便得多。

预测性扩展利用了 AWS 自动扩展和 EC2 自动扩展的功能，使用机器学习模型来分析过去 14 天的流量。基于这些历史数据，预测性扩展能够确定未来 2 d 的计划事件，并根据最新的可用信息每天更新你的计划。这种能力可以提供更精确的扩展决策。

AWS 自动扩展可以简化你在整个 AWS 环境中的自动扩展需求，但 Amazon EC2 自动扩展则使你对 Amazon EC2 资源有更多的控制。请注意，你不一定需要选择一种或另一种方式。你可以针对某些包含多种服务的工作负载选择 AWS Auto Scaling，但在需要时，你可以使用 Amazon EC2 Auto Scaling 来为你的 Amazon EC2 车队指定扩展策略。让我们继续优化 AWS 环境中的其他领域，如在分析领域。

优化分析 ●●●●

如果数据是新的黄金，我们要确保在挖掘数据的同时避免浪费。数据分析和机器学习的讨论颇具深度，可以拥有自己的专著。但在本节中，我们将总结在运行此类工作负载时的成本优化考虑。大体上，我们可以将涉及的步骤归类为数据获取、数据探索、模型训练和模型部署。

我们已经了解到亚马逊 S3 是一个优秀的对象存储，可作为数据湖使用。有了存储在 S3 中的数据，我们可以使用管理服务，例如亚马逊 Athena，直接在 S3 的数据上运行结构化查询语言（SQL）查询。Athena 是一种无服务器的服务，这意味着你无须管理任何基础设施来运行数据上的 SQL 查询。此外，它能够自动扩展，并对大型数据集进行并行查询，无须指定配置。另外，由于支持 Athena 的底层服务器由 AWS 管理，因此无须进行维护。你只需要支付在 Athena 上运行的查询费用，从而优化数据存储并最大限度地减少查询执行时间，以确保成本的降低。

亚马逊 Redshift 在 AWS 上，有一项名为 Redshift 的数据仓库服务，它允许你以 PB 级规模运行复杂的分析查询。这些查询在分布式和并行化的节点上运行。与传统的关系型数据库不同，Redshift 将数据存储在针对分析应用进行了优化的列中，并且通常基于列的汇总统计进行查询。下一节中，我们将看到 Redshift 的示例。

对于机器学习，Amazon SageMaker 是一项服务，为构建、训练、部署和监控机器学习模型提供了一个机器学习平台。SageMaker 拥有丰富的功能，从标记数据到监控完整的机器前缀表示），对数据进行准备、构建机器学习模型，并进行大规模部署。下一节中，我们将介绍如何使用 SageMaker 优化机器学习计算。

优化数据摄取和准备 ●●●●

数据分析始于拥有数据；如果没有数据，就不可能从数据中获取洞察力，因此你需要一个位置来存储这些数据。在第 7 章"优化存储"中，我们已经讨论了亚马逊 S3 Intelligent-Tiering，这是一种简单的方法，通过允许 AWS 代表我们管理最佳存储级别，来优化存储成本。

此外，我们可以通过存储数据的格式来降低成本。在亚马逊 S3 中，你按存储量付费，因此，如果我们能找到减少存储量的方法，就能降低存储成本。对于我们而言，存储所需数据总是一个好主意。但是将数据变成一个数据沼泽是很容易的，因为你永远不知道是否需要一个数据集，以及何时需要。然而，与其盲目地将所有数据放入亚马逊 S3 标准或智能分层中，不如试着了解数据的访问模式、未来需求和商业价值。我们可能总是打算在以后清理我们的数据，但是如果我们拖延不做，数据就会越来越多，梳理数据、找到真正需要的内容就会越来越困难。

对于确实需要的数据，我们可以使用压缩来节省存储空间并降低费用。Parquet 是一种流行的列式存储格式，适用于大规模分析工作负载，如果你最终使用亚马逊的服务，如 Amazon Athena 或 Amazon Redshift 就可以使用该格式来节省存储成本，同时提高查询性能。这些类似类型的值，如字符串、日期和整数，可以被压缩并存储在一起，由于列值在磁盘上一起存储，查询性能更高效。

表 9.1 是一个基于列存储的表格。如果你要查询活跃用户的总览，只需查询列式存储（如 Redshift）中的 ViewCount 和 UserStatus 列。这比在传统的关系型数据库中查询每一行并读取不需要的列要高效得多。

在使用 Athena 时，考虑将查询结果存放在共享的 Amazon S3 位置上。在设置 Athena 时，你需要指定一个位置来存储查询结果，通过选择共享位置，你可以重复使用缓存的查询结果来提高查询性能，并节省数据传输成本。使用 Athena 进行查询是按照运行时间付费的，因此通过尽量减少查询执行时间，你将减少花费。这通常是一个很好的做法，特别是如果你计划使用 Athena 进行临时查询，如对组织的成本和使用报告（CUR）数据进行查询。

表9.1 基于柱状存储的表

VideoId	UserId	ViewCount	UserStatus
1	1111	50	Active
2	1112	120	Active
3	1113	600	Active
4	1114	20	InActive
Block 1	1, 2, 3, 4		
Block 2	1111, 1112, 1113, 1114		
Block 3	50, 120, 600, 20		
Block 4	Active, Active, Active, InActive		

图9.3 展示了你可以在 Amazon Athena 控制台中管理这些设置的方式。在查询编辑器页面中，你可以指定查询结果的存储位置，并选择是否进行加密。

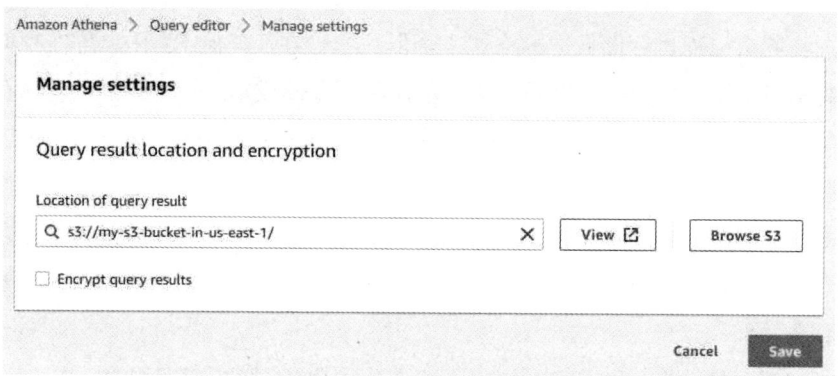

图9.3 指定 Athena 查询结果

我们可以将 Amazon Athena 视为一个用于运行临时查询的示例服务。另一个选择是使用亚马逊 Redshift，特别是当你计划运行较复杂的连接和读取工作负载，并且需要较长的查询执行时间时。与 Athena 不同，你不需要为 Redshift 的每个查询付费。相反地，你需要配置一个专门为数据仓库类工作负载而设计的集群。你还可以购买 Redshift Reserved Instance（RI）来节省运行可靠且一致的 Redshift 集群的成本。因为我们了解 RI 机制，所以让我们转而关注如何使用和操作集群以优化 Redshift 的性能和成本。

你可以利用 Amazon Redshift 的一个功能，即并发扩展。这为你提供了支持可扩展的并发用户和查询的能力。当你启用并发扩展时，Amazon Redshift 会自动增加额外的集群容量，专门用于处理读取查询。如果具备并发扩展功能的 Redshift 集群在满足特定要求（如区域位置、节点类型和节点数量）时，可以路由查询至并发扩展集群。你可以通过启用工作负载管理器（WLM）队列，将查询路由到并发扩展集群。

虽然你需要为并发扩展的集群付费，但只会对它们的使用时间进行计费。这个概念类似于上一节讨论的自动扩展。我们应考虑配置一个大型的 Redshift 集群，以满足高性能要求，即使峰值性能只在集群寿命的一小部分时间内发生。通常情况下，更大的集群意味着更高的成本。但是，如果你能够利用云的动态性，例如 Redshift 的并发扩展功能，那么你可以满足性能要求，并在需要时进行付费。

图 9.4 展示了 Redshift 上并发扩展的一个实际例子。当用户发起一个具有并发扩展功能的查询时，主 Redshift 集群的领导节点会接收到该请求，并确定其是否符合并发扩展队列的要求。随后，Redshift 发送请求，添加图中右侧描述的集群。这两个集群组成了你的并发集群。随着更多查询的到来，这些查询会被发送到并发扩展集群进行处理。作为可选方案，我们有 Amazon S3 来存储集群的快照，从而使新的并发集群能够通过缓存层访问。最终，查询结果将通过响应交付给用户。

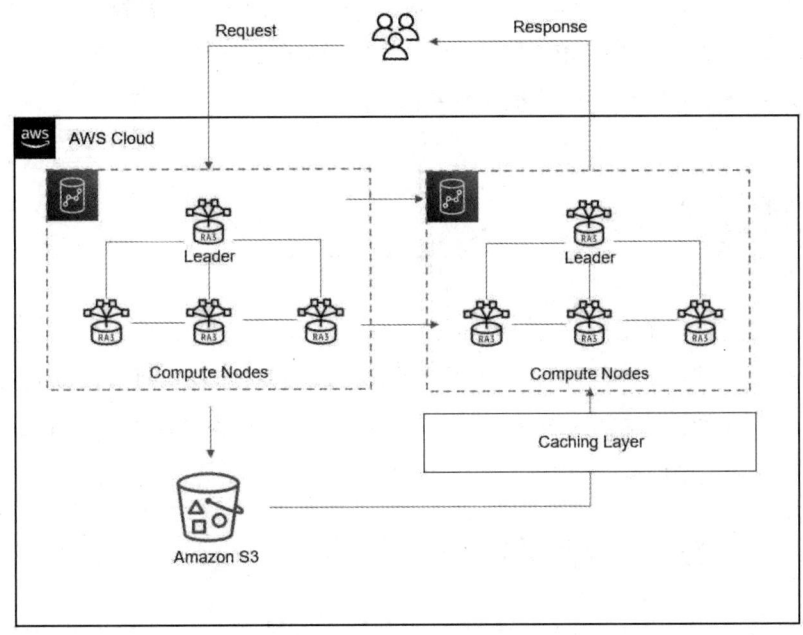

图 9.4　Redshift 并发量的扩展

亚马逊 Redshift 还提供了弹性调整选项，可以快速调整集群的规模。当工作负载增加时，可以增加节点；当需求减少时，可以删除节点。这样的灵活性让人放心，因为不需要在初期做出完美的决策。你可以随着需求的变化逐步迭代集群的配置。当调整大小时，如果使用相同的节点类型，弹性调整大小会自动将数据快速重新分配到新的节点。另外，弹性调整大小也支持更换节点类型，即通过创建快照并复制到新的节点类型集群来实现。

调整 Redshift 集群规模的另一个选择是使用 Amazon Redshift Spectrum。这个功能允许你扩展数据湖，而无须将数据加载到 Redshift 集群中。你可以直接查询 Amazon S3 中的数据，并与 Redshift 进行连接。这样一来，你就无须付出两个服务中重复存储数据的额外成本。

最后，请注意团队需要集群的时机，因为 Amazon Redshift 允许你暂停和恢复集群。虽然你可以通过购买 RIs 来节省集群成本，但如果一个工作负载不需要始终是在线的，那么可以通过关闭集群来降低成本。一种常见的做法是在周末和节假日期间关闭集群，因为你知道团队或应用程序在这段时间内不需要访问集群。当集群暂停时，按需计费也会暂停，帮助你减少浪费。

这一节中，我们了解了如何通过使用 Athena 和 Redshift 来优化成本。通过数据压缩和使用列式存储工具（如 Redshift），可以有效地存储数据，从而降低使用分析服务的运营成本。我们还介绍了 Redshift 的一些功能，重点强调了根据需要使用和扩展服务的弹性。在下一节中，我们将转向相关但独立的 ML 话题。由于 ML 通常在数据准备和数据分析之后进行，因此在逻辑上它适合作为我们数据管道的下一个步骤。

优化 ML ●●●●

为了揭示我们如何优化我们的机器学习成本，我们首先需要了解一个机器学习工作流程包含哪些任务。我们将查看典型的机器学习流程涉及的各种步骤。然后，我们将利用 AWS 的各种能力来应用优化方法到这些具体的步骤。我们将重点讨论如何利用 Amazon SageMaker 来优化模型训练和模型部署的成本。

了解一个 ML 工作流程 ●●●●

一个机器学习工作流程通常包括数据探索和特征工程（FE），将数据转换为机器学习算法可用的格式。算法读取数据以寻找模式，并学习总结这些模式，从而能够对新的或未知数据进行预测。这个过程被称为模型训练，它涉及应用一些可能已知的并广泛使用的数学算法，或者是基于你或组织自己开发的算法，对你的专有数据进行处理。通过将算法应用于数据，你可以创建一个机器学习模型，然后可以使用该模型对新的数据进行预测。亚马逊 SageMaker 是一个完全托管的平台，使你能够轻松完成这些步骤。

SageMaker 提供了丰富的功能，为你提供一个统一的平台来完成端到端机器学习工作流程中的所有任务，包括数据清理和准备等工作。在构建机器学习模型之前，你需要对数据进行格式化，删除不必要的列，处理缺失的值，将文本列转换为数字值，甚至添加列来定义你的特征。通常情况下，你希望将所有的步骤记录在代码中，便于以脚本的形式自动化这些任务，从而能够自动化和大规模运行数据处理步骤。

你可以使用 SageMaker 处理作业来执行处理脚本。运行这些脚本可以帮助你优化成本，因为你只需要在作业的持续时间内支付处理作业所使用的资源费用。如果你希望在云环境中保留资源，另一种选择是在 Amazon EC2 实例中运行你的处理作业。但是，这将需要你自己安装所有必要的软件在高可用性（HA）和可并行处理的实例集群上，并进行实例管理、安全补丁和调整实例大小等维护工作。相比之下，利用 SageMaker Processing 可以简化资源配置、数据传输和工件管理，并在作业完成后终止资源。因此，你只需要支付处理作业运行时所使用的资源费用。同时，你只需使用较小的 SageMaker 笔记本实例来测试和协调处理作业。

利用类似 SageMaker 的完全托管服务，可以帮助你避免不必要的费用，并简化管理和支付机器学习工作负载所需的计算资源。正如我们在本章开始时讨论的那样，SageMaker 利用 AWS 的弹性，让 SageMaker 来管理你的机器学习任务的基础设施，并且只在任务运行时支付资源的费用。

重要说明

然而，如果你发现通过自己管理基础设施能够获得竞争优势，那么你可以选择自行管理。一些公司拥有强大的数据科学团队，他们具备管理自己的机器学习基础设施的知识和经验。他们可能甚至具备在不同层面优化基础设施的专业知识，比如代码优化、成本节约计划以及使用开源软件（OSS）。如果你确实发现通过自己管理机器学习工作负载能够更好地节约成本，那么 SageMaker 可能不是你的最佳选择。

然而，在本节的剩余部分，我们将继续假设你选择将 SageMaker 作为你的机器学习平台。

现在让我们进入 ML 工作流程的下一个步骤，学习如何优化我们的模型训练任务。

优化模型训练和调整 ● ● ● ●

由于 SageMaker 的特性，它将机器学习开发和任务执行分离开来，因此你可以轻松地采用按需付费的模式。例如，你可以启动一个小型且经济实惠的 ml.t2.small 实例来进行机器学习开发任务，例如测试代码、设置配置文件和定义你的机器学习管线。你可以将 SageMaker 执行角色附加到该实例，并具有访问数据集所需的权限，然后使用 SageMaker Python SDK 命令来运行处理脚本、启动训练作业以及部署模型端点。

在这种情况下，你只需要支付 ml.t2.small 实例的费用。你可能不希望在该实例上进行模型训练和部署，因为你可能会面临内存不足（OOM）异常或其他错误，因为模型训练需要较高的计算和内存需求。相较于在 ml.t2.small 实例上运行资源密集型的训练作业，你可以选择在单独的基于图形处理单元（GPU）的实例上运行训练作业，从而优化性能。SageMaker 会为你的训练任务提供所需的资源，并在任务完成后关闭实例。这样，你只需要根据实际需求付费而获得所需的资源，从而减少与机器学习工作负载相关的浪费。

如果你仅需要进行数据探索和测试，并且只需要一个昂贵的基于 GPU 的实例，那么你无须配置一个昂贵的实例。SageMaker 允许你将训练或处理作业与实验隔离开来。例如，下面的代码片段展示了一个模型训练作业，指定训练应在单个 ml.m4.4xlarge 实例上完成。即使用于实例化和执行此代码的笔记本实例可能是 ml.t2.small，但你的好处在于只在训练作业运行时支付较昂贵的 ml.m4.4xlarge 实例的费用，而在数据探索时支付较便宜的 ml.t2.small 实例的费用。SageMaker 将代替你管理训练过程，并在训练任务完成后终止实例，因此你仅在其运行期间支付费用。

在下面的代码片段中，我们正在调用 SageMaker 估算器来训练我们的模型。我们指定要使用的容器镜像，然后指定具有访问训练数据权限的执行角色。然后，我们指定实例类型和计数，以告诉 SageMaker 我们要使用哪种类型的实例以及在此训练作业中要使用多少个实例。

```
model=sagemaker.estimator.Estimator(
container,
role,
train_instance_count=1,
train_instance_type='ml. m4.4xlarge,
sagemaker_session=sess)
```

这里涉及一些问题。首先，如果我的培训工作需要很长时间怎么办？其次，我如何确保不浪费宝贵的培训时间？SageMaker Debugger 可以解决这些问题，它可以分析这些作业的运行情况，给出修复潜在瓶颈的建议，以防止不必要的长时间训练。Debugger 可以提出一些建议，例如基于较低的 GPU 利用率使用较小的实例，或者根据后续的训练迭代是否改善了所需的模型指标来提前停止训练作业。

举例来说，在训练深度学习模型时，通常需要在每个训练轮次（epoch）中调整权重，并观察生成的模型指标。通过调整权重观察模型性能的变化，判断调整是否对模型有积极影响。然而，有时候可能调整权重并不能产生更好的结果。如果你不断运行模型调整工作，但每次迭代都没有改善模型，那么继续运行将是浪费资源的。最好的方法是提前停止作业，以减少不必要的迭代。早停可以帮助减少 SageMaker 的训练时间，这对于减少浪费是非常重要的。

此外，你还可以选择在训练作业中使用 spot 实例，这对于能够容忍中断的训练作业非常有用，或者在使用支持检查点的算法时（关于 spot 实例的详细信息，请参考第 6 章 "优化计算"）。你可以通过在 estimator 中使用以下代码指定使用 spot 实例。

```
use_spot_instance=True.
Model=sagemaker.estimator.Estimator (
container,
role,
train_instance_count=1,
train_instance_type='ml. m4.4xlarge,
use_spot_instance=True,
max wait=120,
sagemaker_session=sess)
```

在训练作业完成之前，spot 实例可能会被终止。通过使用 max_wait 参数，你可以告诉 SageMaker 等待一定的时间（在本例中为 120 s），以便让新的 spot 实例取代被终止的实例。一旦超过 max_wait 时间，作业将被视为完成。如果使用了检查点，训练作业将从最新的检查点开始，即使 spot 实例被终止也不会影响训练的继续。

另一种降低成本的策略是定义 SageMaker 在训练期间如何处理数据的方式。默认情况下，数据是以 File 模式读取的，即在训练作业开始时将所有数据复制到实例上。另一种选择是使用 Pipe 模式，它以流的形式加载数据。需要注意的是，这些模式并没有在界面上以选项的形式出现，你需要以参数的形式指定它们。

数据读取使用 File 模式更适用于大文件（超过 10 GB），可以避免在训练作业开始时由于加载文件而导致的长时间停顿。相反地，通过使用 Pipe 模式，数据会直接从 S3 并行流向训练运行中，这样可以提供更高的输入／输出（I／O）性能，并使训练作业能够更早开始、更快结束，最终降低训练作业的成本。你可以通过配置 input_mode 参数来指定使用 Pipe 模式，如以下代码示例所示：

```
model=sagemaker.est imator.Estimator (
container,
role,
train_instance_count=1,
train_instance_type='ml. m4.4xlarge,
input_mode='Pipe ...)
```

我们研究了几种降低 Amazon SageMaker 培训成本的方法。首先，如果你可以容忍中断，可以利用 spot 实例来支付备用计算，以享受折扣而不是支付按需实例的费用。其次，考虑使用 Pipe 输入模式，以确保培训作业更快地完成。此外，利用内置功能，如 SageMaker 调试器，可以帮助你确定优化培训配置的方法。通过使用这些工具，你只需为培训和调整工作的持续时间支付资源，以确保这些作业不会超出必要的时间范围。

现在让我们继续探讨 ML 工作流程的下一个阶段：部署。

优化模型部署 ● ● ● ●

一旦你训练好模型，就可以将其部署到 SageMaker 的端点上。这些端点可以是长期持久的，用于实时在线推理。许多客户会创建使用 HTTPS 协议的安全端点，以便用户和应用程序可以请求实时推理，并获得低延迟的响应。SageMaker 会代表你管理这些端点，包括自动扩展以满足需求。然而，你需要为这些端点付费，计费单位是按小时计算，并根据你选择的实例类型进行计算。可以想象，如果你运行的端点越多，你的成本就会越高。

端点是长时间运行的资源，即使你可能没有实际使用它们，也容易忘记关闭。想象一下，你使用蓝绿部署方法部署了一个实时机器学习模型。你有两个相同的模型端点，一旦准备好，你会从蓝色环境切换到绿色环境。现在绿色环境通过你的端点处理 100%的推理请求，而蓝色环境则处于空闲状态。为了删除未使用的 SageMaker 端点，我们可以遵循删除不使用的 EBS 卷的相同原则，就像在第 7 章中讨论的优化存储时一样。如果一个 SageMaker 端点没有收到调用请求，可以使用 CloudWatch 警报来帮助通知你。例如，通过使用 Invocations 指标以 Sum 统计发送到模型端点的请求数量。如果你看到持续的零调用，则可能是删除端点的好时机。

一个 SageMaker 端点可能在后台运行多个 EC2 实例，为使用 SageMaker 托管服务进行预测提供服务。因此，你的端点越多，成本就越高。虽然 SageMaker 的储蓄计划可以帮助抵消一些成本，但尽量减少端点的数量以减少不必要的成本也是明智的选择。

如果你有类似的模型，可以考虑使用 SageMaker 多模型端点提供预测服务，以避免支付额外的端点费用。多模型端点是一种可扩展且具有成本效益的解决方案，可以部署多个模型，并最大限度地减少端点的费用。这些模型共享容器，可以承载多个模型。这不仅降低了成本，还减少了在多个端点上管理多个模型的管理需求。举个例子，假设你有一个模型用于预测美国不同地理区域的房价，由于房价因地点而异，你可能有一个模型为纽约的房屋与德克萨斯和其他地方的房屋提供不同的预测。你可以将所有这些模型放在一个端点下，并根据请求调用特定地点的模型。

多模型端点在类似模型可以独立提供服务而不需要同时访问所有模型的情况下非常有用。你可以通过在预测请求中指定目标模型名称作为参数来调用特定的模型，如图 9.5 所示。

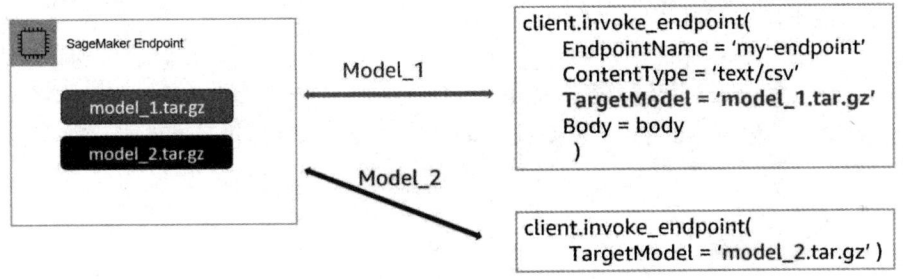

图 9.5　SageMaker 多模型端点

在这个例子中，我们可以看到一个多模型端点具有两个模型，model_1 和 model_2。SageMaker 根据 invoke_endpoint 方法中指定的 TargetModel 参数自动为你提供所需的模型。SageMaker 会将推理请求路由到端点背后的实例，并从保存模型工件的 Amazon S3 存储桶中下载相应的模型。

尽管 SageMaker 提供多种实例类型用于处理、模型训练和部署，但有时你可能无法找到完全适合的规格。GPU 实例适用于处理大型数据集的模型训练，但对于较小批量的推理请求来说可能会显得过于庞大。

通过添加弹性推理加速器（Elastic Inference Accelerator，EIA），你可以在实例上附加基于 GPU 的设备来增强性能。这样，你可以选择一个基本的 CPU 实例，并通过 EIA 动态添加

GPU，最终找到适合你推理需求的规格。这种方法可以优化基本资源（如 CPU 和 RAM），同时保持 GPU 的规模较小，但在需要时可以灵活地增加 GPU，从而降低成本。

下面的代码片段展示了在部署 SageMaker 模型时如何将 ml.eia2.medium 实例添加到 ml.m4.xlarge 实例中：

```
predictor=model.deploy(
initial_instance_count=1,
instance_type='ml. m4. xlarge',
accelerator_type='ml.eia2. medium' )
```

SageMaker 还提供 EC2 实例和计算储蓄计划等节省方案。我们在第 6 章详细解释了储蓄计划的工作原理，计算优化以及它们在 SageMaker 使用中的应用方式与 EC2 的储蓄计划机制相似。你仍需要指定一个期限长度和付款选项（无预付款、部分预付款或全额预付款）。然而，与 EC2 储蓄计划不同的是，SageMaker 的储蓄计划只有一个折扣率。

这意味着你无法在实例存储计划（如 EC2 实例存储计划）和计算存储计划之间进行选择。图 9.6 展示了如何在成本探索器中选择 SageMaker 存储计划。你只需选择一个期限（1 年或 3 年）、一小时的承诺以及一种付款选项。

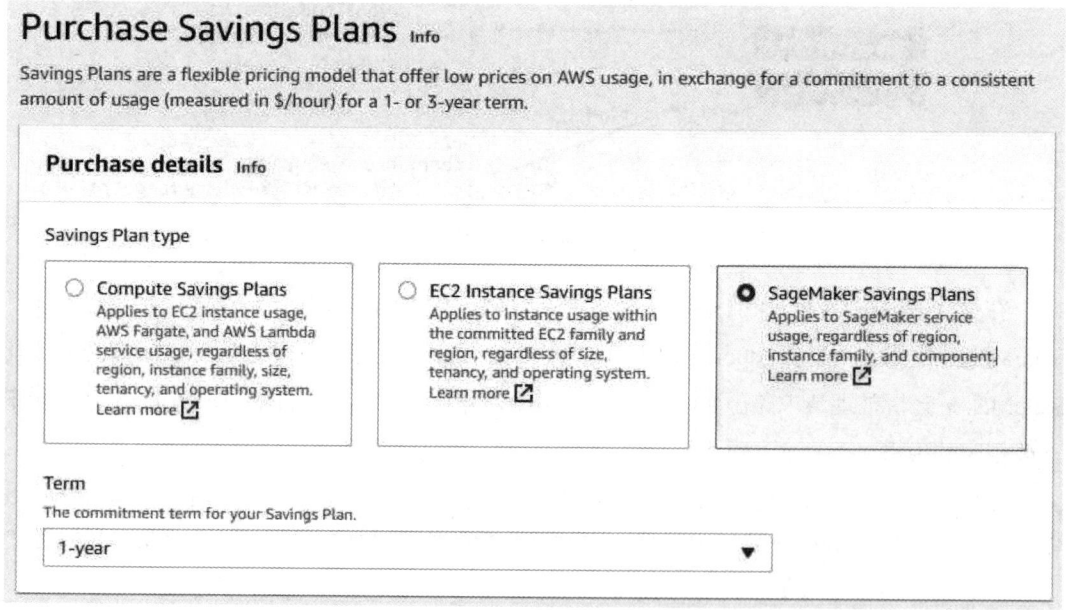

图 9.6　SageMaker 储蓄计划

SageMaker 储蓄计划适用于所有符合条件的地区和 SageMaker 组件。无论你是使用

SageMaker 进行处理、训练、托管，还是仅使用笔记本实例进行测试，储蓄计划的承诺都适用于这些组件，以帮助你的组织节省开支。与 EC2 储蓄计划类似，如果你的 SageMaker 使用量超过了储蓄计划的承诺，那么超出部分的使用量将按需收取费用。

我们还考虑了使用 Amazon SageMaker 部署 ML 模型时的优化问题。我们注意到 SageMaker 的端点健康状况，以确保我们避免不必要地支付持久性的端点费用。我们还了解到多模型端点的使用，以减少支付多个端点所产生的成本。最后，我们意识到了 SageMaker 储蓄计划的适用性，以应对我们的 ML 工作负载。

本章小结 ●●●●

这一章涵盖了超越计算、存储和网络的主题。我们看到了如何将成本优化方法应用于更高级的云原生环境，包括分析和机器学习。

我们解读了 AWS 的弹性及其对我们工作负载架构的意义。借助 AWS 提供的自动扩展工具，我们可以充分利用这种弹性。这些工具本身是免费的，你只需为扩容活动提供的资源付费，并从不必支付在扩容事件结束后终止的资源中获益。我们还了解了各种扩展策略，以及 AWS 自动扩展和 Amazon EC2 自动扩展之间的区别。

接下来，我们探索了分析领域。我们发现了一些优化成本的方法，例如数据压缩、正确设置数据结构，以及利用 Redshift 的并发扩展和工作负载管理功能。

最后，我们深入研究了一个典型机器学习工作负载的各个步骤。我们探讨了使用管理服务（如 Amazon SageMaker）来优化数据处理工作的方法。我们还研究了通过使用 Spot 实例、SageMaker 调试器和文件输入模式来优化训练和调整过程。此外，我们发现了利用多模型端点、弹性推理和 SageMaker 储蓄计划来部署模型的优化机会。

这一部分涵盖了许多主题，重点是针对云环境的战术性优化工作。在本书的最后一部分，我们学习如何将这些工作操作化，以便随着企业的发展进行大规模的优化。我们还将关注成本优化的人员方面，强调人员、流程和沟通的重要性，以确保成本优化不仅仅是一次性的活动，而是一个持续的纪律，为你的组织带来长期的结果。

进一步阅读 ●●●●

如果你想要了解更多信息，请参考以下资源：

- AWS 自动扩展，2022 年：https://aws.amazon.com/autoscaling/。

- 亚马逊 EC2 自动扩展，2022 年：https://aws.amazon.com/ec2/autoscaling/。

- 针对 Amazon EC2 自动扩展的预测性扩展，2022 年：https://docs.aws.amazon.com/autoscaling/ec2/userguide/ ec2auto-scaling-predictive-scaling.html。

- Athena 的压缩支持，2022 年：https://docs.aws.amazon.com/athena/latest/ug/compression-formats.html。

- 并发扩展的使用，2022 年：https://docs.aws.amazon.com/redshift/latest/dg/concurrency-scaling.html。

- 实施工作负载管理，2022 年：https://docs.aws.amazon.com/redshift/latest/dg/cm-c-implementing-workload-management.html。

- 在一个端点后面托管多个模型的容器，2022 年：https://docs.aws.amazon.com/ sagemaker/latest/dg/ multi-model-endpoints.html。

- 使用 Amazon CloudWatch 监控 Amazon SageMaker，2022 年：https://docs.aws.amazon.com/sagemaker/latest/dg/monitoring-cloudwatch.html#cloudwatch-metrics-endpoint-invocation。

- 数据处理，2022 年：https://sagemaker.readthedocs.io/en/stable/api/training/processing.html。

第三部分

操作化财务运营

第三部分旨在将我们在前几章中学到的知识付诸实践，并在更广泛的范围内应用。我们已经讨论了选择适当的定价模式、合理的规模、自动化扩展以及预算设定等方法。本书的最后一部分将帮助你实施这些实践，使其成为你日常运营的一部分，并取得长期的成功。

本部分包含以下章节：

- 第 10 章：数据驱动的财务运营
- 第 11 章：自主驱动的财务运营
- 第 12 章：管理职能

数据驱动的 FinOps

10

截至目前，你已经学习了各种 AWS 工具和服务，可以用于监控、计划和优化你的 AWS 资源。尽管这些工具在一定程度上可以帮助你，但仅依赖工具无法为你的组织提供可持续的 FinOps 实践。你还需要确保正确的人员和流程参与其中，以实现持久的 FinOps 效益。

在这些最后的章节中，你将学习如何在整个组织范围内广泛应用 FinOps 实践，并超越核心的 IT 功能，如计算、网络和存储。首先，我们将探讨如何集中应用这些 AWS 工具和服务。在之前的章节中，我们讨论了建立一个中央团队，也就是云计算卓越中心（CCoE）的重要性。CCoE 只是一个集中式团队的一个示例，可以在整个组织中推动 FinOps 的最佳实践。当然，CCoE 并不一定是你选择的名称，但无论如何，一个集中式团队对于促使团队采用 FinOps 并将节约成本的做法融入日常运营中非常重要。

本章将涵盖以下关键议题：

- 建立一个集中的职能部门
- 创建一个有效的衡量战略
- 确定适当的指标
- 充分利用成本和使用报告（CUR）

建立一个集中的职能部门 ●●●●

我在本书中一直强调，FinOps 不仅仅是一个团队或一条业务线的事，而是需要一个跨团队的协作努力。没有一个团队可以或应该负责管理整个大型企业的云计算支出。尽管某些团队在管理云支出方面可能比其他团队有更多的责任，而且这些责任的范围可能比其他团队有更广泛的影响，但FinOps的成功取决于每个人的参与。例如，在一个小型的初创企业环境中，无论你的企业规模和成熟度如何，接受全员参与的理念将有利于那些想要采用FinOps思维的人。

通过在你的组织内嵌入FinOps实践，你可以减少浪费，并能够实时应对事件，匹配供应和需求，同时接受云中IT支出的可变性。正是因为这个原因，你需要在集中化和分散化的职能之间取得平衡，因为过多的分散化会导致团队之间的目标竞争，而过多的集中化则会使团队无法高效运作。这就是集中式团队可以发挥作用的地方。他们可以定义有助于企业整体成功的目标，并为团队提供运作的框架。他们还可以了解所有团队的成本，并在成本似乎失去控制时引导团队朝着正确的方向发展。

现在让我们通过讨论建立集中式FinOps功能的原因，来了解集中式FinOps功能的特点。

设立集中的 FinOps 职能的原因 ●●●●

你应该考虑拥有一个中央的FinOps团队，原因如下：

首先，团队之间存在相互竞争的优先事项，这些优先事项往往与成本优化相冲突。成本优化从未成为应用程序开发人员的首要任务，并且在高增长的环境中，快速推向市场比减少开支更重要。

其次，在云计算之前，开发人员只需根据组织提供的硬件进行建设，而不需考虑成本问题。然而，随着云计算的兴起，开发人员无法完全忽略成本。由于云计算的动态性，开发人员不能再无视成本，而是需要在新的成本界限内运作，这时一个中央的FinOps团队就能提供指导和建议。

此外，在不断变化的市场中，开发人员被要求迅速生产。为了保持竞争力，公司利用云计算的按需配置IT资源，以便专注于业务领域的差异化。在这种情况下，开发人员主要关注敏捷部署和快速发布，成本并不是他们最关注的问题。

管理成本本身就是一项全职工作，而不仅仅是一次性的活动。许多公司将资源用于改善业务流程并降低成本，而云FinOps也需要专门的资源来持续监测、分析和识别云支出，并寻找降低成本的方法。

因此，拥有一个中央的FinOps团队能够帮助你更好地管理成本并优化资源配置，以提高整体运营效率和业务竞争力。

在你的组织选择利用多个公共云供应商的情况下，拥有一个集中的 FinOps 团队将对你的组织更有益，因为他们能够理解多云环境的成本影响，了解不同公共云供应商的定价机制，并为你提供更宽广的支持。应用程序开发人员和架构师通常不适合与多个云供应商进行私人定价协商，这是集中的 FinOps 团队可以负责的任务。他们具备领域知识和丰富的财务专业知识，能够了解与云供应商的长期协议对整个组织的财务影响。我们将在第 12 章 "协同推动财务运营" 中详细介绍这个主题。

技术的迭代速度非常快，拥有一个负责变革管理的团队有助于你的组织适应这种变化。AWS 不断推出新的服务和现有服务的新功能，通常伴随着价格调整。一个集中的团队不仅需要了解这些技术变化，还需要了解这些变化对企业定价的影响。技术团队可能对公共云供应商提供的新服务非常熟悉，因为新一代的资源通常具有更好的价格性能比。然而，技术团队可能没有足够的时间和资源来进行成本分析，以确定是否应该采用新一代的服务。拥有一个运营和分析这些数据的团队对于了解技术变化对业务的整体影响非常有价值。

技术正在不断变化，并将继续如此。这意味着组织不得不将其对 IT 的思考方式从采购转变为按需供应，并且随着行业和技术的变化，他们可能不得不继续调整他们的思考方式。变革管理通常是公司头痛的问题，因为它对个人来说是具有挑战性的。通过拥有一个集中的团队来制定变革管理战略并执行计划，可以帮助组织在新环境出现时进行调整。

现在我们已经讨论了拥有集中式 FinOps 团队的原因，让我们来确定组成集中式 FinOps 功能的正确角色。

集中式 FinOps 功能的角色定位 ●●●●

一个成功的 FinOps 实践依赖于一个跨职能的团队。这样做可以鼓励团队之间的合作，否则他们几乎没有理由参与其中。因为团队有不同的优先事项，所以找到一个共同点是非常重要的。归根结底，各团队都追求着相同的目标，也就是说他们都在追求业务增长。他们只是试图以自己的方式来实现这个目标。因此，一个集中的、跨职能的 FinOps 团队希望能够授权各团队以不干扰其他团队工作的方式有效地实现这一目标。

大多数组织已经有了开始建立一个集中的 FinOps 团队所需的人员。这些人员涵盖了企业内部业务、技术和财务领域。你可以始终从你已经拥有的人才出发，然后随着规模的扩大填补必要的缺口。

高管。高管们提供中央财务运营团队成功所需的高层支持和能见度。如果没有高管的支持，基层的努力虽然令人钦佩，却是不可持续的。业务战略往往会因为各种原因而发生变化，但这些变化通常来自执行层面。然而，如果有一位高管，例如首席财务官、首席技术官、首席信息官或基础设施副总裁，来推动云计算成本问责制，并确保 FinOps 目标与更广泛的业务相一致，那么就能够增强 FinOps 团队的运作。

高管们还可以提供客观的业务指标，为 FinOps 实践提供可衡量的目标。这些关键绩效指标（KPIs）可以是一些具体目标，例如减少 10% 的云支出，但保持相同的每日活跃用户数（DAU），或增加保留实例（RI）和储蓄计划（SP）的覆盖范围，同时保持应用程序的相同可用性水平。这些指标都可以归结为更广泛的业务目标。如果有了高管的支持来确定这些目标并跟踪进展，将验证 FinOps 的实践，并展示 FinOps 对组织的价值。

工程方面的领导。大多数 AWS 的使用源自工程和运营团队，因为这些团队在 AWS 上构建产品和服务。团队成员可以包括软件开发工程师、DevOps 工程师、云架构师、平台工程师，甚至机器学习（ML）工程师。

成本是这些团队建立解决方案时需要考虑的许多指标之一。在许多情况下，成本指标和其他指标（如高可用性和性能）之间存在冲突。例如，如果要建立一个高可用性的系统，需要确保系统具有冗余，这意味着更高的成本。因此，从工程的角度来看，跨职能团队可以考虑其他保证业务连续性的因素。

技术方面的团队成员也具备建立自动化和操作 FinOps 任务所需的技术技能。例如，他们可能会建立数据管道工作流程，用于收集成本和使用数据，并将其汇总到一个地方。此外，他们还需要实施恰当的安全措施，以确保人们具有正确的数据访问级别，能够查看和下载报告。

产品拥有者。产品拥有者是组织内希望将工程师所构建的产品推向市场的人员。他们的职责包括分析业务趋势、历史产品数据，并衡量已推出产品的性能。这些人员包括产品经理、业务分析师和业务运营经理。

产品拥有者带来了独特的视角，可以帮助制定业务关键绩效指标（KPIs）。工程领导可能会从基础设施的角度引入运营指标，例如每单位基础设施成本的收入或每次部署所使用的 AWS 服务的成本，而产品拥有者提供单位成本指标。这些视角向企业展示了产品根据云计算支出的数量或随着时间推移毛利率的下降而产生的收入。由于产品拥有者通常比工程团队更加了解更广泛的市场趋势，因此在跨职能团队中拥有这两种视角是非常有价值的。

FinOps 从业人员。FinOps 从业者的主要目标是在整个组织推动和教育 FinOps 最佳实践。

他们对云经济学有深入的了解，包括不同的定价模式，不论是哪个云供应商。他们能够阅读和解读云计算账单，其中可能包含大量的云计算专有术语，并将其转化为企业可以理解的语言。他们还能够解释和分析账单，找到改进的地方，例如减少浪费。

FinOps 从业者了解业务产品的业务和技术要求，并应用适合的定价模型和成本优化策略来满足这些要求。例如，他们了解并传达服务器合理化的成本影响。他们不是盲目地遵循 Cost Explorer 中的合理化建议，而是解释这些建议，并与工程团队合作，看看调整某些实例规模是否与业务意义相符。此外，FinOps 从业者还充当企业内部的成本优化倡导者，推动运营和文化变革，帮助团队在云计算中采用 FinOps 思维。

FinOps 从业人员通常与业务分析师在某些方面有重叠。业务分析师了解如何使用商业生产力工具，例如 Microsoft Excel 以及运行简单结构化查询语言（SQL）的能力来处理和操作数据。这些技能无论是在使用 AWS 原生工具还是在使用由技术角色构建的工具时，对于分析成本和使用数据以实现自助式的成本和使用数据发现非常有帮助。

财务人员。 财务人员在管理 IT 预算、预测、会计和采购方面拥有丰富的经验。然而，他们的职责不仅仅局限于 IT 领域。财务人员必须管理整个企业范围的支出，因此对成本和使用有更广泛的视角。这包括 AWS 支出的内部和外部事项。

他们具有在为企业规划 IT 开支方面多年的经验，并熟悉传统的 IT 会计惯例。他们知道如何核算成本和使用情况，并将其分配给业务指标。他们了解历史计费和预测，因此是 FinOps 从业者的重要合作伙伴。根据企业规模的不同，可能需要在一个集中的跨职能团队中包括其他角色，例如来自采购部门的人员或 IT 财务经理。

一般而言，我们可以将 FinOps 团队的角色分为四个主要类别：执行发起人、技术人员、业务人员和财务人员。通过考虑这些角色，让我们仔细研究一下集中化团队将具备的关键职能，这些职能将成为组织中所有 FinOps 工作的基础，并帮助创建一个有效的衡量标准策略。

创建一个有效的衡量标准战略 ●●●●

在本书的第二部分中，我们讨论了许多优化主题，包括计算、存储、网络等。然而我们面临的问题是，我们是否真正实现了节省？如果没有量化的证据，你将无法验证这个问题的答案。这就是度量衡战略的作用所在。指标战略不仅定义了组织用于衡量 FinOps 成功的指标，还定义了如何使用这些指标，这些指标来自哪里，以及谁负责这些指标。换句话说，它还涉及指标治理。

FinOps 的指标战略旨在帮助你的组织回答以下问题：

- 我们如何知道我们在 AWS 成本和使用方面节省了多少？
- 我们应该使用什么指标或 KPI？
- 我们如何判断我们的 FinOps 实践是否有效？
- 我们应该跟踪多少个 KPIs？

公司常常难以评估 FinOps 措施对资产负债表和利润表等财务报表的影响，因为传统的 IT 资源会计方法已不适用。云计算的灵活性创造了一个动态的支出环境，如果团队和业务部门之间缺乏强有力的沟通渠道，很难对其进行准确核算。此外，如果你的组织正处于扩张阶段，要确定你是否在优化 AWS 的使用将更具挑战性。

在应对这些挑战时，拥有明确的度量衡治理策略至关重要。在接下来的部分中，我们将定义度量衡战略治理的含义，并探讨其在实践中的具体应用。

什么是度量衡战略治理？　●●●●●

在我们探讨度量衡战略治理含义之前，让我们先看看企业若没有这样做时，其在指标战略治理方面可能面临的问题。

不存在的度量衡战略

杰里米了解到亚历山大在首席财务官办公室工作时必须筛选各种报告。亚历山大在管理账户上对 AWS 成本资源管理器有一个只读的视图。此外，他还可以使用第三方工具来汇总所有企业的 AWS 账户中的成本和使用数据，为成本和使用报告提供一个统一的仪表板。亚历山大使用几个预先建立的视图来查看按账户、团队和关键业务应用名称划分的成本和使用活动。

亚历山大向杰里米展示了这些报告，并分享了他在查看和向首席财务官报告 AWS 支出时主要使用的五份报告。当杰里米在用户界面上仔细观察时，他注意到有多个文件夹以及这些文件夹中的许多视图，这些视图是由不同的用户创建的。这些报告有着类似但不同的命名规则，例如每收入支出比率、每收入总支出、预测差异：每月、承诺率和其他视图，它们的清晰度各不相同；一些报告具有直观的含义，而另一些则让人感到费解。

> 杰里米问亚历山大，他是如何确定使用哪份报告的，因为许多报告的名称相似，但数值略有不同。亚历山大解释说，他使用经过财务团队审核的报告，并且这些报告都有一个明确的所有者，以便他在有问题时可以联系该所有者。
>
> 杰里米意识到，要使企业能够成功地利用成本和使用数据，就必须对团队报告这些数据的方式进行有效的管理。

如果没有治理，组织中的任何人在生产中创建报告并随意定义指标的风险就会存在。随着这些情况的发生，组织将陷入报告和指标的泥潭，这些报告和指标将无法提供有意义的价值。这使得理解真相的来源变得更加困难。

因此，度量衡战略治理是一个组织范围的政策，它定义了应使用哪些度量衡，如何定义这些度量衡，并确定谁负责这些度量衡。这最终将使指标为组织带来商业价值。简而言之，如果某个指标无法产生任何商业价值，很可能是不必要的。

如果想确定度量衡战略是否治理不善，可以问自己以下问题：

- 谁创建了这个指标？
- 这个指标的真实来源是什么？
- 你是如何定义这个指标的？
- 这个指标的目标是什么？
- 我们如何衡量与这个指标相关的成功度？

记录每个指标的答案可以确保这些指标在你的业务中确实具有用处。记录还可以帮助你在业务需求发生变化时跟踪变化，进而可以观察到你的度量标准随时间的演变。你将能够跟踪指标的不同版本，了解它们何时发生变化，由谁改变以及变更的原因。文档提供了关于成本和使用数据的元数据，这对于任何希望成为数据驱动型组织的公司来说都是至关重要的。如果企业正试图通过为他们的运营、销售和营销数据建立一个健全的数据治理策略来从数据中获取洞察力，那么同样的力度可以应用在成本和使用数据上，以获得相同的洞察力。

举个例子，我们可以采用一个通用但有用的指标，如 IT 支出／收入。通过在分母中加入收入，该指标可以解释为什么支出在组织中占据长期增长的比例。为了应用治理，我们需要明确谁创建了该指标以及他们如何定义支出。它可能是会计系统中所定义的成本的子集，或者使用其他方法。

这有助于确定输入数据的真实来源，可以帮助组织内的任何成员重新创建该指标。这也有助于与其他部门建立一致性，因为他们可能会使用不同的数字或目的来创建指标。如果每个团队都记录了他们创建指标的方式和目的，那么在解释和应用这些指标时就可以避免混淆。团队可以为不同的受众使用不同的度量。实施管理可以确保企业正确使用指标以实现预期目标。

企业对将数据治理应用于其企业数据非常热衷。数据治理有助于建立对数据的共同理解，提高数据质量，为使用数据制定明确的流程，并确保数据的合法使用等。你可以将相同的纪律应用于成本和使用数据，以建立一个数据驱动的 FinOps 实践。

目前存在许多数据治理框架，但它们对于不同类型的数据的适用方式各不相同。在下一部分中，我将为你的成本和使用数据提供一个数据治理框架，帮助你制定适合组织的成本和使用指标。

应用计量治理框架 ●●●●

企业在应用度量衡治理时会有自己的方式。许多因素会影响企业的做法，包括企业规模、沟通方式、团队组织和对云计算的成熟度。然而，我们可以通过一个框架来总结度量衡治理的应用方式。那些在度量衡治理方面取得成功的公司通常在以下框架范围内运作，该框架包括审批程序、标准化机制、监测和报告程序以及中央治理团队。让我们逐个看看每个组成部分：

1. 常见的做法是从审批程序开始，该程序需要审查并核准所有指标，以确保它们明确且与业务功能相关。在此情况下，业务功能旨在通过消除不必要的支出或有效利用所需资源来优化云资源的使用。

如果没有既定的批准程序，你将面临指标泛滥的风险。当团队可以创建、分享和报告他们自己的指标时，你的企业最终会出现重复的指标、拼写不同但含义相同的指标以及其他数据质量问题。

审批程序确保你拥有良好的指标管理。你不希望发生这样的情况：你失去对 AWS 环境中拥有的资源的控制，并失去对你试图通过使用来管理这些资源的指标的控制。一个中央的 FinOps 实践可以定义业务将使用的指标，并管理围绕这些指标的元数据。

2. 接下来，企业应该设立一个机制来控制和确定哪些指标可以和应该进行标准化。我注意到一些客户采取的做法是创建一个分层的指标等级系统。一级指标应该被标准化并在生产过程中使用。这些指标是团队在执行报告中提出的，并在所有团队之间共享。二级指标是针对特定团队而共享的，因为它们只适用于特定的环境。举个简单的例子，活跃的权责建议数量。相比之下，对于技术和 FinOps 团队来说，执行团队更加关注此指标。对于高级管理人员而言，一个更有用的指标是由于权责化而实际节省的金额。三级指标是尚未在生产过程中使用的指标，因为它们需要进一步完善，或者在某个时间点没有提供业务价值。

通过对指标在不同层级间的流动方式进行标准化，以及决定何时将其推广到生产过程中，有助于保持指标的健康性。通过良好的指标健康性，你可以在报告中使用最有意义的指标，并与适当的利益相关者共享。如果没有这样的机制，团队可能会创建重复的报告，修改现有的报告，并且可能不会清除不需要的报告。这会增加不必要的报告冗余，而这种冗余困扰许多组织，以至于大多数人最终会因为大量噪声而忽略这些报告。

3．最后，企业应该定义一个监测和报告的节奏。这可以确保定期审查报告和指标的使用情况。如果没有审查，某些指标和报告会随着时间的推移变得陈旧和毫无意义。随着业务需求的变化，定义需求成功与否所需的指标也会发生变化，以应对这些变化。这也有助于团队确定哪些指标应该退役或推广到生产中。

这些努力有助于企业定义、管理和批准用于指导其 FinOps 实践的指标。如果没有明确的过程，成本和使用指标就没有意义，也无法为团队提供他们需要的数据来采取行动。定义和推广一个指标治理框架，并让所有团队在业务中遵循，是集中的 FinOps 团队的职责。中央 FinOps 团队中的成员将拥有业务、技术和财务方面的专业知识，以成功完成这项工作。假设该团队是多元化的，并由上一节中列出的不同角色组成。

让我们仔细看看在组织中应用指标战略时，每个角色可能承担的责任。

度量衡战略人物职责 ●●●●

在度量衡战略上操作的三个角色是财务、技术和 FinOps 角色，如图 10.1 所示。

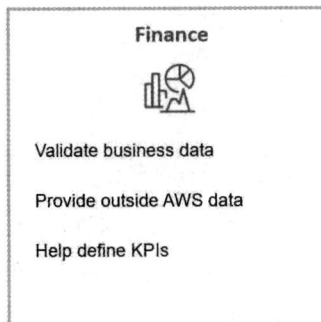
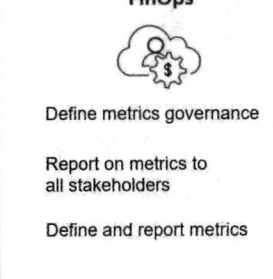

图 10.1　衡量战略的 FinOps 角色

让我们更详细地了解一下这些角色：

- 财务人员在验证关键绩效指标（KPIs）方面至关重要，因为这些指标不仅与 AWS 的支出相关，而且企业可能会投资于除了 AWS 之外的其他项目，如研发、营销和员工发展等领域。财务人员拥有定义非 IT 领域 KPis 的经验，他们为集中团队带来了宝贵的经验和洞察力，以确保云支出的 KPis 对你的业务产生价值。

- 金融角色带来了广度，而技术角色则带来了 IT 领域的深度。具体来说，技术角色验证并提供 AWS 的云使用数据。财务人员无法像技术人员那样解释 AWS 账单上的计费项目，因为他们的日常工作更注重 AWS 的使用情况。技术角色可以在 FinOps 领域的背景下定义指标。

- 前面提到的这两个角色将向 FinOps 角色提供他们的意见。FinOps 角色将领导定义仪表盘、路线图或报告框架的过程，并提供所需的衡量标准。FinOps 角色最终负责及时向所有利益相关者提供这些指标。

所有这三个角色都参与指标的批准过程。每个人都凭借自己的领域知识来决定哪些指标是有意义的，并为相关的利益相关者带来价值。一旦这些指标得到批准，他们就可以朝着规范化组织如何生成指标的方向发展，还需要确定指标的所有者和创建指标的过程。然后，根据利益相关者的需求，他们决定监测和报告的节奏，以及指标报告何时和如何发送给读者。

他们拥有这些指标的管理权。他们可能不拥有所有的指标，但作为守门人，他们负责定义如何使用指标，如何在整个企业中共享或展示，以及谁拥有这些指标。

通过这些治理实践，我们可以为你的企业创建健全的云计算指标。

界定正确的衡量标准 ●●●●

创建对你的组织有意义的云计算指标，并不意味着这些指标也适用于其他组织。就像度量衡治理框架一样，度量衡本身对每个组织都有背景和特定的范围。因此，我建议提供一个框架，而不是具体的度量标准，你可以使用该框架为你的企业定义度量标准。通过这个框架，你可以提出以下五个问题，没有特定的顺序，以验证一个指标的存在和使用。这些问题可以被看作一种试金石测试。

衡量标准发展的五个考虑因素 ●●●●

第一个问题是，这个指标是否具有实质性。换句话说，使用和报告这个指标是否会导致实际行动？这个问题从根本上证明了这个指标在带来商业价值方面的重要性。你需要确保这个指标能够推动组织的变革。

许多机构使用的常见指标是总体支出与收入的比率。这个指标衡量了云计算总支出与总应用收入的比率。

从表面上看，这个指标可能并没有提供太多关键信息，或者说它可能只是提供了一个太普通的观点。但是，请记住，我们假设在建立这个指标之前已经建立了强大的度量衡治理。在这种假设下，我们已经建立了良好的治理，可以确定这个指标的输入是真实的。通过这样做，人们可以信任这个度量标准，并将其作为一种共同的语言。这个指标的普适性也意味着它会考虑到企业的所有云计算支出，并随着时间推移而调整增长。

第二个要考虑的问题是，这个指标是否具有动态性。如果你使用一个静态指标来报告云的动态使用情况，可能会存在相当大的不匹配。虽然有些情况可以证明使用静态指标是合理的，比如 RI 或 SP，但是大部分云使用都是动态的。事实上，静态使用量指标是对云资源更广泛的动态计算使用量的具体组成部分。一般而言，动态使用量比静态使用量提供了更多的信息。

一个永远不改变的指标无法为你的组织提供任何有用的信息。正确处理指标的方法是增加其动态性，使其更加有用。例如，一个常见的例子是无标签支出率指标，它表示没有与成本分配标签相关的 AWS 支出的百分比。这个指标只有在你的组织具备强大的标签治理策略时才有意义。未标记支出率与高使用量的尖峰期相对应，可以提供大量信息。如果这种模式在季节性上重复出现，那么你就有足够的数据来证明需要对服务水平进行改变。

一个有用的标准来衡量你的指标是否具有活力是，如果你的组织中的人们经过这个指标时直接忽略它存在。这就像每天走过一个提醒地板很滑的警告牌。大多数时候，地板上并没有水，但是有人只是忘了移开警告牌。如果你习惯了看到这个牌子就认为没有水，那么它就失去了价值。同样地，如果一个指标只是存在而被忽视，那么它也失去了价值，应该被抛弃。你需要的是能够吸引读者注意力的指标，因为它对他们和企业都有意义。

第三个要考虑的问题是，该指标是否容易理解。这限定了指标的明确性。换句话说，如果指标令人困惑或无法理解，它就无法为你的组织带来任何价值，并可能导致更多的困惑。

思考指标的一个方法是看看它是否可以用小学水平的数学进行复制和计算。如果不能，尝试用更简单的方式传达信息和预期含义。有时，预期含义可能超出了简单的术语描述，但是相关描述应该能够阐明其含义。

让我们以工作负载支出与交易的比率为例。该指标本身可能令人困惑，但是你可以在元数据中对其进行描述，将其定义为特定工作负载的云支出与确定的需求驱动因素，如同期交易或 API 调用数量的比率。这个指标可能涉及某个特定的技术话题，但它并不太复杂，你可以在 30 s 内解释清楚。

第四个问题有助于确定指标本身是否具有可操作性。一个仅令人感兴趣但无法带来成本优化工作的指标是没有价值的，而能够引导组织变革的指标更具价值。如果你发现某个指标无法定义一个具体的行动，那么你应该质疑其用途。一个例子可以是计算权利化建议的指标。如果来自优化建议的指标显示每月通过优化资源或终止闲置资源所节省的费用，那么它提供了团队可以采取的具体行动来实现这些节省。并非所有指标都是如此直接的，有些指标可能会引导到 2～3 个额外的指标，然后才能有一个行动计划，但所有的指标都应该引导到一个可操作的洞察，指导团队进行优化。

第五个要问的问题是，如果要删除这个指标，会有人想念它吗？这限定了指标的稀缺性。这种质量可以帮助你减少有用指标的数量并避免在指标中淹没你的组织。我们要避免的模式是让组织被过多的指标噪声所淹没，使人们对指标失去兴趣和信任。

衡量指标数量的一个准则是与你的团队或组织中的人数成反比。例如，对于一个少于 5 人的小团队或组织，你最多应该保留 20 个指标。这是为那些每天与指标打交道的人准备的。这也是为了防止度量衡的泛滥，但只作为一个指导。相反地，对于一个包含 30 人以上的团队或组织，你应该将指标限制在 5 个左右。特别是在会议室展示指标时，提出五个较为重要的指标会比提出 20 个指标更有利于集中讨论。主要的想法是应用适当的指标治理，以确保你的企业保持指标的整洁，例如对 AWS 资源的适当使用规范。

让我们仔细看一下样本指标，这可以作为起点使用。

云指标实例 ●●●●

以下是成功帮助客户控制其在 AWS 上的云计算支出的云计算指标样本列表。我提供了这些指标的定义和解释，以启发你采用或调整它们，以适应你的业务需求。

- 账单趋势率：这是一个用于显示 AWS 支出随时间变化趋势的指标，也能帮助你识别意外行为。你可以使用 AWS 成本资源管理器来查看特定时间段的 AWS 云服务支出总额。你可以使用它来查看每天、每周、每月和每年的支出情况，或者任意时期内的支出情况。

- 无标签支出率：指没有相应成本分配标签的 AWS 支出占比。这有助于确保每一美元在 AWS 上的花费与商业目的保持一致。你的目标应该是最大化具有成本分配标签的资源数量。设定一个业务目标，如将无标签支出率控制在 1% 以下，可以确保将浪费降到最低。你可以使用 AWS 标签编辑器和 AWS 成本资源管理器来分别应用和查看资源的标签信息。类似的指标还可以是未标记的资源数量，即没有设置成本分配标签的 AWS 资源计数。

- 未分配的支出率：该指标显示了未对业务部门、产品线、所有者或任何其他所需标签键进行分配的 AWS 总支出占比。这为你提供了集体责任感，并管理你的 AWS 支出的反馈 / 充电机制。这也促使团队保持良好的组织架构，因为你可以将此系统视为游戏化，展示拥有最高标记率的团队排行榜。当整个组织都有这种可视性时，团队将受到激励，争取在排行榜上名列前茅。

- 计算权利化的机会：该指标显示对未充分利用的资源进行合理调整和终止闲置资源所带来的每月估计节省。该指标确保团队只使用所需的资源。AWS 通过 AWS 成本资源管理器提供即用建议，因此只需要很少的开销即可开始。你可以确保团队在月度审查中遵循权利化建议，并由技术团队进行评估。一个专门的 FinOps 职能部门将领导协调这些会议并促进讨论。

- 承诺的利用率和覆盖率：这些指标表示每个活跃区域内的综合和 SP（储留实例）承诺的利用率百分比。另外，承诺率显示了符合条件的按需支出中未被有效 RI/SP 承诺覆盖的百分比。一方面，你希望最大化利用率，因为低于 100% 的利用率意味着你没有充分利用已经支付的资源。AWS 成本资源管理器的利用率报告可以帮助你跟踪这个指标。另一方面，100% 的覆盖率可能并不理想，因为你不希望所有计算实例都使用 SP 率，特别是对于具有尖峰或不可预测工作负载的情况。正如第 6 章 "优化计算" 中所概述的那样，将覆盖率保持在 60%～80% 是合理的。然后，对于尖峰和容错工作负载，可以使用现货实例以最大程度地节省成本，同时确保你的企业内稳定工作负载使用 RI/SP。

- 非生产性支出：该指标显示非生产性的 AWS 资源（如亚马逊 EC2 和 RDS）与适用的 24/7 总支出比例。换句话说，非关键性的 AWS 资源，例如测试、临时存储和开发环境中的资源，可以且应该在办公时间内运行。

- 现代化的关键：这是一种标记策略，根据资源的活跃代数进行标记。AWS 经常推出新一代的实例。例如，m1.xlarge 是第一代实例，而 m5.xlarge 是第五代实例。新一代实例往往具有更低的成本和更好的性能。因此，在其他条件相同的情况下，简单地将资源升级到较新的一代可以帮助你实现成本节约。通过为资源打上标记，以帮助确定所使用的是哪一代，你可以与 AWS 提供的最新一代产品进行比较。了解 AWS 最新一代产品的公告是至关重要的，其中可以由中央的 FinOps 职能部门来领导和传达。

- 预测差异：该指标衡量实际值与预测值之间的变化百分比，可应用于你所需的时间范围（每月、每天等）。预测有助于设定整个团队的正确预期。像预测差异这样的指标可以帮助避免账单冲击，或在实际成本超过预算时出现不必要的情况。

- 账单冲击频率：如果你的 AWS 成本和使用情况相对稳定，你可能希望计算实际情况超过设定阈值的频率。你应该对你的 AWS 支出保持控制，最好是避免任何意外情况。你可以将此频率设定为一个指标，并根据观察到的行为进行重新校准。你可以利用 AWS 成本异常检测来帮助报告这些情况。

- 总体支出与收入的比率：该指标显示你在云端的增长是否与组织的利润相关。这是一个很好的起点指标，但只应该是暂时的。该指标容易受外部因素的影响，例如免费层的提供、营销活动和概念验证的使用。因此，你应该将其作为一个初步估计，并提供一个计算的背景，以观察成本和收入之间的关系。

- 工作量支出与交易的比率：这是总体支出与收入比率的精练版本。它需要找到一个与特定工作负载的云支出密切相关的适当的需求驱动因素。例如，如果你从事酒店业务，这可能是工作负载支出与酒店预订比率；如果你在广告技术领域，这可能是工作负载支出与广告点击率的比率。增加特殊性可以确保你有最佳的需求驱动因素，使其适应你的业务的独特性。

这些是示例指标，旨在激发你对于在你的企业中可能有用的指标的思考。请务必不仅仅依赖于这些指标。没有与业务目标对齐的度量标准只是有趣的信息碎片而已。你应该将这些指标与特定的目标结合起来。举例来说，你可能有一个非生产支出的指标，显示有 50% 的使用量发生在周末。基于这个指标，FinOps 团队可以与工程团队合作，为非生产性使用设定一个现实的目标和期望。通过合作，他们可能会发现 5% 以下是可行且可实现的目标。有了这个目标，团队就可以朝着实现 5% 的非生产性使用率的方向努力。

在确定集中式 FinOps 职能部门的角色方面，我们已经涵盖了很多内容，以及他们在创建、治理和管理为组织带来价值和洞察力的云支出指标方面的责任。由于他们的范围，集中的职能部门更有能力在组织范围内而不是在单个团队中做到这一点。

因此，一旦我们定义了我们的指标，问题就变成了：我们如何跟踪这些指标？我们如何对这些指标进行可视化和报告，以推动成本优化的变化？在 AWS 中做到这一点的最好方法是使用 AWS CUR。我们将在下一节中对此进行仔细研究。

建立充分利用 CUR ●●●●

在第 3 章"管理库存"中，我们研究了如何使用 AWS 成本资源管理器来快速、轻松地跟踪和监控 AWS 成本和使用数据。当从付款人账户访问 AWS 成本资源管理器时，你可以看到你的 AWS 成本和使用情况，以及在你的组织中的所有 AWS 账户。通过使用 AWS 成本资源管理器很容易开始了解你的成本和使用数据，因为它是免费的，只需点击一个按钮即可激活。

然而，成本资源管理器也有一些局限性：

第一，它只提供过去 12 个月的数据。在 12 个月的回溯期之后，你将无法访问你的 AWS 资源的成本和使用数据。

第二，你能够查看数据的粒度是有限制的。例如，Cost Explorer 的用户界面只提供单一维度的汇总和分组视图，你无法在一个视图中同时按 AWS 账户 ID 和服务类型进行分组。

它可能不包含你需要的所有信息，以满足某些分析要求，如看到 AWS 以什么小时费率收取你的使用费，或消耗的资源的库存单位（SKU）。

第三，Cost Explorer 的用户界面并没有提供你所需要的灵活性来跟踪你定义的指标。它可以在你激活标签后显示你定义的标签，但你将无法使用自定义指标。因此，更好的方法是使用 AWS CUR。

AWS CUR 是一个替代的数据集，提供了你的 AWS 支出数据的可见性。与 Cost Explorer 相比，CUR 对你的成本和使用情况提供了更全面的视角。当你创建一个 CUR 报告时，你可以选择指定 AWS 发送你的成本和使用数据到 Amazon S3 桶。图 10.2 显示了一个设置，我指定了 S3 桶和报告路径前缀，以每小时的时间为粒度，并与亚马逊 Athena 服务进行数据整合。AWS 会自动将数据压缩成 Parquet 格式。

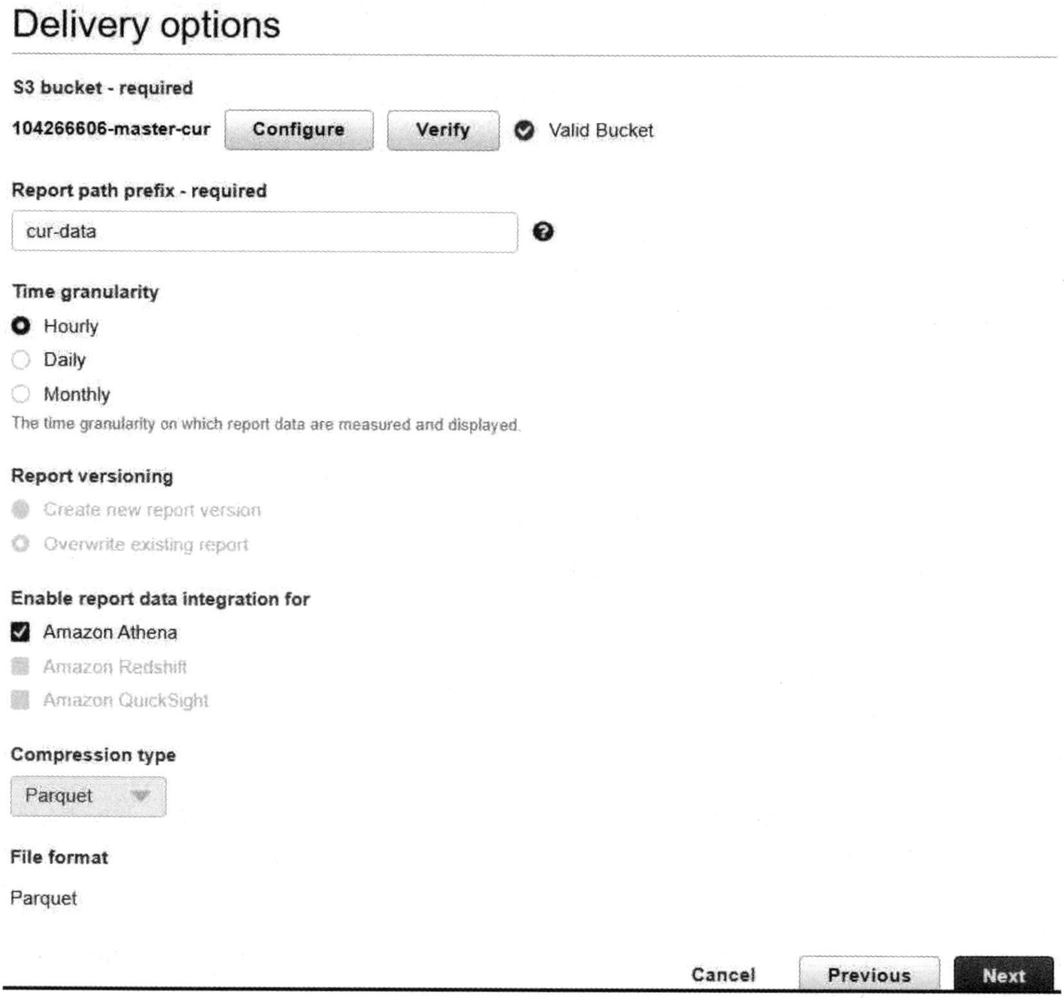

Delivery options

S3 bucket - required

104266606-master-cur [Configure] [Verify] ✓ Valid Bucket

Report path prefix - required

[cur-data] ❓

Time granularity

- ⦿ Hourly
- ○ Daily
- ○ Monthly

The time granularity on which report data are measured and displayed.

Report versioning

- ◉ Create new report version
- ○ Overwrite existing report

Enable report data integration for

- ☑ Amazon Athena
- ☐ Amazon Redshift
- ☐ Amazon QuickSight

Compression type

[Parquet ▾]

File format

Parquet

[Cancel] [Previous] [Next]

图 10.2　设置 AWS CUR

一旦你配置了 CUR，AWS 可能需要 24 h 才能将第一份报告送到你的 S3 桶。AWS 将每天至少提供一次数据。因此，虽然 CUR 不提供实时数据，但它至少会提供你的成本和使用情况的每小时时间点报告。每当你的 CUR 数据在你的 S3 桶中可用时，你在如何查询、可视化和分享这些数据以满足你的业务需求方面有很大的灵活性。图 10.3 显示了你如何使用 S3 Select 直接查询 CUR 数据。

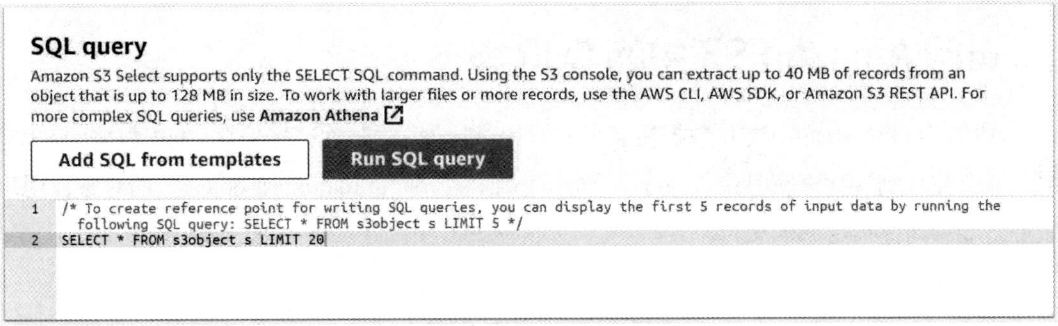

SQL query

Amazon S3 Select supports only the SELECT SQL command. Using the S3 console, you can extract up to 40 MB of records from an object that is up to 128 MB in size. To work with larger files or more records, use the AWS CLI, AWS SDK, or Amazon S3 REST API. For more complex SQL queries, use **Amazon Athena** [↗]

| Add SQL from templates | Run SQL query |

```
1  /* To create reference point for writing SQL queries, you can display the first 5 records of input data by running the
     following SQL query: SELECT * FROM s3object s LIMIT 5 */
2  SELECT * FROM s3object s LIMIT 20
```

图 10.3　用 S3 Select 查询 CUR

图 10.4 展示了查询结果，直接位于你输入查询命令的下方。S3 Select 为你在 Amazon S3 中的数据提供了一种简单的查询方法，无须将数据转移至另一个存储。该查询仅返回样本账户 CUR 中的前 20 行项目，结果展示了各种储蓄计划月费的计算储蓄计划类型。如果你在自己的 CUR 上运行此查询，结果可能会有所不同，因为每个 AWS 账户都有独特的使用模式。你可以在图 10.4 中查看查询结果。

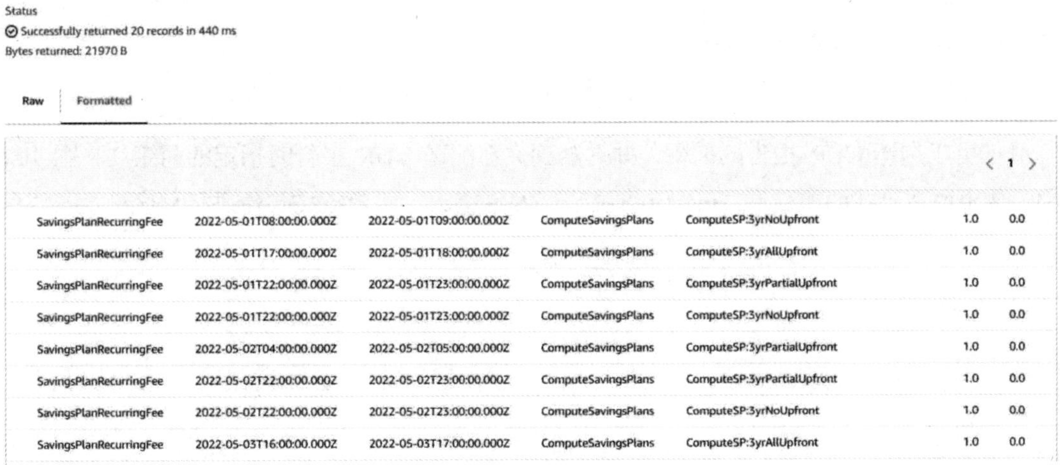

Status
⊘ Successfully returned 20 records in 440 ms
Bytes returned: 21970 B

Raw　Formatted

< 1 >

SavingsPlanRecurringFee	2022-05-01T08:00:00.000Z	2022-05-01T09:00:00.000Z	ComputeSavingsPlans	ComputeSP:3yrNoUpfront	1.0	0.0
SavingsPlanRecurringFee	2022-05-01T17:00:00.000Z	2022-05-01T18:00:00.000Z	ComputeSavingsPlans	ComputeSP:3yrAllUpfront	1.0	0.0
SavingsPlanRecurringFee	2022-05-01T22:00:00.000Z	2022-05-01T23:00:00.000Z	ComputeSavingsPlans	ComputeSP:3yrPartialUpfront	1.0	0.0
SavingsPlanRecurringFee	2022-05-01T22:00:00.000Z	2022-05-01T23:00:00.000Z	ComputeSavingsPlans	ComputeSP:3yrNoUpfront	1.0	0.0
SavingsPlanRecurringFee	2022-05-02T04:00:00.000Z	2022-05-02T05:00:00.000Z	ComputeSavingsPlans	ComputeSP:3yrPartialUpfront	1.0	0.0
SavingsPlanRecurringFee	2022-05-02T22:00:00.000Z	2022-05-02T23:00:00.000Z	ComputeSavingsPlans	ComputeSP:3yrPartialUpfront	1.0	0.0
SavingsPlanRecurringFee	2022-05-02T22:00:00.000Z	2022-05-02T23:00:00.000Z	ComputeSavingsPlans	ComputeSP:3yrNoUpfront	1.0	0.0
SavingsPlanRecurringFee	2022-05-03T16:00:00.000Z	2022-05-03T17:00:00.000Z	ComputeSavingsPlans	ComputeSP:3yrAllUpfront	1.0	0.0

图 10.4　S3 选择查询结果

通过 Amazon S3 Select，你可以直接在你的 CUR 数据上运行简单的 SQL 查询，以过滤 AWS 交付给你指定的 S3 桶的 Parquet 文件内容。你可以运行简单的查询并下载结果。这对于临时分析非常有用，但无法很好地满足我们长期的 FinOps 目标。我们需要探索其他方法来整合我们的 CUR 数据与其他服务。

让我们更详细地了解 CUR，并看看如何将其他服务与我们的数据整合起来。

访问 Amazon S3 中的 CUR ● ● ● ●

AWS 会自动将你的 CUR 数据按年份和月份进行划分。当你选择保存 CUR 数据的 S3 桶时，你会注意到 AWS 在其中放置了一个名为"aws-programmatic-test-object"的对象，用于验证它能够向你指定的桶交付报告。

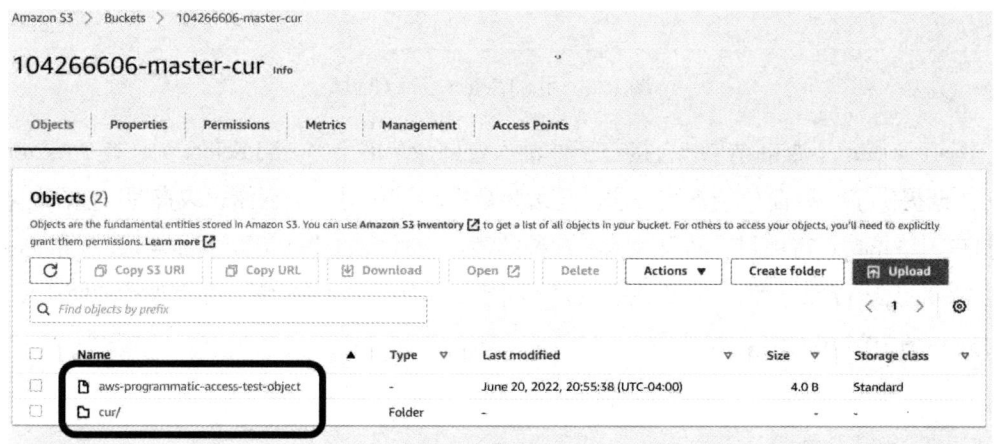

图 10.5　验证 AWS 是否能提供 CUR 数据

你可以选择 CUR 报告的前缀，并导航到你在配置 CUR 报告时指定的前缀。在图 10.6 中，你可以看到我的前缀是"masterCUR/"，AWS 会自动将数据按年份进行分区。

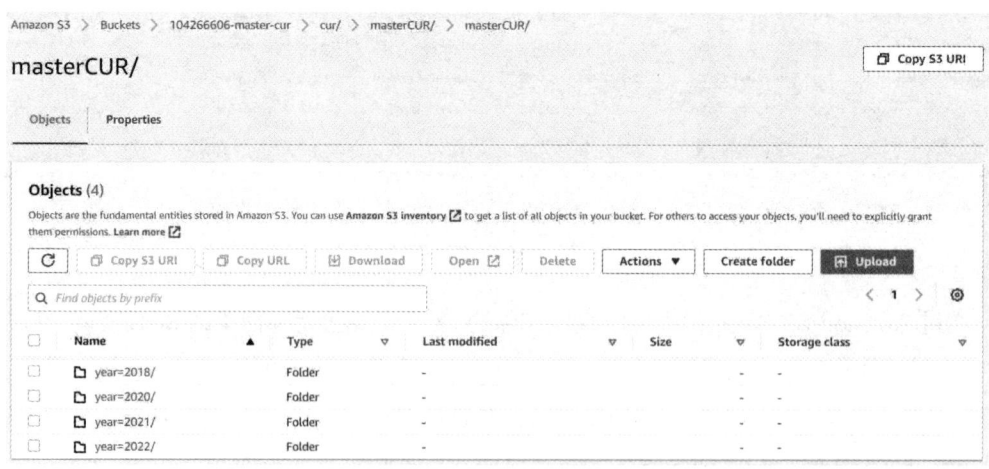

图 10.6　分区的 CUR 数据

进一步深入到每个年份的前缀后，你会发现 CUR 数据被按月份进行划分。我们可以利用这一点发挥我们的优势。我们可以使用 SQL 来过滤数据，只访问我们所需的特定时间范围的数据。另外，我们还可以设置一个自动流程，为新交付的文件创建新的数据库和表。为了实现这一目标，我们将使用 AWS Glue。接下来，让我们转向 AWS Glue 进行更详细的讨论。

将 AWS Glue 与 CUR 结合起来 ●●●●○

AWS Glue 是一个无服务器的提取、转换、加载（ETL）服务，允许你从一个数据源提取、转换和加载数据到另一个数据源。它是无服务器的，这意味着你无须管理、保护或维护任何底层基础设施。你可以将 AWS Glue 作业视为一个计算服务，它仅执行你的数据转换逻辑。你按照作业所需的时间来付费，然后 AWS 会自动分配计算资源，将基础设施管理从你的操作中抽象出来。

在 AWS Glue 中，你可以使用 Glue Crawler 将表填充到 AWS Glue 数据目录中。Crawler 会自动检查你的数据源，识别模式，并将元数据写入数据目录。该爬虫也是无服务器的，使你从管理任何硬件或软件以维护爬虫的琐碎任务中解放出来。我们可以利用这一点来安排 Glue 爬虫自动扫描新的 CUR 文件，并填充一个数据目录。然后，在运行临时或定期查询时，我们可以参考这个数据目录使用 Athena 进行查询操作。

在 AWS 管理控制台中，你可以通过以下步骤向 Glue 控制台添加爬虫并启动 Glue 爬虫：

1. 给你的爬虫起个名字，如图 10.7 所示。

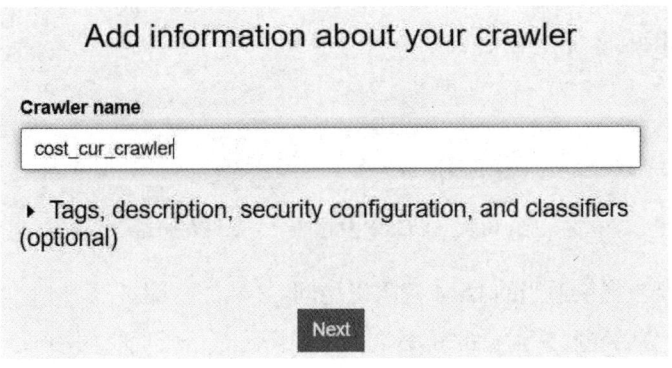

图 10.7　创建一个 Glue 爬虫

2. 选择 S3 作为数据存储。

3. 在 Amazon S3 的位置，指向你的 CUR 数据，如图 10.8 所示。

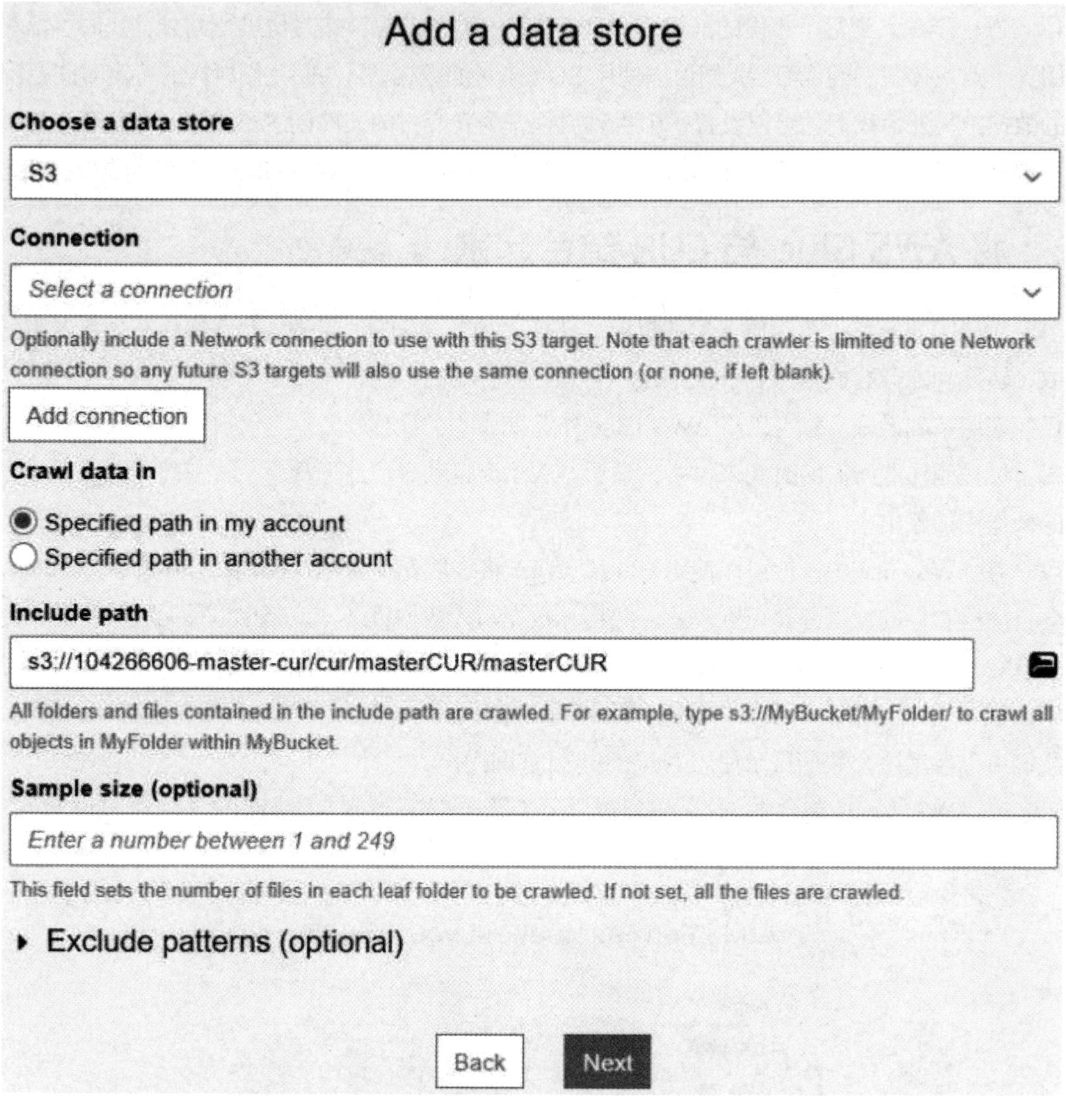

图 10.8　在 Glue 中选择一个数据存储器

4. 为 Glue 爬虫提供适当的 IAM 权限以访问 S3 数据存储。

5. 指定一个你希望爬虫运行的频率。在这种情况下，我们将使用每天 20:00 UTC 的频率，如图 10.9 所示。

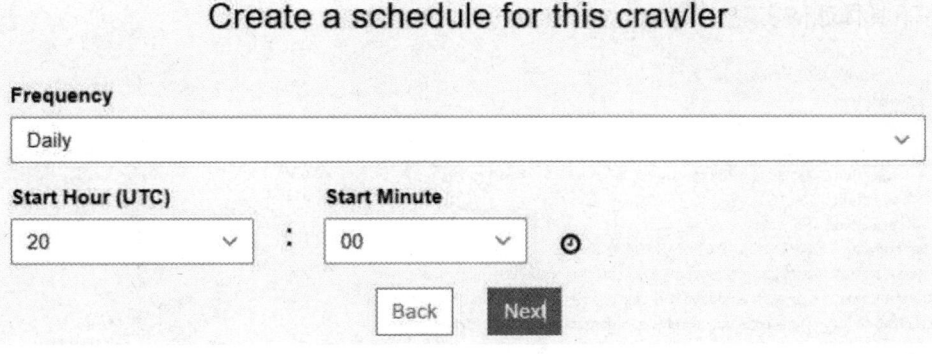

图 10.9　创建一个爬虫时间表

6. 选择你将存储爬虫输出的数据库，如图 10.10 所示。

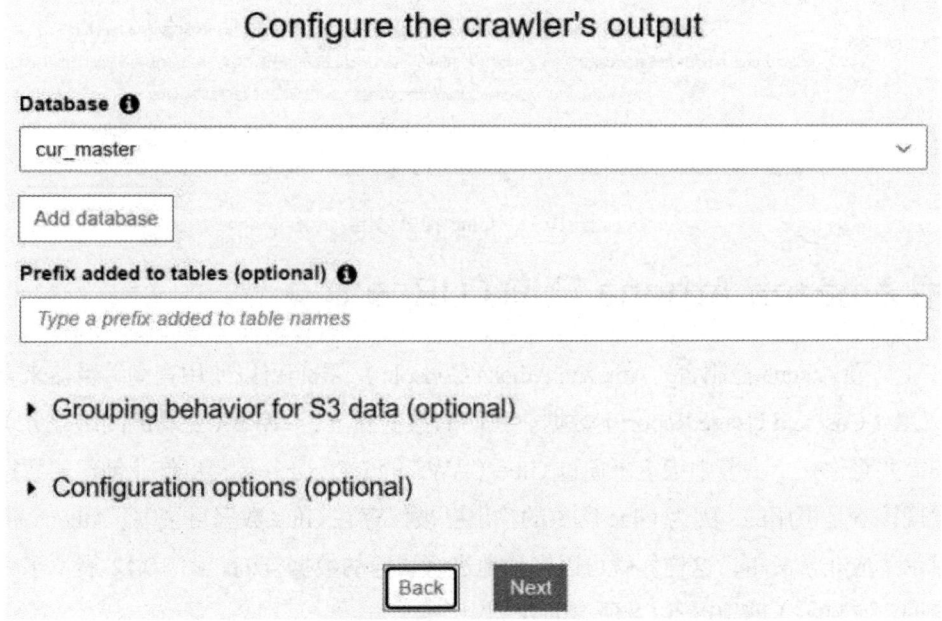

图 10.10　指定爬虫的输出

7. 一旦你的爬虫开始运行，你可以在 AWS Glue Data Catalog 中找到其输出。你可以选择所创建的数据库，并查看表的属性，如图 10.11 所示。

在这个特定的作业运行中，我们共有 381 393 条记录。

现在，我们已经具备了元数据，并且可以通过中央数据目录来访问它们。接下来，我们可以使用 Amazon Athena 来查询我们的数据，并为适当的受众创建上下文报告。现在，让我们看一下具体如何实现这一点。

Name	mastercur
Description	
Database	cur_master
Classification	parquet
Location	s3://104266606-master-cur/cur/masterCUR/masterCUR/
Connection	
Deprecated	No
Last updated	Sat Dec 19 19:01:08 GMT-500 2020
Input format	org.apache.hadoop.hive.ql.io.parquet.MapredParquetInputFormat
Output format	org.apache.hadoop.hive.ql.io.parquet.MapredParquetOutputFormat
Serde serialization lib	org.apache.hadoop.hive.ql.io.parquet.serde.ParquetHiveSerDe
Serde parameters	serialization.format 1
Table properties	sizeKey 5660809 objectCount 2 UPDATED_BY_CRAWLER **Cost_CurCrawler** CrawlerSchemaSerializerVersion 1.0 recordCount 381393 averageRecordSize 29 exclusions ["s3://104266606-master-cur/cur/masterCUR/masterCUR/**.json","s3://104266606-master-cur/cur/masterCUR/masterCUR/**.yml","s3://104266606-master-cur/cur/masterCUR/masterCUR/**.sql","s3://104266606-master-cur/cur/masterCUR/masterCUR/**.csv","s3://104266606-master-cur/cur/masterCUR/masterCUR/**.gz","s3://104266606-master-cur/cur/masterCUR/masterCUR/**.zip"] CrawlerSchemaDeserializerVersion 1.0 compressionType **none** typeOfData **file**

图 10.11　Glue 爬虫输出

用 Amazon Athena 查询 CUR ●●●●

在亚马逊 Athena 控制台（Amazon Athena Console），我们可以使用查询编辑器来查询我们的 CUR（Cost and Usage Report）数据。我们的数据源位于 AWS（亚马逊网络服务）数据目录中，并且你在上一节中指定了通过 Glue（AWS 的 ETL 服务）爬虫作业创建的数据库。你会发现该表是可用的，因为 Glue 爬虫的输出已被保存在 Glue 数据目录中。Athena 和 Glue 数据目录集成非常简单，这样你就可以轻松地进行快速的数据查询。图 10.12 展示了一个简单的查询，它显示了前 10 行以及所有的列。

熟悉 SQL 的业务分析员和数据专业人员可以轻松地利用 Athena 来对数据进行切片和分析。相较于 Cost Explorer 提供的预设视图，Athena 提供了更灵活的功能，使你的团队可以更好地查看成本和使用数据，并创建报告。你只需进行一些额外的设置，就可以获得更多自定义功能来分析成本数据。

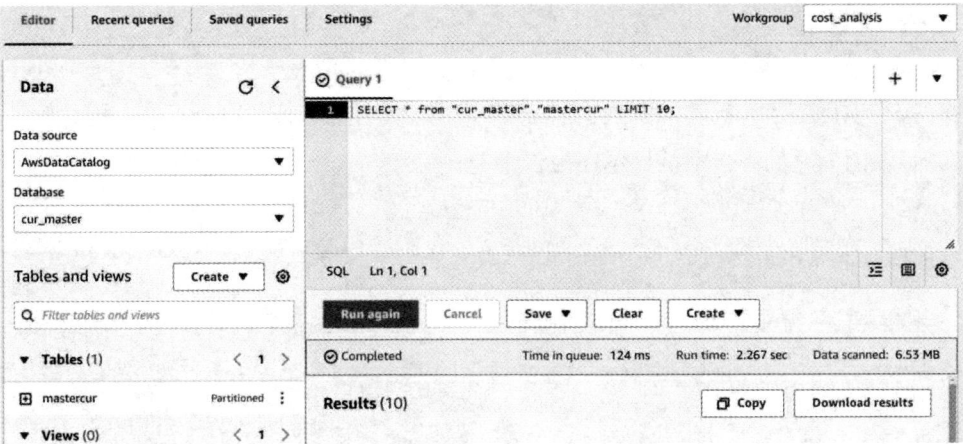

图 10.12　用 Athena 查询 CUR

以下是一些帮助你入门的查询示例。你可以添加一个 WHERE 子句来指定日期范围，但考虑到日期的高度关联性，我已从这个示例查询中删除了它们。

● 按账户 ID 查找前 10 项费用

```
SELECT "line_item_usage_account_id", round (sum ("line_
item_unblended_cost"),2) as cost from" <your_
database>"."<your_table> "
GROUP BY "line_item usage_account_id"
ORDER BY cost desc
LIMIT 10;
```

● 找出前 10 位按产品代码计算的费用

```
SELECT "line_item_product_code", round(sum ("line_i tem_
unblended_cost"),2) as cost from"<your_database>"."<your_table>"
GROUP BY "line_item_product_code"
ORDER BY cost desc
LIMIT 10;
```

● 找出前 ec2 ondemand 费用

```
SELECT "line_item product_code","line_item_line_item_description",round
(sum("line_i tem_unblended_cost"),2)as
    cost from"<your_database>"."<your_table>"
WHERE "line item product_code" like 1 8Ama zonEC2 号' and"line_item usage t
ype"like '%BoxUsage%'
    GROUP BY "line_item_product_code","line_item_line_item_description"
```

```
ORDER BY cost desc
LIMIT 10;
```

● 按行项目描述和标签团队找出前 20 项费用（请注意，标签必须存在并配置为计费标签，因为它们不会默认显示在报告中）

```
SELECT "bill payer_ account id", "product_ product_
name",'"line_ item usage_ type","line_ item_ 1 ine_
item description", resource_ tags_ user_ team,
round (sum(line_ item unblended cost) ,2) as cost
FROM" <your_ database>" . "<your_ table>"
WHERE length ( "resource_ tags_ user_ team") >0
GROUP BY "resource_ tags_ user_ team", "bill_ payer_account_
id", "product_ product_ name", "line_ item usage_ type",
"line item line item description"
ORDER BY cost desc
LIMIT 2 0
```

此外，还有许多其他类型的查询可供你运行。你还可以保存查询以设置可重复的流程，保存和共享视图，甚至将这些视图实现到其他数据存储中，以为你的组织创建更广泛的成本和使用数据生态系统。图 10.13 展示了 Athena 中的示例已保存查询。

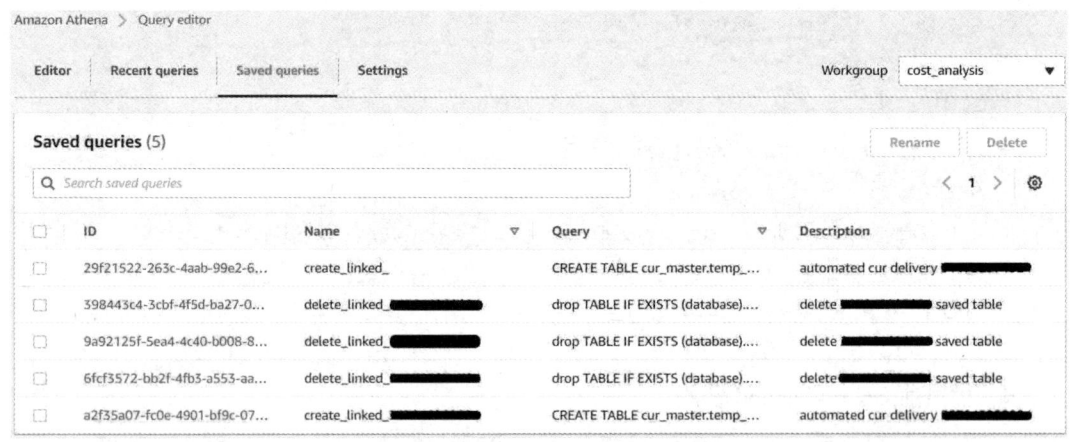

图 10.13　访问保存的 Athena 查询

作为一个集中的 FinOps 团队，我们的目标是为其他团队和 AWS 账户提供成本和使用情况的信息。你可以在每次新的成本利用率（CUR）数据上传到 S3 桶时运行循环的 Athena 查询。通过这种方式，你可以筛选出子账户或不同团队的信息，并将查询结果写入指定的 S3

位置，以供各团队访问。

通过促进整个组织的成本和使用情况数据共享，团队可以更好地了解其 AWS 支出情况。这种可见性不仅有助于报告团队的成本绩效，还可以建立问责机制，确保团队在预算范围内运作。

Athena 的强大能力使你能够创建指标，并将其整合到 CUR 报告中。你可以使用标准 SQL 来汇总数据、计算自定义字段，并创建反映业务重要性的指标视图。所有这些都可以通过 SQL 完成，但我们接下来将重点介绍如何直观地操作我们的数据。

现在，我们可以利用 SQL 查询我们的数据。接下来，我们将讨论如何引用 Athena 中的表，然后使用 Amazon QuickSight 可视化我们的成本和使用数据。

用亚马逊 QuickSight 实现 CUR 数据的可视化 ●●●●

你可以使用 QuickSight 来创建视觉效果，并与同事共享，甚至将其嵌入应用程序中。对于我们的目的，QuickSight 将有助于为团队和领导层创建报告和仪表板，以了解业务在 AWS 资源上的支出情况。对于 FinOps 团队来说，QuickSight 可以揭示有关成本和使用情况数据的洞察，并找到需要优化的领域。

一旦你在 QuickSight 进行设置，就需要创建一个新的数据集。你可以从你的 AWS 环境和外部数据存储供应商中选择多个不同的数据源。在我们的案例中，我们将选择 Athena 作为数据集的来源，因为我们的 CUR 已经被编入目录并通过 Athena 提供。如图 10.14 所示，我们可以选择要用于可视化的数据库和表。

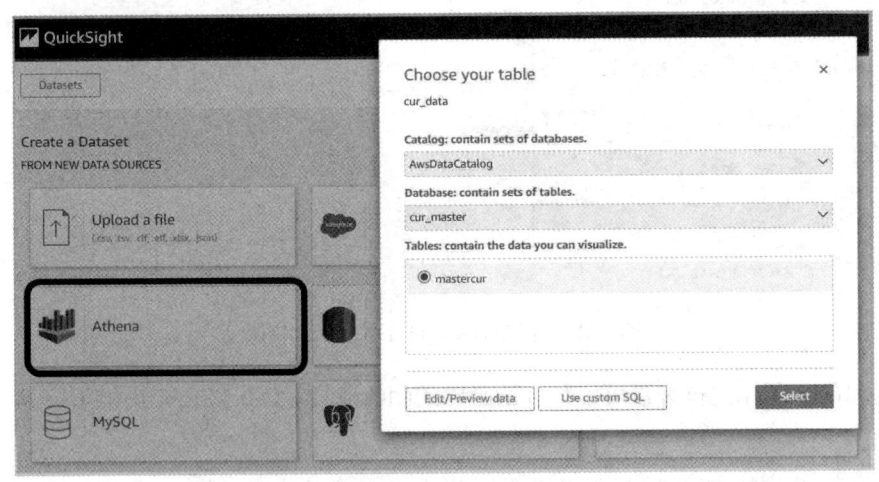

图 10.14　Athena 作为 QuickSight 的来源

QuickSight 允许你将数据集导入 SPICE，以加快分析速度。SPICE 是 QuickSight 的超级快速、并行、内存计算引擎。它是一种内存引擎，可提供非常快速的查询功能。通过使用 SPICE，你可以在内存中存储有限量的数据，而无须支付额外的存储费用。你可以选择可视化来开始使用 QuickSight。

在这里，我并不打算提供关于如何使用 QuickSight 的详细说明。你可以利用许多公开的资源来更好地掌握 QuickSight。相反地，我想告诉你，QuickSight 可以成为一个工具，你可以使用它来生成可视化分析和仪表盘，从而从数据中获得有意义的洞察力。数据驱动的洞察力对于塑造行为并帮助你朝着优化目标迈进，在任何 FinOps 实践中都至关重要。因此，无论是使用 Cost Explorer、QuickSight、外部工具还是合作伙伴的产品，或者是它们的组合，创建可视化都是你 FinOps 工具包中的一个重要组成部分。

图 10.15 显示了按 AWS 账户 ID 和产品名称分组的支出水平条形图。通过一个过滤器，只有超过 50 美元的费用才在图表上显示，以忽略不重要的支出。这突出了按账户和产品划分的最高支出。

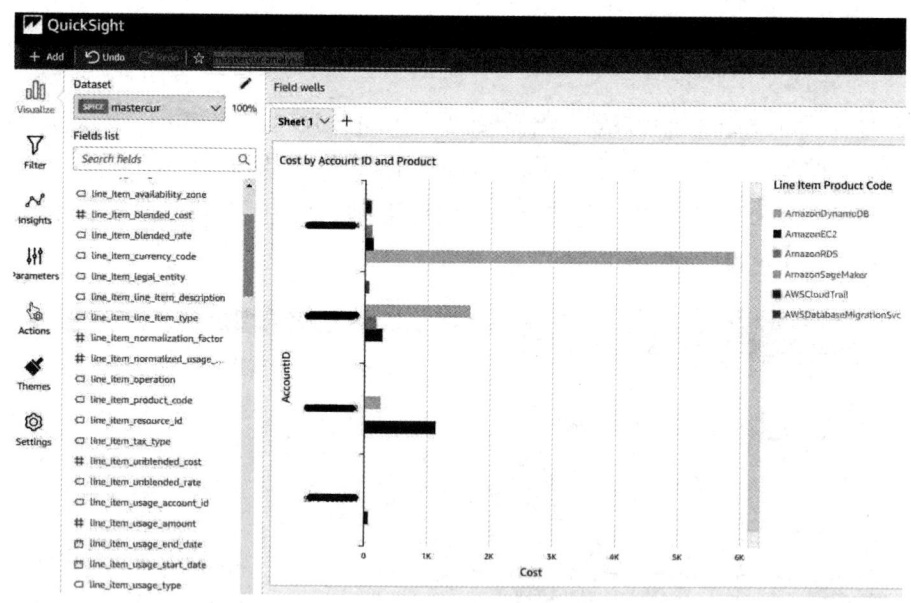

图 10.15　在 QuickSight 中显示支出情况

如图 10.16 所示的仪表盘可以分发给必要的团队成员。QuickSight 提供了三种方法来实现这一目的。

1. 你可以与特定的用户或群组分享仪表盘。作为 QuickSight 管理员，你可以在

QuickSight 内管理各种用户。你还可以为 AWS 账户内的所有用户启用访问权限。因此，如果你使用的是一个为 FinOps 报告目的而设计的 AWS 账户，只需与他们共享，该账户内的所有用户都将对你的仪表盘具有阅读权限。

2．另外，你还可以按计划通过电子邮件发送报告。你只需设置时间表，并输入其他信息，如标题、主题和正文（必要时）。选择收件人后，QuickSight 将根据你指定的时间表将报告发送给你的用户列表。图 10.16 显示了 QuickSight 控制台中的一个示例。

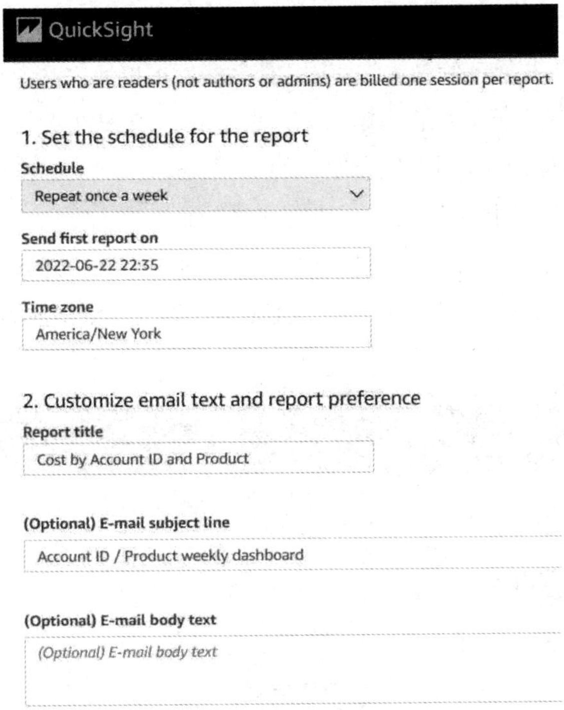

图 10.16　通过电子邮件共享仪表板

如果你不希望通过电子邮件报告来淹没人们，你可以通过链接的方式分享视图。只有拥有仪表盘权限的人才能访问该链接。

3．最后，如果你正在建立一个用于汇总成本和使用情况的应用程序，供你的 FinOps 团队使用，你可以使用 QuickSight 的嵌入式分析功能将 QuickSight 仪表盘嵌入你的应用程序中。虽然这需要 QuickSight 的企业版，但它使用户无须直接登录 QuickSight 即可访问报告。相反地，如果你的最终用户已经在使用其他工具或应用程序来执行他们的工作功能，你可以将 QuickSight 集成到他们使用的工具或应用程序中。

用 QuickSight 创建度量衡 ●●●●

仅仅使用 CUR 中的原始数据来创建视觉效果只是第一步。你可以使用 QuickSight 创建计算字段来定义你的指标，使报告与其保持一致，正如我们在本章开始时所学到的。以下是一个计算字段的示例，展示了我们如何创建自定义指标来用于我们的仪表盘。

假设我们想按购买类型显示每小时的使用情况，换句话说，我们想捕捉关于亚马逊 EC2 团队在其工作负载中使用哪种付款方式的指标。如果我们的组织指标是通过利用 60% 的保留实例定价和 20% 的按需实例定价来优化使用，那么我们可以使用一个计算字段来捕捉这个信息。测量购买类型将有助于你优化成本，因为使用 100% 按需实例是最昂贵的替代方案。通过利用我们对亚马逊 EC2 的支付选项类型，你将立即体验到节约，而且捕捉这种类型的指标将确保团队在支付计算费用时使用最合适的支付选项。

在 QuickSight 中，你可以通过选择旁边的 "+添加" 按钮，并选择 "添加计算字段" 来添加一个计算字段。通过定义计算字段的公式和逻辑，你可以根据你的需求创建自定义指标，以供在仪表盘中使用。

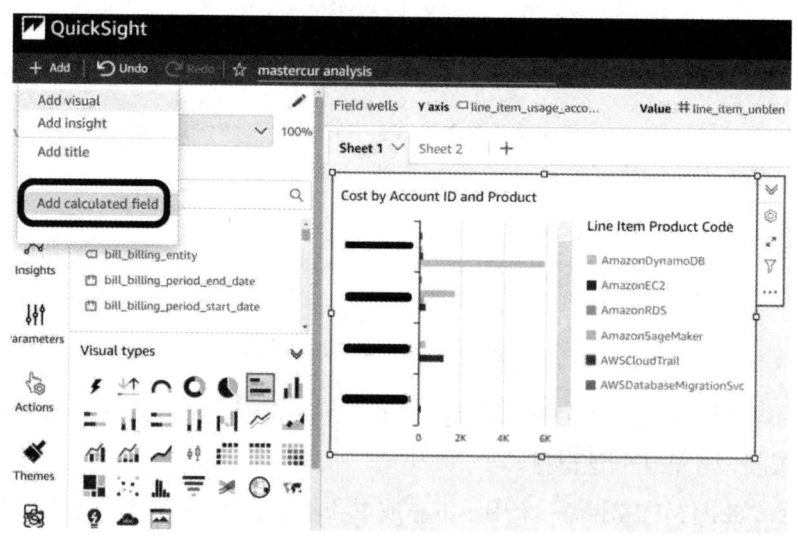

图 10.17　添加一个计算字段

在添加计算字段时，你可以选择使用内置函数，如平均值、总和、中位数和计数，以及逻辑语句（如 IF、大于、小于等），来以对你的业务有意义的方式处理成本和使用数据。此外，你还可以应用公式来获取所需的指标，如下所示。

```
ifelse(split({line_item_usage_type},':',1)=
'SpotUsage','Spot', ifelse(right(split({product_
usagetype}.':',1), 8)='BoxUsage',{pricing_term},'other'))
```

你可以直接在框中输入公式，如图 10.18 所示，然后点击"保存"来创建计算字段。

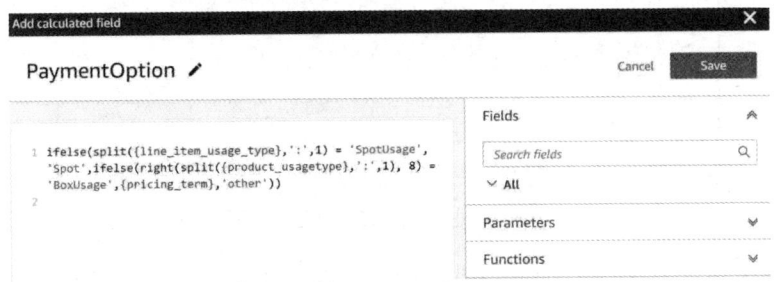

图 10.18　创建一个计算字段

通过使用这个计算字段，你可以对现货实例、按需实例和保留实例的使用进行分类，并应用必要的过滤器。图 10.19 显示了一个自定义过滤器列表，用于包括或排除包含特定值的记录。我们将应用这个过滤器，只查看亚马逊 EC2 提供的三种支付选项。

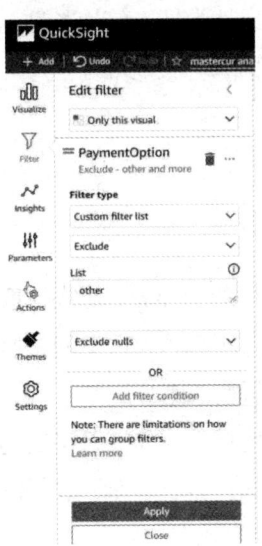

图 10.19　应用一个自定义的过滤器列表

结果如图 10.20 所示，我们应用过滤器来展示按支付选项区分的线形图。

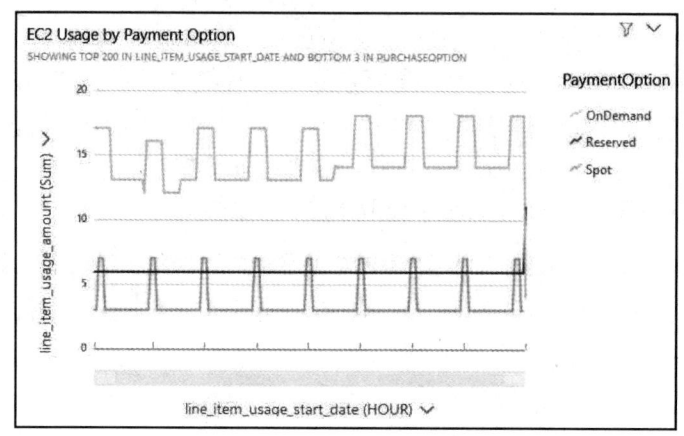

图 10.20 可视化 EC2 的支付选项使用情况

通过这个图表，我们可以看到每小时使用量根据三个亚马逊 EC2 支付选项进行了划分。通过这种可视化效果，我们可以了解团队是如何使用购买选项来部署亚马逊 EC2 资源的。

本节中，你学习了如何使用 Amazon QuickSight 作为数据可视化工具来创建 CUR 的报告。相比之下，与 Cost Explorer 相比，QuickSight 提供了更大的灵活性，因为你可以进行更多的切片和切块，并向用户展示数据。你还可以将这些仪表板嵌入现有的应用程序中，从而获得更大的灵活性。你现在已经非常熟练地掌握了使用各种 AWS 原生工具，例如 Glue、Athena 和 QuickSight，以从你的 CUR 数据中获取更多洞察力。

本章小结 ●●●●

本章中，你意识到建立一个集中的 FinOps 功能的重要性。你了解了建立这样一个功能部门的原因，以及构成这样一个部门所需的人员类型。然后，你了解了这些跨职能团队的一个关键职责，即建立一个有效的度量衡战略。

接下来，你了解到一个有效的度量衡战略需要坚实的度量衡治理基础。你希望能够信任用于推动你的 FinOps 工作的指标数据。因此，你了解了建立正确的度量衡治理战略所需的要求和流程。

然后，你学习了如何为你的业务创建正确的衡量标准，并通过一些示例来展示这个过程。这些指标将提供你所需的数据，这些数据最终会成为可操作的洞察力。

最后，你了解了如何使用更高级的分析工具来跟踪和可视化成本和使用数据，以及自定义指标。你学会了如何将全面的 CUR 数据与其他 AWS 服务（如 Glue、Athena 和 QuickSight）集成。你还学会了如何使用 Athena 创建自定义指标，以跟踪整个组织的成本优化表现，并使用 QuickSight 可视化这些结果。

在下一章中，我们将研究一些涉及使用这些工具的更高级技术，了解如何使团队具备节约成本的能力。

进一步阅读 ●●●●

如果你想要了解更多信息，请参考以下资源：

- 成本和使用报告如何运作，2022 年：https://docs.aws.amazon.com/cur/latest/userguide/how-cur-works.html。

- 什么是 AWS 胶水？2022 年：https://docs.aws.amazon.com/glue/latest/dg/what-is-glue.html。

- 工作组如何工作，2022 年：https://docs.aws.amazon.com/athena/latest/ug/user-created-workgroups.html

- 为亚马逊 QuickSight 设置，2022 年：https://docs.aws.amazon.com/quicksight/latest/user/setting-up.html。

- 嵌入概述，2022 年：https://docs.aws.amazon.com/quicksight/latest/user/embedding-overview.html

- 添加文本过滤器，2022 年：https://docs.aws.amazon.com/quicksight/latest/user/add-a-text-filter-data-prep.html。

推动 FinOps 自主化

上一章中，我们为创建和管理适合我们 FinOps 目标的指标奠定了基础。我们需要数据来跟踪我们在实现 FinOps 目标方面的进展。我们用一个框架来定义我们将如何通过有意义的指标来捕获和管理这些数据。我们还研究了通过一个由组织内不同角色组成的跨职能、集中化的团队来完成这一任务。我们还介绍了如何使用几个 AWS 分析工具来查询和可视化我们的成本和使用数据。

本章中，我们将学习利用这些工具的更高级技术，以帮助你推动组织的 FinOps。我们将扩大 AWS 服务的使用范围，纳入信息传递、应用集成和机器学习（ML），使我们的 FinOps 工作更加强大。

这一章将涵盖以下主要议题：

- 创建一个自助式的 FinOps 门户网站
- 利用 ML 驱动的洞察力预测支出
- 使用亚马逊预测系统预测成本和使用情况
- 在运营中实现成本优化的自动化
- 将信任顾问与其他 AWS 服务整合起来

创建一个自助式的 FinOps 门户网站

在使用许多 AWS 服务来建立你所需的可见性以实践 FinOps 方面，我们已经覆盖了很多内容。首先，我们将 AWS 成本和使用报告（CUR）作为数据集，以提高我们的成本可见性。然后，我们研究了 AWS Glue 来抓取并编目我们的数据元数据。接着，我们使用 Athena 作为查询数据的工具，使用 QuickSight 作为可视化工具。将所有这些部分组合起来确实需要时间，并可能需要更长的时间来建立你所需的流程，以将这些步骤纳入 FinOps 实践中。如果能够一次性部署所有这些资源，并以一个基线模板为起点，随着你的 FinOps 实践的成熟，你可以对其进行迭代，这难道不是一件好事吗？

这就是 AWS 的企业仪表盘解决方案可以帮助消除构建这些解决方案的复杂性，并简化提供这些仪表盘的流程的地方。AWS 提供了一系列开箱即用的仪表盘模板，你可以使用它深入了解你的成本和使用情况，也可以让你的 FinOps 团队更好地了解 AWS 环境的成本状况，以寻找优化机会。

快速部署这些解决方案的能力要求我们更好地了解 AWS 的基础设施即代码（IaC）产品。这就是我们在深入研究仪表盘之前即将探讨的内容。

了解 AWS CloudFormation ● ● ● ●

AWS CloudFormation 是一项基础设施即代码（IaC）服务，它可以帮助你定义和模拟你的 AWS 资源。在一个模板中，你定义了你要使用的 AWS 资源。然后，你使用该模板并指示 AWS 配置你在模板中定义的资源进行部署。以这种方式，CloudFormation 是一种声明性的 IaC 工具。使用 CloudFormation 可以帮助你快速配置资源。另一种配置 AWS 资源的方法是通过 AWS 管理控制台，通过一系列的点和点击操作来完成。这种方法有优点，因为用户可以通过界面看到他们将使用哪些资源和配置。然而，选择所有选项需要时间。此外，在规模上，这种方法效率较低，特别是在有重复的过程时。

通过编写代码来描述你要配置的 AWS 资源，是一种更高效、可扩展和安全地部署 AWS 资源的方式。你不仅可以重复使用同一个模板来部署不同账户和 AWS 区域的资源，还可以对模板进行版本控制，以简化操作。

通过使用 CloudFormation 等基础设施即代码（IaC）服务部署你的 AWS 资源可以帮助你控制 AWS 开支，原因如下：

- 它可以帮助你保持在预算范围内。由于通过 CloudFormation 部署的 AWS 资源是预定义的，因此你可以预测你的成本将按计划进行。例如，如果你知道你将部署 10 个特定的实例类型来支持特定的工作负载，就可以预计每小时将花费多少费用，假设你已经研究过这些实例每小时的成本。CloudFormation 模板已经指定了这 10 个实例，因此在部署后，你将知道你需要支付多少费用。相反地，如果你的团队在没有受控的 IaC 模板（如 CloudFormation）的情况下部署资源，那么你的成本将更加难以预测。

- 相关的是，CloudFormation 简化了你的基础设施管理，因此你只需部署所需的资源。假设团队已经明确定义了工作负载的需求并概述了所需的资源，CloudFormation 将帮助团队坚持仅部署他们需要的资源，减少因不必要的资源而产生的成本风险。

使用 CloudFormation 服务本身是免费的，你只需要支付为 CloudFormation 部署的资源费用，就像你的模板所声明的那样。在这个意义上，CloudFormation 本身不产生任何直接费用。

与其他配置资源的方法相比，CloudFormation 可以节省成本。但是，在我们进入下一部分，使用 CloudFormation 部署企业仪表盘之前，了解 CloudFormation 的工作方式是非常有帮助的。

了解 AWS 的企业仪表盘 ●●●●○

亚马逊云服务（AWS）提供了一些即插即用的解决方案，可用于帮助你管理云计算成本。这些解决方案利用了我们在上一章介绍的 AWS 服务，以建立仪表盘，帮助你查看和分析 AWS 云计算支出。通过这些仪表盘，你可以创建收费和显示报告，以评估团队在云计算成本管理方面的表现，了解团队如何使用存储计划和保留实例，监控和记录按需实例的使用情况，并根据你定义的标签追踪单位指标。

你可以按照本节中概述的步骤创建云计算成本智能仪表盘框架。你可以选择在 AWS 组织层面上进行操作，以查看整个组织的成本情况，也可以为各个团队提供该框架，以便在其 AWS 账户中实施。团队可以使用这种自助服务方式创建自己的成本和使用情况仪表盘，并评估其在符合组织标准方面的表现。这种方法还能减少团队对每个所需的 AWS 资源进行单独配置的需求。团队可以使用 CloudFormation 来自助部署解决方案，无须深入了解 AWS 服务的技术知识或理解。

这些仪表盘从 AWS 成本与使用报告（CUR）开始，该报告是 AWS 账户中最全面的成本和使用数据集。从这个数据源出发，你可以汇总所有 AWS 账户内的成本，或按账户、成本分配标签和成本类别进行分开计算。

现在，让我们看看如何整合这些服务，以建立所需的指标可见性，以推动我们的 FinOps 工作。

设置仪表盘 ●●●●○

在进行以下设置之前，请你确保完成下列先决条件：

- 启用 AWS CUR 账户使用，并设置相应的参数。
- 在 Amazon S3 中创建一个查询位置，开始使用 Amazon Athena。
- 启用 Amazon QuickSight 服务。

请参考上一章的指引，进行这些设置。

一旦你设置完成 AWS CUR 账户使用功能，AWS 会将 CUR 数据发送到你指定的 Amazon S3 存储桶。你可以通过访问 Amazon S3 存储桶内的 crawler-cfn.yml 文件来查看这些数据。图 11.1 显示了文件在 Amazon S3 中的位置。

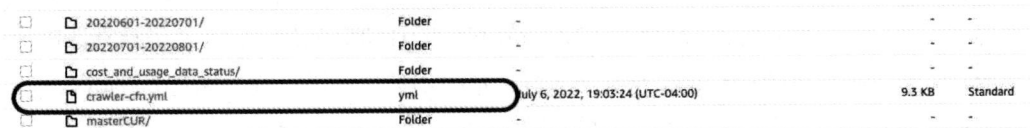

图 11.1　访问 crawler-cfn.yml 文件

通常情况下，你可以在文件路径中找到这个文件。它的路径遵循的模式是<your-S3-bucket-name>/cur/<your-cur-report-name>/crawler-cfn.yml。在部署 CloudFormation 堆栈时，你将需要引用这个文件。在访问 AWS 管理控制台的 AWS CloudFormation 页面时，你可以选择上传一个模板文件或者通过提供 Amazon S3 的 URL 来引用一个文件。图 11.2 显示了上传模板文件以及部署堆栈的选项。

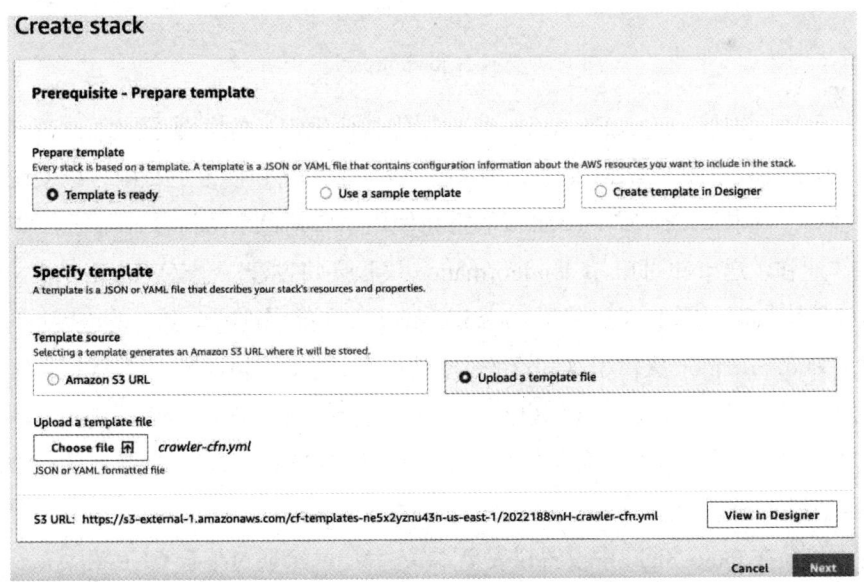

图 11.2　上传一个 CloudFormation 模板

> **重要说明**
>
> 你会发现，上传到CloudFormation的模板是以YAML格式的。你还可以提供以JSON格式的模板。

接下来，你可以添加标签、配置回滚配置、设置通知等，以及其他高级选项。

在即将部署的最后一页，你可以查看你的选项并确认CloudFormation将代表你创建资源，如图11.3所示。有时，CloudFormation模板通过AWS IAM角色来修改你的AWS环境。这些角色需要执行特定的任务，只要你了解模板要对你的环境做些什么，就不会看到任何不必要的或意外的变化。请记住，CloudFormation服务本身不产生费用。然而，通过CloudFormation部署的资源可能会产生费用，例如，如果你通过CloudFormation部署了一个Amazon EC2实例，你将按照正常的亚马逊EC2小时费用进行收费。因此，CloudFormation希望确保你打算部署模板及其所有后续操作所需的资源配置。

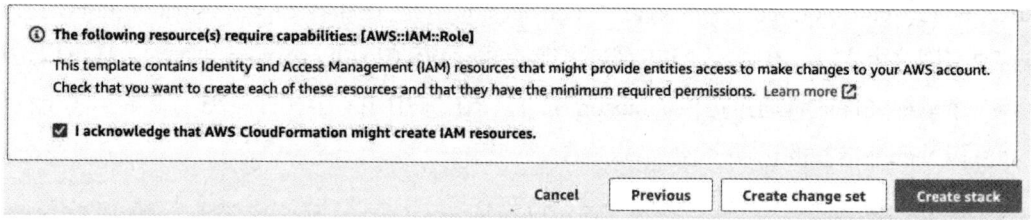

图 11.3　确认 CloudFormation 资源

一旦你创建了堆栈，CloudFormation将根据你的模板定义的资源进行部署。在此过程中，CloudFormation将创建多个IAM角色，为某些AWS服务提供所需的权限，以便调用和访问其他AWS资源。例如，AWS Lambda等服务将使用这些角色来执行各种任务，如启动AWS Glue爬虫作业和发送事件通知。CloudFormation模板还将创建一个AWS Glue表，用于汇总你的成本和使用数据。图11.4显示了CloudFormation在部署这些资源时的进度情况。

一旦CloudFormation提供了这些资源，你就拥有了创建成本和使用数据报告所需的仪表盘。通过使用CloudFormation，我们已经自动化了设置所需资源的步骤，使我们的团队能够自行实施这些解决方案。这样，如果需要的话，团队可以利用这种自助服务的机制，在他们的账户中设置这些仪表盘。

最后一步是在QuickSight中设置仪表盘本身。我们已经通过整合CUR和Amazon Athena的数据完成了这个步骤。我们在激活CUR时已经进行了这个工作。在上一章中，我们学习了如何使用 QuickSight 创建仪表盘。

Logical ID	Physical ID	Type	Status	Status reason	Module
AWSCURCrawlerComponentFunction	cost-dashboards-AWSCURCrawlerComponentFunction-J8LLDZ5P51JC	AWS::IAM::Role	CREATE_IN_PROGRESS	Resource creation Initiated	-
AWSCURCrawlerLambdaExecutor	cost-dashboards-AWSCURCrawlerLambdaExecutor-1136BZ8EGYC5P	AWS::IAM::Role	CREATE_IN_PROGRESS	Resource creation Initiated	-
AWSCURDatabase	athenacurcfn_master_c_u_r	AWS::Glue::Database	CREATE_COMPLETE	-	-
AWSCURReportStatusTable	cost_and_usage_data_status	AWS::Glue::Table	CREATE_COMPLETE	-	-
AWSS3CURLambdaExecutor	cost-dashboards-AWSS3CURLambdaExecutor-ED19ER4U4AL	AWS::IAM::Role	CREATE_IN_PROGRESS	Resource creation Initiated	-

图 11.4　CloudFormation 配置资源

幸运的是，AWS 提供了一个命令行工具，帮助我们通过几个命令快速、轻松地设置这些仪表盘。我们只需要安装云智能仪表板（CID）的 Python 自动化包，并部署仪表盘。你可以通过在本地 shell 或在 AWS 管理控制台的 AWS CloudShell 中运行 CID-cmd deploy 命令来完成这些步骤。

> **什么是 CloudShell？**
>
> AWS 提供了 CloudShell，它允许你在基于浏览器的 Shell 环境中与你的 AWS 环境和资源进行交互。当你使用 CloudShell 时，你已经通过使用登录 AWS 管理控制台的凭证进行了身份验证。这为你使用 shell 命令与你的 AWS 账户进行交互提供了一种简单的方式。

图 11.5 展示了在 CloudShell 中部署 CUDOS 仪表板的情况。你可以使用所示的命令来部署此解决方案。

CID-cmd deploy 命令允许你在几种企业仪表板类型中进行选择。CUDOS Dashboard 是一种 CID，为你的成本管理和优化报告工具提供基础。它是一个互动、可定制和交互式的仪表板，使用 Amazon QuickSight 来帮助你获取成本和使用情况的可视化。

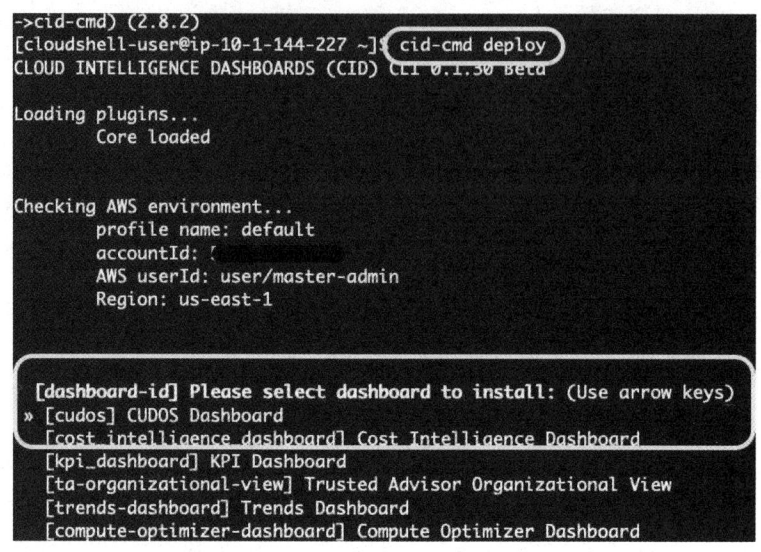

图 11.5　AWS CloudShell 屏幕截图

接下来，让我们来看看这个仪表板的运作情况。

使用云智能仪表盘 ●●●●●

在 AWS 中，提供了一个演示仪表板供你参考。本节中，我们将使用这个仪表板，因为它有助于设定一个共享的基线。使用演示版本将确保用户之间没有差异，因为该仪表板是可定制的。

账单摘要仪表板（图 11.6）提供了你实际云支出的成本和使用情况的快照。这为团队和高管提供了历史和预测支出的可见性，以及在发票和摊销成本方面的长期趋势。这个摘要页是检查整体云计算支出的第一步。然后，你可以深入了解具体的成本和使用模式。

例如，账单摘要仪表板提供了一个可视化的发票支出趋势。该图表呈现了整个 AWS 组织的发票支出的整体视图（图 11.7）。AWS 按照使用量、保留实例费用、储蓄计划费用和其他费用对开票支出进行分类。虽然默认视图是对所有 AWS 账户进行汇总，但你可以选择按账户 ID 或账户名称来可视化并控制支出的查看。此外，由于这些可视化效果最终在 Amazon QuickSight 中可用，你可以自定义仪表板，按照其他维度（如团队或成本中心）来查看成本和使用情况。

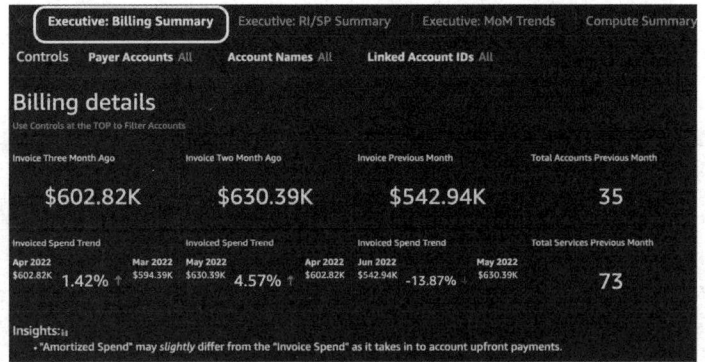

图 11.6　账单摘要仪表板

图 11.7　账单摘要仪表板放大到已开具发票的支出中

CUDOS 仪表板还提供了另外两个执行级别的视图：RI/SP 汇总视图和月际（MoM）趋势视图。MoM 趋势视图（图 11.8）展示了在一段设定的时间内的使用趋势。你可以看到团队对特定 AWS 产品的使用情况在几个月内的变化，以及你组织内特定账户的支出和使用模式。

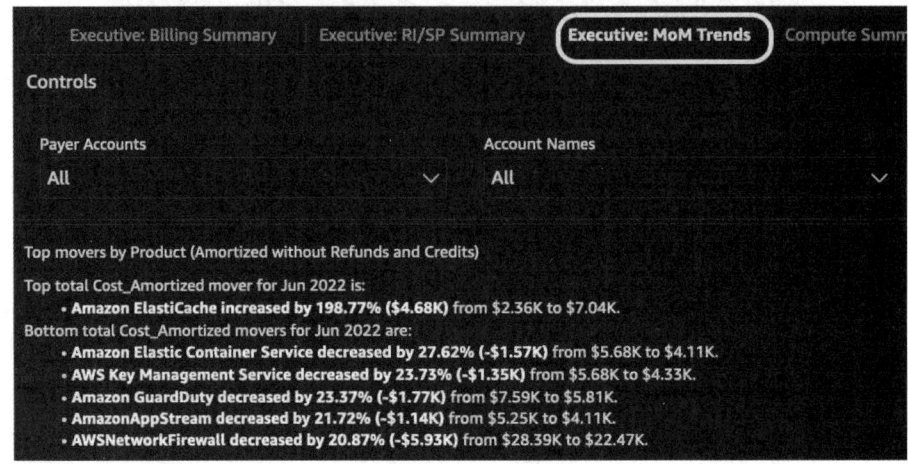

图 11.8　MoM 趋势视图

RI/SP 概要视图（图 11.9）结合了你的预留实例（RI）和储蓄计划（SP）的购买情况。对于给定的月份，你可以看到你已经利用了多少承诺来实现成本节约。如果你正确地对资源使用进行了应用程序标记，你将能看到除了应用程序外，还有哪些团队从这些节约中受益。

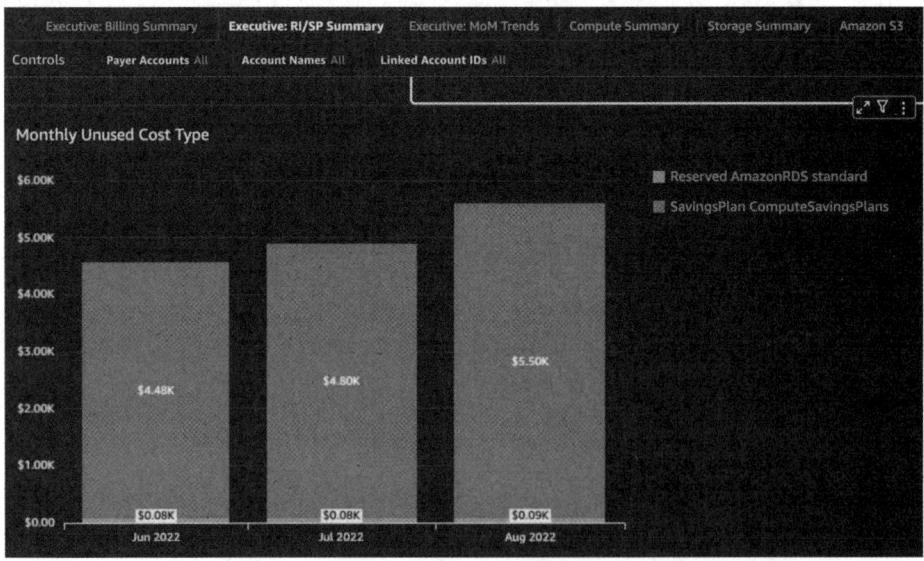

图 11.9　RI/SP 摘要视图

你还可以通过查看摊销支出按购买情况来了解你在整个 AWS 账户中利用按需、稳态和现货价格的情况。默认情况下，该视图适用于你企业内的所有 AWS 账户。你可以通过特定的 AWS 账户进行过滤，或者通过 QuickSight 界面应用任何自定义过滤器。

底部视图通过突出显示按定价模式划分的每小时亚马逊 EC2 成本，并显示你目前的覆盖率情况，从而展示未来可能的节省潜力。前面的截图显示了计算储蓄计划的合格储蓄，以突出强调有机会优化的领域。

该仪表板提供了对你的计算和存储成本的集中可视性。图 11.10 展示了计算摘要视图，该仪表板按购买选项细分了你的计算支出。你可以看到你的企业如何通过采用现货和储蓄计划来优化你的计算支出。默认视图还提供了按 AWS 账户 ID、EC2 实例类型甚至 AWS Lambda 使用情况来查看计算支出的可见性。

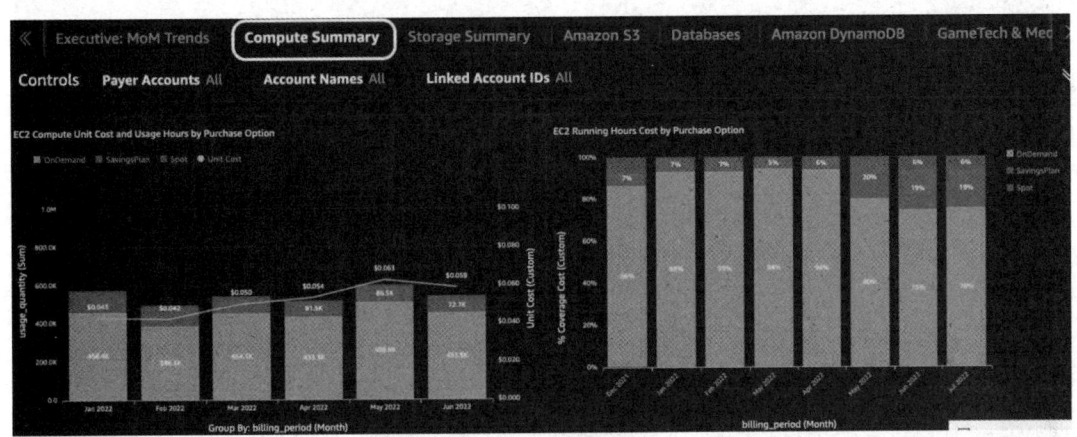

图 11.10　计算摘要视图

计算摘要视图还包含其他工具，帮助你找到优化的机会。例如，它提供了升级到较新一代实例系列的建议，以利用更低的成本。它还提供了购买额外储蓄计划来优化成本的洞察。

除了计算优化，该仪表板还为 AWS 上的 Amazon S3 和数据库解决方案提供了存储优化视图。图 11.11 突出了这两个使用案例的存储优化视图。

亚马逊 S3 的视图按存储层细分了你的存储成本。你可以利用这些信息来了解团队如何利用各种存储层来降低存储成本。该视图还汇总了 S3 的存储使用情况，类似于 Amazon S3 Storage Lens 汇总整个组织的存储成本的方式（参见第 7 章"优化存储"）。

对于数据库，该视图提供了对数据库保留实例使用情况的洞察。这有助于确保你正在优化数据库的使用，尤其是在工作负载模式稳定的情况下。如果有闲置的数据库，会有警报提醒，进一步降低你的存储成本，因为这些警报可以帮助你调配资源，防止为不需要的资源支付费用。此外，类似于计算视图，该视图还展示了通过使用最新（且成本较低）一代数据库进行优化的机会。

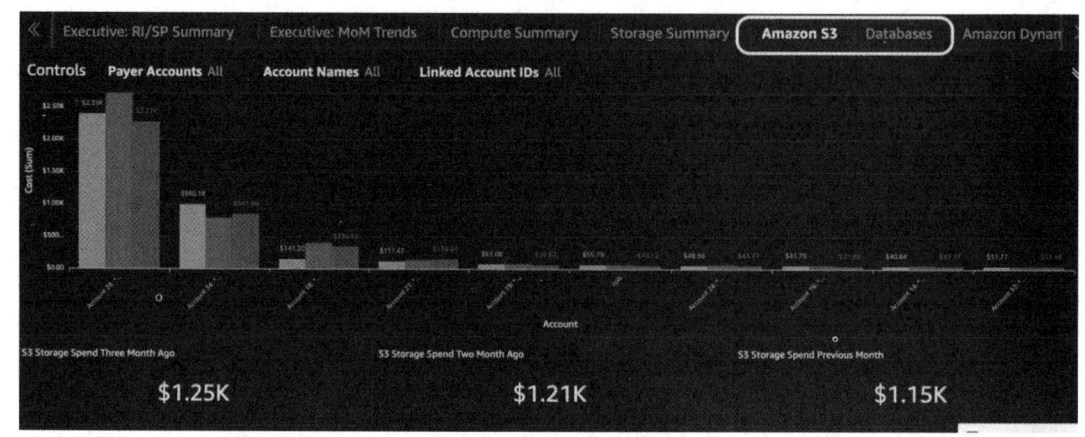

图 11.11　存储优化视图

对于网络优化，仪表板还提供了一个数据传输汇总视图，可以汇总网络成本，如第 8 章中所讨论的网络优化。图 11.12 展示了数据传输摘要视图下的不同可视化效果。

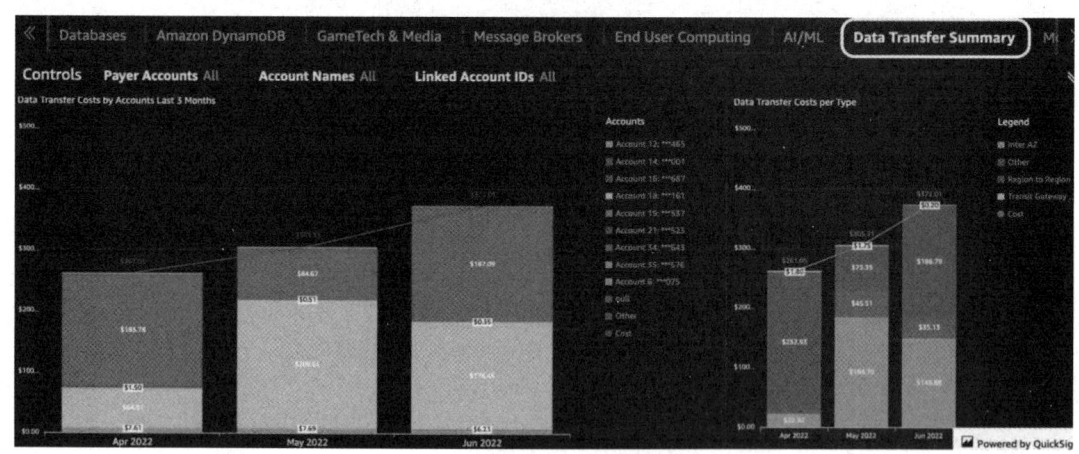

图 11.12　数据传输摘要视图

在数据传输汇总视图中，你将看到按账户和类型划分的数据传输成本，这将帮助你确定哪些账户和应用程序对你的网络成本做出最大贡献。你还将获得减少数据传输成本的建议，因为该视图提供了通过检查闲置的负载均衡器和 NAT 网关来优化的机会。

什么是 NAT 网关?

NAT 网关通过允许网络连接到私有子网内的公共互联网,帮助你提高安全性。通常情况下,你需要将资源放置在公共子网中,以获取公共互联网访问。然而,有时候你只想从安全的亚马逊虚拟私有云(VPC)向互联网发送流量,这就是 NAT 网关发挥作用的地方。

客户经常为解决数据传输成本而感到困扰。数据传输摘要视图帮助你了解数据传输成本在组织内是如何累积的。一些可视化效果显示了你的数据传输使用情况,按每个地区、AWS 账户和资源的最高到最低进行排名。这些视图已经预设好,让你可以轻松地访问这些信息。了解你企业内部数据传输使用量最高的位置是找到优化使用量方法的第一步。

AI/ML 摘要视图包含了在第 9 章"优化云原生环境"中所讨论的主题的可视化效果和建议。首先,它提供了优化基于 AI/ML 工作负载的建议。例如,建议在 SageMaker 的训练工作中使用 Spot 实例,可将培训成本降低高达 90%。此外,建议自动检测闲置的笔记本实例,并按计划将其关闭,以消除资源浪费。这样可确保数据科学家只在需要时才产生费用。此外,建议自动扩展模型端点,并根据 CloudWatch 指标进行调整以优化部署。同时,该摘要视图建议使用 SageMaker 储蓄计划,以降低频繁使用 SageMaker 的组织成本。

图 11.13 展示了 AI/ML 视图中的图表,按实例类型和使用类型区分成本。按实例类型的图表可帮助你识别可能过度配置的实例。SageMaker 的一个优点是,你可以将数据科学探索和脚本开发与训练和推理步骤解耦。换句话说,你可以在相对较小(且更便宜)的 ML 实例类型上开发和编码你的 ML 工作流程,而将模型训练和部署放在更强大的基于 CPU 或 GPU 的实例上。你不需要被局限在使用更快或更昂贵的实例类型上,因为你可以利用云的弹性按你的需求使用所需的计算资源。如果你发现许多数据科学家正在使用比他们实际需要的更昂贵的实例类型,你可以通过调整他们的开发环境规模来降低成本。

你还可以根据 SageMaker 的使用类型进行区分,以细分模型开发、训练和推理之间的成本。通常情况下,推理的成本会更高,因为推理的寿命周期比训练或开发更长。你希望一个有用的 ML 模型能够持续多年,并提供有价值的推理机会。而构建该模型的训练时间很可能不需要花费几年的时间来进行开发。通过使用这些数据,你可以查看模型开发、训练和推理之间的成本比率，并优化整个流程。

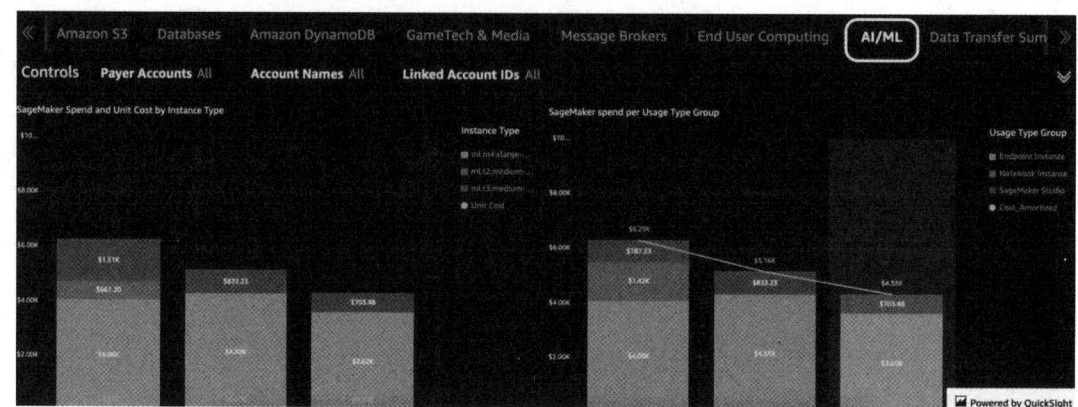

图 11.13　Al/ML 视图

本节中，我们研究了如何使用本地 AWS 解决方案对使用成本和使用数据进行可见性和分析。我们探讨了如何为企业的员工轻松创建成本和使用情况仪表板，使他们能够全面了解 AWS 的支出。我们还学习了如何使用 CloudFormation 通过代码快速有效地部署资源。我们所讨论的所有内容都涉及审视过去的成本和使用情况，以了解我们在未来可以做出哪些改进。

接下来，我们将转向未来，探索如何利用原生的 AWS 工具和基于 ML 的洞察力来预测我们的 AWS 支出。

利用 ML 驱动的洞察力预测支出 ●●●●

管理成本和支出的一个关键组成部分是对未来成本进行规划。深思熟虑的规划有一个好处，那就是可以提前做好预算，确保 AWS 支出始终在控制之内。我们在第 4 章 "规划和指标跟踪" 中已经看到了这一点，我们使用 AWS Budgets 和 AWS Cost Explorer 来进行预算编制和成本异常检测。本节中，我们将进一步扩展关于预测的内容。

预测是根据过去和现在的数据来预测或估计你的 AWS 支出的过程。然而，预测也可以基于组织的新举措和带来的新工作负载，以帮助你为企业推出产品或服务做好准备。如果你能提前规划成本，并将这些预计的费用传达给适当的利益相关者，那么你就不太可能被突然增加的费用所震惊，并且能够得到领导层的支持和理解。

然而，由于这些只是估计值，实际值可能会偏离你的预期。这些偏离值被称为预测区间。如果一个预测区间很大，那么预测的范围可能也会更大。举个例子，你预计下个月的 AWS 总支出为 100 美元。一个 80% 的预测区间可能会表示，在 80% 的时间内，实际 AWS 支出将在 90～110 美元。换句话说，20% 的时间内，你的实际 AWS 支出可能不会落在 90～110 美元。

成本资源管理器在其用户界面中内置了一个内置的预测功能，并为预测提供了 80% 的预测区间。你可以使用这个预测来探索基于你的历史使用情况，你的 AWS 成本将可能是什么样子。在图 11.14 中，你可以看到 Cost Explorer 的预测。根据每天的成本，Cost Explorer 提供了未来 18 天的 80% 的预测区间。

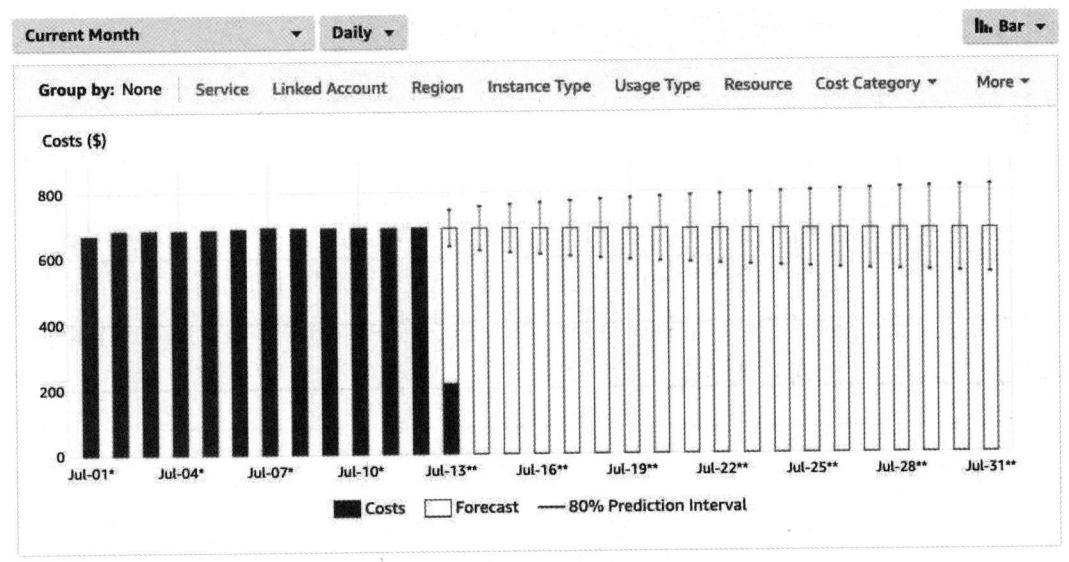

图 11.14　成本资源管理器预测屏幕截图

你可以观察到，预测区间随着时间的推移和历史支出的增加而扩大。这是因为预测区间的范围取决于你的历史支出的波动性。如果你的使用情况相对稳定（例如，稳定状态的工作负载），成本资源管理器将显示较窄的预测范围。

值得注意的是，当你的图表按选定的维度进行分组时，成本资源管理器无法提供相应的预测。例如，你将无法查看按账户 ID 或 AWS 服务名称进行的预测。这些预测仅在整体视图中可用。然而，如果你访问单个账户的成本资源管理器，你可以查看该账户的预测。但请注意，在支付者或管理账户层面上，该视图是不可用的。

此外，成本资源管理器只提供过去 12 个月的数据。也就是说，你的历史成本和使用情况，以及预测，仅基于过去 12 个月的数据。如果你已经与 AWS 合作超过 2 年，那么第一年的成本和使用数据将不包括在 Cost Explorer 的功能中。如果拥有完整的成本和使用历史数据对你很重要，那么 AWS CUR 是更好的选择，前提是你在刚开始使用 AWS 时激活了 CUR。

假设你确实拥有完整的 AWS 成本和使用数据历史，并且你想根据你的全部数据来开展预测。那么，你可以利用亚马逊预测。亚马逊预测是一项提供高度精确的时间序列预测的机器学习服务。接下来，我们将专注介绍这一服务。

使用亚马逊预测系统预测成本和使用情况 ●●●●

亚马逊预测系统最适合处理时间序列数据。时间序列数据是在一段时间内收集的数据，显示随时间的变化。这非常适合处理 CUR 数据，因为 AWS 每天以时间间隔收集你的成本和使用数据。亚马逊预测希望你的数据具有与 CUR 模式一致的时间戳字段，因为成本和使用情况的行项目已经以这种格式呈现。

> **重要说明**
>
> 确实，使用亚马逊预测等基于人工智能（AI）的服务可能会涉及与其相关的成本。在考虑是否值得投资之前，需要仔细评估与 ML 相关的成本是否比存储、计算和网络的小时成本更加昂贵。

如果要开始使用亚马逊预测，你需要访问亚马逊预测控制台页面，并创建一个数据集组。这是第一步，因为你需要定义用于预测的时间序列数据的内容。请提供一个名称给数据集组，就像如图 11.15 所示的示例一样。

为了创建目标时间序列数据集，你需要指定一个数据集名称和数据频率。在图 11.16 中，我们选择了 1 d 的频率，因为 CUR 是每天激活的。

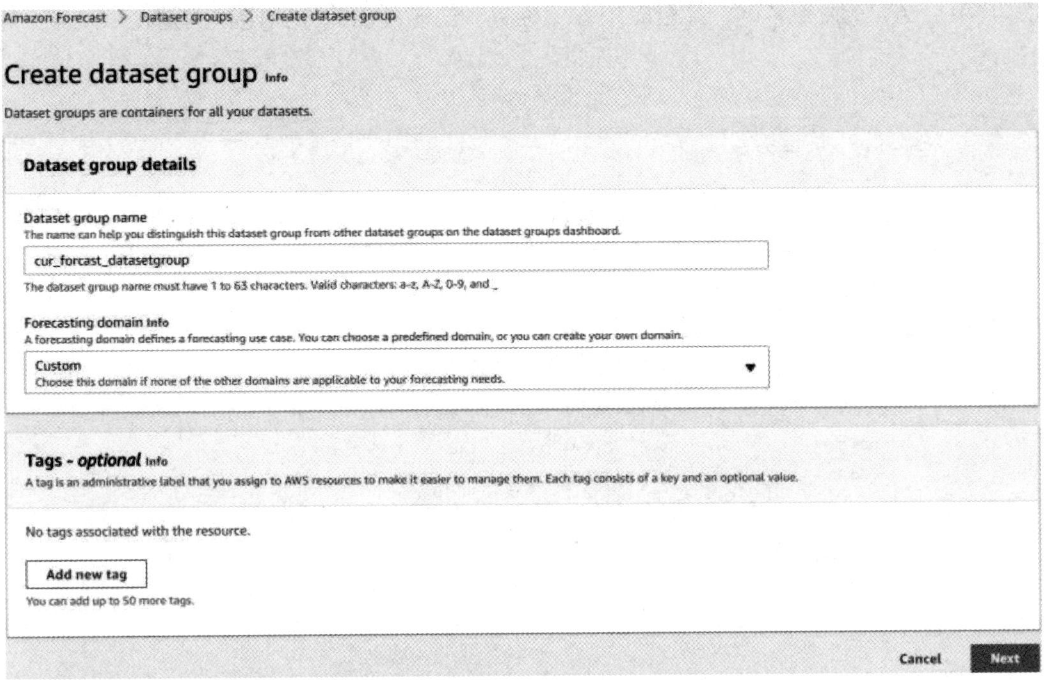

Amazon Forecast > Dataset groups > Create dataset group

Create dataset group Info

Dataset groups are containers for all your datasets.

Dataset group details

Dataset group name
The name can help you distinguish this dataset group from other dataset groups on the dataset groups dashboard.

cur_forcast_datasetgroup

The dataset group name must have 1 to 63 characters. Valid characters: a-z, A-Z, 0-9, and _

Forecasting domain Info
A forecasting domain defines a forecasting use case. You can choose a predefined domain, or you can create your own domain.

Custom ▼
Choose this domain if none of the other domains are applicable to your forecasting needs.

Tags - *optional* Info

A tag is an administrative label that you assign to AWS resources to make it easier to manage them. Each tag consists of a key and an optional value.

No tags associated with the resource.

Add new tag

You can add up to 50 more tags.

Cancel　Next

图 11.15　创建一个亚马逊预测数据集组

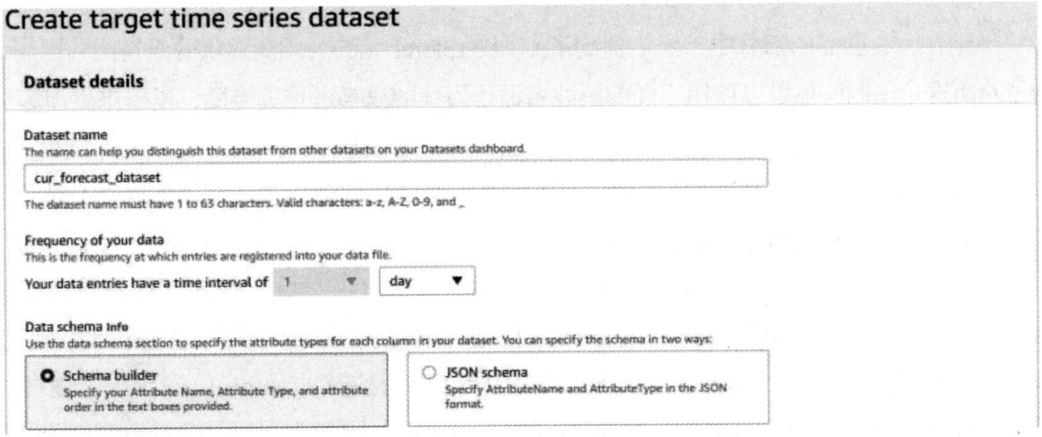

Create target time series dataset

Dataset details

Dataset name
The name can help you distinguish this dataset from other datasets on your Datasets dashboard.

cur_forecast_dataset

The dataset name must have 1 to 63 characters. Valid characters: a-z, A-Z, 0-9, and _

Frequency of your data
This is the frequency at which entries are registered into your data file.

Your data entries have a time interval of　1　▼　day ▼

Data schema Info
Use the data schema section to specify the attribute types for each column in your dataset. You can specify the schema in two ways:

○ **Schema builder**
Specify your Attribute Name, Attribute Type, and attribute order in the text boxes provided.

○ **JSON schema**
Specify AttributeName and AttributeType in the JSON format.

图 11.16　数据集名称和频率

　　你还可以定义数据模式，以帮助亚马逊预测识别我们的数据类型。时间戳格式是必需的。图 11.17 显示它设置为"yyyy-MM-dd"格式。你还可以添加其他属性的名称，例如账户 ID、AWS 服务名称，甚至应用程序标签。这样可以让你指定预测是否反映某个特定维度。

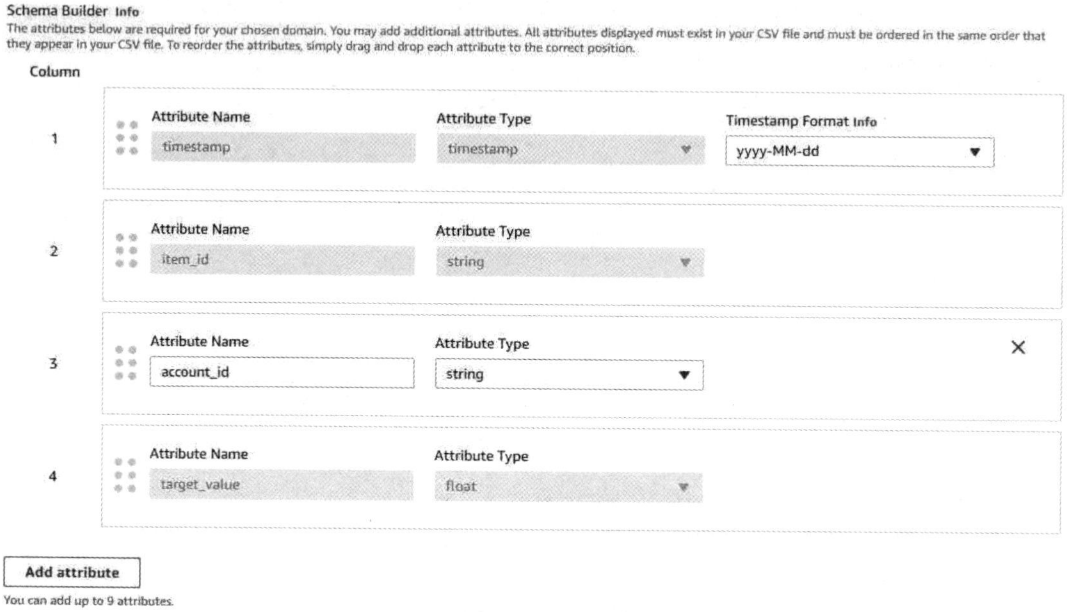

Schema Builder Info
The attributes below are required for your chosen domain. You may add additional attributes. All attributes displayed must exist in your CSV file and must be ordered in the same order that they appear in your CSV file. To reorder the attributes, simply drag and drop each attribute to the correct position.

图 11.17　数据集模式和属性

请记住，在前面的部分中，我们提到了 Cost Explorer 无法为预测提供分组视图的限制。为了克服这个限制，你可以使用不同的属性名称作为你的亚马逊预测维度，以提供更加定制化的视图。

完成上述步骤并成功导入数据集组后，Forecast 将创建数据集组并在导入过程中提供相应的提示。下一步是使用你的数据训练一个预测器。

为你的预测器提供一个名称，并指定一个预测范围。这个数字告诉亚马逊预测要在未来的多远范围内进行预测，具体取决于你指定的预测频率。你还可以为你的时间序列预测选择一种算法。如果你不确定，可以在创建预测器时选择 AutoML 选项，让亚马逊预测为你的数据集选择最佳算法。AutoML 将自动训练一个模型，并提供准确度指标和生成预测。

此外，你还可以添加一个账户 ID 作为预测维度。这将使亚马逊预测能够根据账户 ID 来预测成本。如果你需要在其他维度上进行预测，也可以在这里添加它们。图 11.18 记录了执行这些步骤的过程。

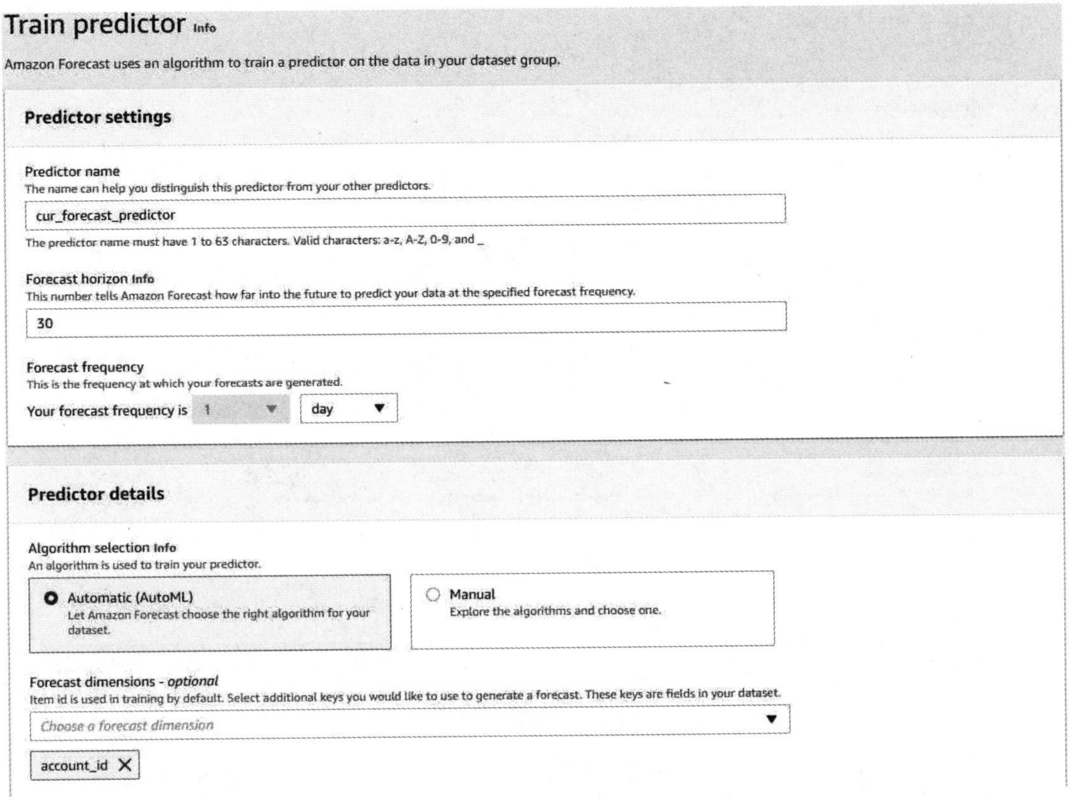

Train predictor Info

Amazon Forecast uses an algorithm to train a predictor on the data in your dataset group.

Predictor settings

Predictor name
The name can help you distinguish this predictor from your other predictors.

cur_forecast_predictor

The predictor name must have 1 to 63 characters. Valid characters: a-z, A-Z, 0-9, and _

Forecast horizon Info
This number tells Amazon Forecast how far into the future to predict your data at the specified forecast frequency.

30

Forecast frequency
This is the frequency at which your forecasts are generated.

Your forecast frequency is 1 ▼ day ▼

Predictor details

Algorithm selection Info
An algorithm is used to train your predictor.

◉ **Automatic (AutoML)**
Let Amazon Forecast choose the right algorithm for your dataset.

○ **Manual**
Explore the algorithms and choose one.

Forecast dimensions - *optional*
Item id is used in training by default. Select additional keys you would like to use to generate a forecast. These keys are fields in your dataset.

Choose a forecast dimension ▼

account_id ✕

图 11.18　训练一个亚马逊预测器屏幕截图

　　亚马逊预测将开始在你的数据集上训练最佳的机器学习模型。这个过程可能需要大约一小时的时间来完成。你可以在预测器下检查训练的状态。一旦预测器的训练状态显示为"激活"，你就可以生成预测了。

　　在生成预测之前，你需要给预测命名。但首先，你必须选择我们在上一节中创建的预测器。然后，你可以输入最多五个量化值并指定预测类型。一旦你准备好了，就可以要求亚马逊预测创建一个新的预测，如图 11.19 所示。

　　一旦预测生成完成，它将显示为"活动"状态。你可以通过指定生成的预测、开始日期和结束日期，以及服务名称来创建一个预测查询。图 11.20 显示了一个示例，其中我要求对我的亚马逊 RDS 支出进行预测。

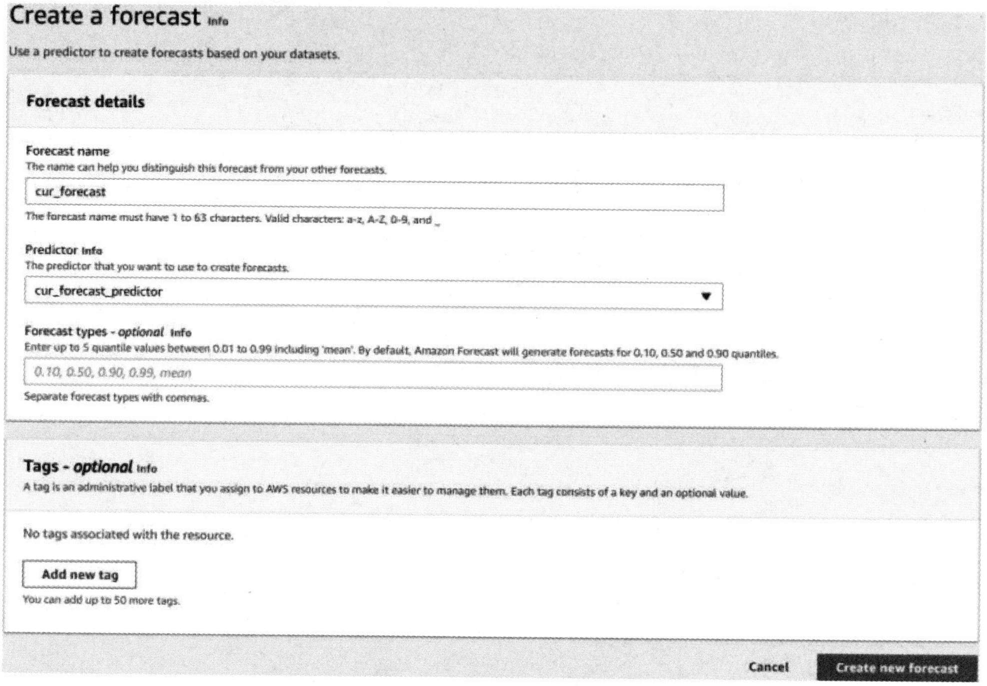

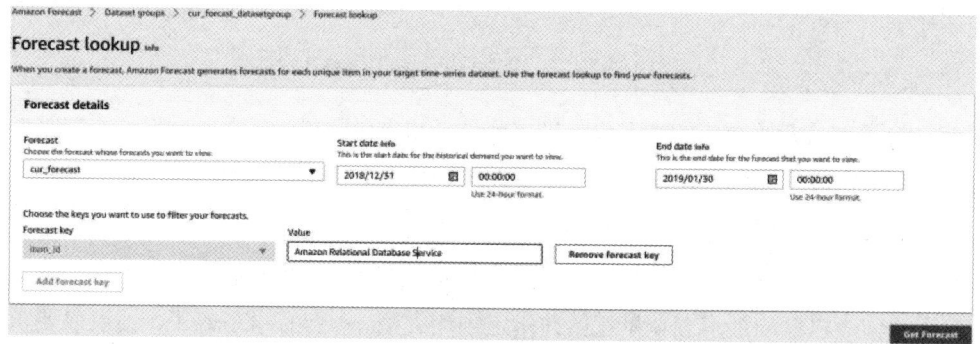

图 11.19　创建一个预测

图 11.20　生成预测

　　亚马逊预测会返回多种预测区间界限，如图 11.21 所示。根据你的使用需求，你可以选择更窄或更宽的预测区间。

　　亚马逊预测为你提供了一种无须建立复杂的机器学习工作流程就能创建基于机器学习预测的方法。你只需指向你的成本与使用报表数据，指定你想要预测的维度类型，然后让亚马逊 Web Services (AWS)管理模型的训练和构建，以获得你需要的预测结果。

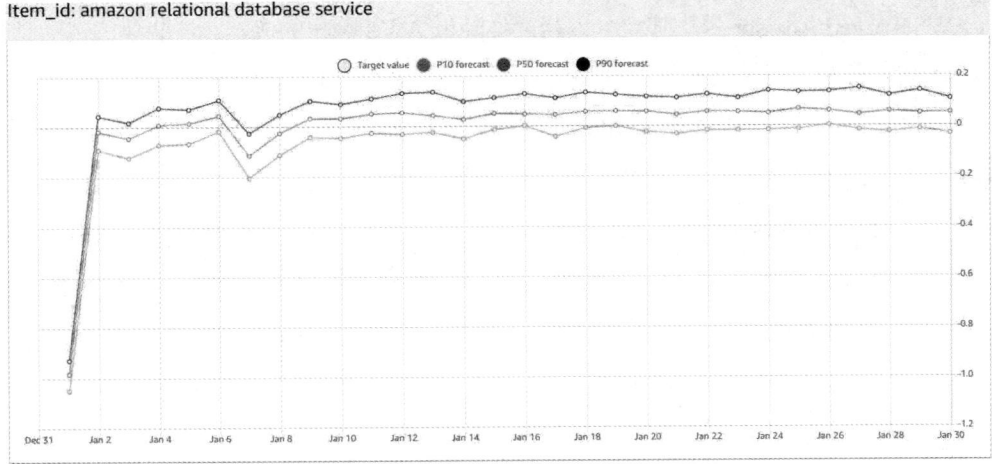

图 11.21　为亚马逊 RDS 成本创建预测

　　本节中，我们看到了 AWS 如何提供本地工具来轻松可视化你的成本和使用数据。我们还了解了一些服务（如 Cost Explorer 和 Forecast）如何通过机器学习预测来帮助你追踪未来的 AWS 支出。最后一节中，你将利用 AWS Trusted Advisor 定期监测你的成本并寻找优化机会。

在运营中实现成本优化的自动化 ●●●●

　　AWS Trusted Advisor 是一个管理工具，可以提供对你的 AWS 账户的可见性，以便查看它们在五个类别中遵守最佳实践的情况，包括成本优化、性能、安全、容错和服务限制。在这里，我们将聚焦于"成本优化"这个范畴。

> **重要说明**
>
> AWS Trusted Advisor 要求你参与商业或企业级的支持，而企业级支持可能需要你每月支付 15 000 美元（USD）。然而，对于一些组织来说，拥有更高级别的支持和更快的响应时间所带来的好处可能超过了这些财务成本。因此，你需要权衡并确定适合你组织的支持水平。

AWS Trusted Advisor 提供建议，以帮助你降低 AWS 账户的成本。这些建议包括删除未使用和闲置的资源，以及使用保留的容量。图 11.22 显示了 Trusted Advisor 成本优化仪表盘的视图，除了问题检测外，还提供相应的行动和调查建议。

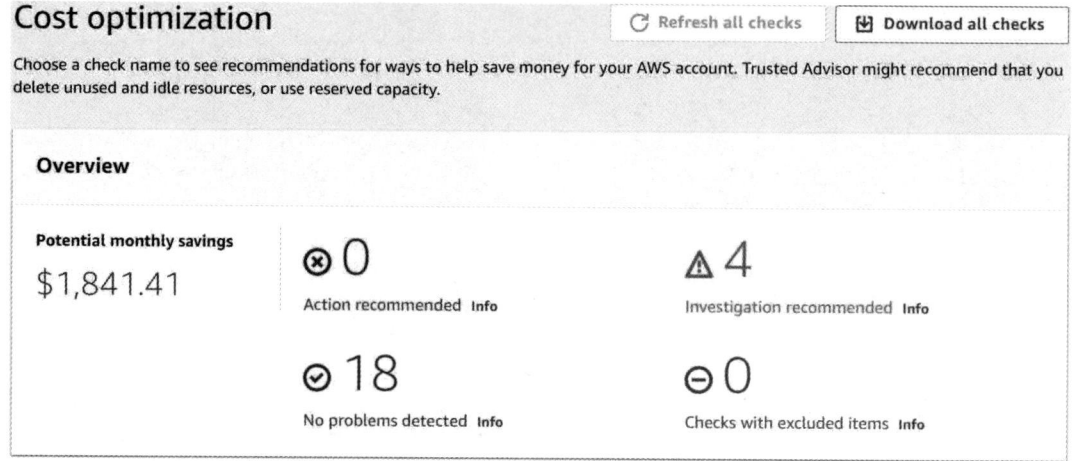

图 11.22　信任顾问成本优化仪表板

你可以使用 AWS Trusted Advisor 来了解本书第二部分中涉及的许多成本优化策略。例如，Trusted Advisor 会建议你保留额外的亚马逊 EC2 实例或购买额外的储蓄计划，以增加你对基于使用历史的稳态工作负载折扣率的覆盖面（见第 6 章 "优化计算"）。Trusted Advisor 还将建议你保留数据库实例，如亚马逊 RDS 或亚马逊 Redshift，或在检测到超额配置的卷时减少亚马逊 EBS 的大小（见第 7 章 "优化存储"）。此外，Trusted Advisor 还可以提供关于我们未涉及的主题的见解，例如删除未充分利用的 Amazon Comprehend 端点，或者检查配置效率低下的 Amazon Route 53 延迟记录集。

> **Amazon Comprehend 和 Amazon Route 53**
>
> 　　Amazon Comprehend 是一项人工智能服务，它允许你在文本文件上使用自然语言处理（NLP）来提取关键词、短语、主题和情感，而无须管理你的机器学习基础设施。Comprehend 端点为 NLP 工作负载提供实时推理能力。
>
> 　　Amazon Route 53 是一个域名系统（DNS）网络服务，你可以使用它将用户路由到内部和外部应用程序。

你可以在图 11.23 中看到 AWS Trusted Advisor 提供的各种检查的样本。

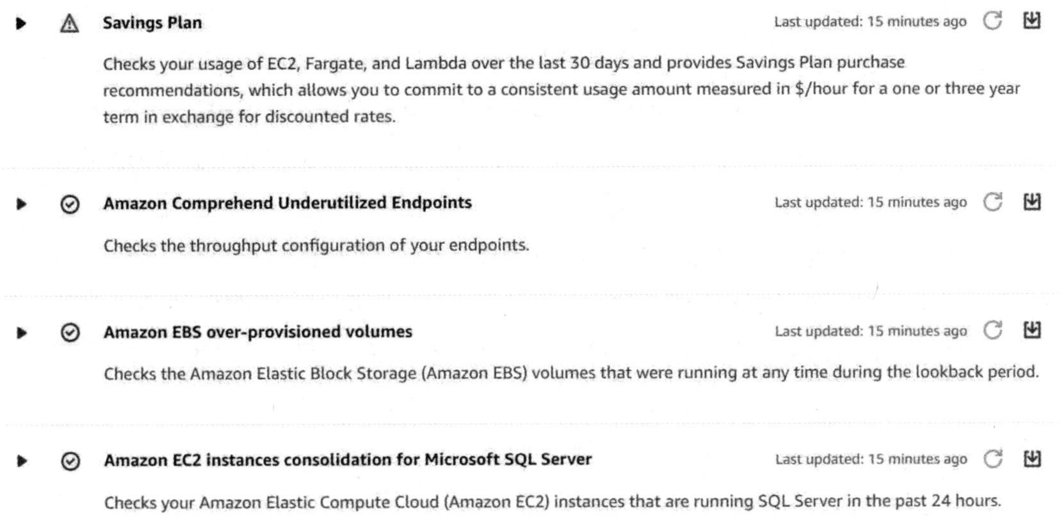

▶ ⚠ **Savings Plan**   Last updated: 15 minutes ago ↻ ⬇

Checks your usage of EC2, Fargate, and Lambda over the last 30 days and provides Savings Plan purchase recommendations, which allows you to commit to a consistent usage amount measured in $/hour for a one or three year term in exchange for discounted rates.

▶ ⊘ **Amazon Comprehend Underutilized Endpoints**   Last updated: 15 minutes ago ↻ ⬇

Checks the throughput configuration of your endpoints.

▶ ⊘ **Amazon EBS over-provisioned volumes**   Last updated: 15 minutes ago ↻ ⬇

Checks the Amazon Elastic Block Storage (Amazon EBS) volumes that were running at any time during the lookback period.

▶ ⊘ **Amazon EC2 instances consolidation for Microsoft SQL Server**   Last updated: 15 minutes ago ↻ ⬇

Checks your Amazon Elastic Compute Cloud (Amazon EC2) instances that are running SQL Server in the past 24 hours.

图 11.23　可信顾问的成本优化检查

AWS Trusted Advisor 提供了个人账户和整个 AWS 组织账户成本影响的高级概述，可以帮助集中的 FinOps 团队更好地管理成本。特别是对于大型组织来说，资源级别的细化在每个账户中是困难的，因此使用类似 Trusted Advisor 的检查可以从宏观的角度开始管理成本，然后根据关键发现深入到具体细节。

Trusted Advisor 提供成本优化建议的报告和指导。你还可以与其他服务（如 AWS 系统管理器）整合 Trusted Advisor。通过系统管理器，你可以建立和定制操作仪表板，以获取你账户和地区的 AWS 资源的操作数据（OpsData）的汇总视图。你可以将 Trusted Advisor 与系统管理器、资源管理器视图集成，以获取 AWS 计算优化器的报告，例如，你可以查看在使用亚马逊 EC2 实例时，如何提高效率。在下一节中，我们将详细了解如何实现这一点。

将信任顾问与其他 AWS 服务整合起来 ●●●●

AWS Trusted Advisor 是许多工具之一，你可以使用它来监测整个账户的成本。然而，在本章的开头我们确定，仅仅依靠工具是不足以达到长期成本优化效益的，你还需要有合适的人员和流程。在这种情况下，涉及的人员构成了一个集中的 FinOps 团队。我们在这里概述的过程涉及将 Trusted Advisor 与系统管理器（SM）集成，以提供整个 AWS 组织成本优化检查的全面视图。

你需要首先启用 SM Explorer。你可以使用 SM 资源管理器创建一个可定制的操作仪表板，用于报告关于你的 AWS 资源的信息。这对于需要获得泛账户资源视图以寻找优化机会的集中式财务运营职能非常有帮助。尽管 SM 资源管理器并不仅限于查看云基础设施成本相关部分，但我们将看到如何使用它特别关注成本视图。

你可以通过 AWS 管理控制台访问 SM Explorer 以获取仪表板视图。启用资源管理器后，你可以通过提供数据同步名称并选择要同步资源使用的账户和区域来创建资源数据同步，如图 11.24 所示。资源数据同步将汇总你 AWS 账户的 OpsData，并通过 SM 资源管理器为你提供一个统一的视图。

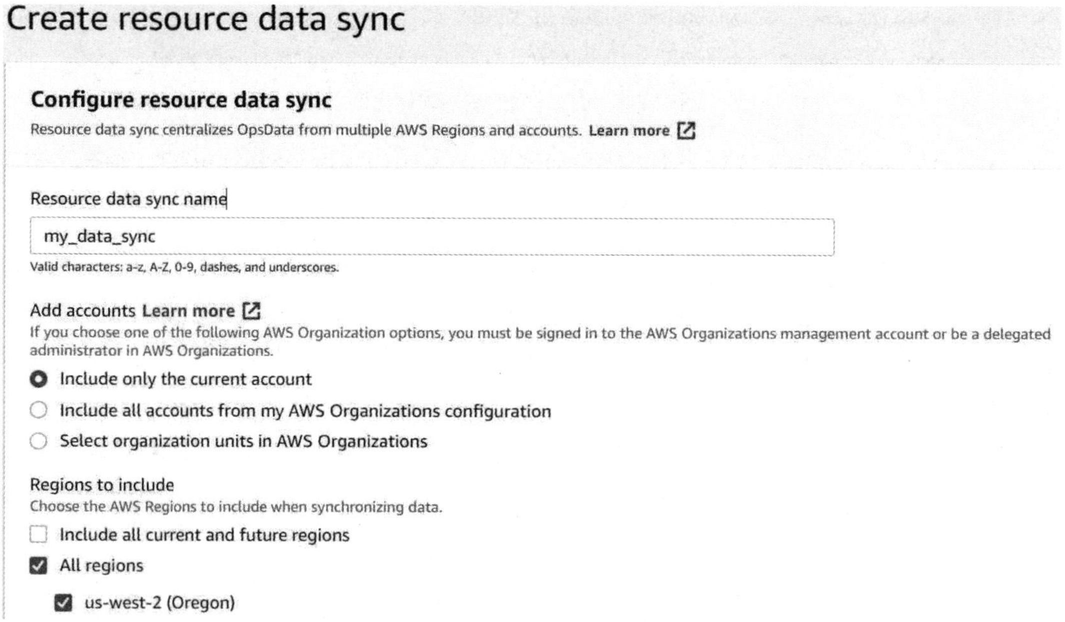

图 11.24　SM Explorer 数据同步

一旦你创建了数据同步，你可以在资源管理器仪表板中配置 OpsData 来源。在图 11.25 中，你正在选择成本节约类别，并启用三个 OpsData 源，将其嵌入你的 SM 资源管理器仪表板中。

AWS Systems Manager > Explorer > Settings

Configure Dashboard　　Explorer Settings

Configure OpsData sources and widgets

Enable all

OpsData sources	Cost saving ▼	Status ▼

Q Filter OpsData sources

Name	Status
● Amazon EC2	🔵 Enabled
○ Systems Manager Inventory	🔵 Enabled
○ Compute Optimizer	🔵 Enabled

Dashboard widgets for Amazon EC2

Q Filter dashboard widgets

Name	Add/Remove from dashboard
Instance by AMI	🔵 Added
Instance count	🔵 Added

图 11.25　SM Explorer OpsData 仪表板配置

一旦数据同步完成，你将能够在资源管理器页面上查看 Trusted Advisor 检查。在这里，你可以查看来自不同 AWS 账户和地区的所有检查的摘要。你还可以按照 AWS 账户 ID 查看检查结果，如图 11.26 所示。

Trusted Advisor Checks New

Actions ▼ ⓘ

Group By　Source Category ▼

‹ **1** ›

Groups	Checks by status		
Performance	30 ✓	0 ⚠	0 ✗
Cost Optimization	20 ✓	4 ⚠	0 ✗
Security	40 ✓	4 ⚠	7 ✗
Fault Tolerance	42 ✓	6 ⚠	3 ✗
Service Limits	150 ✓	0 ⚠	0 ✗

图 11.26　SM 资源管理器上的可信顾问检查

你可以使用过滤器来搜索特定项目。例如，你可以使用 AWS Trusted Advisor 的过滤器来筛选资源类别等于成本优化的项目，从而创建关于成本优化的报告，如图 11.27 所示。

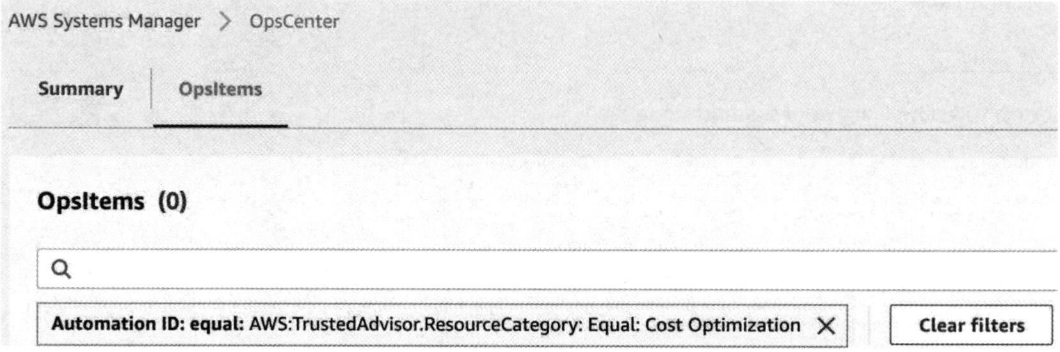

AWS Systems Manager > OpsCenter

Summary OpsItems

OpsItems (0)

Q

Automation ID: equal: AWS:TrustedAdvisor.ResourceCategory: Equal: Cost Optimization ✕   Clear filters

图 11.27　OpsData 过滤器显示信任顾问建议

通过 SM 资源管理器的仪表板，你可以使用过滤器来访问 Trusted Advisor 的建议。这可以帮助简化 OpsData 的管理，并在一个平台上查看成本优化结果。SM 资源管理器旨在作为运营团队的中央平台，他们可以与集中的 FinOps 团队合作，管理整个组织的成本和资源使用情况。

本章小结 ●●●●

本章中，我们学习了如何通过使用 AWS 分析工具来充分利用 AWS Cost and Usage Report（CUR）来提取洞察力。我们了解了如何使用企业级仪表板，将其作为一个框架，为企业提供成本和使用的可见性。我们还学习了如何将分析服务（如 Athena 和 QuickSight）与作为基础设施即代码工具的 CloudFormation 结合使用，为团队创建自助式部署以了解其成本。

我们还学习了如何使用 AWS Cost Explorer 和亚马逊预测的预测功能来提前计划。虽然这些估计可能会有一些预测误差，但相较于完全不知道未来会发生什么，有一些预见性通常是一个好的迹象。规划有助于在组织内建立信任，并帮助你为意外的成本和使用高峰做准备。

最后，我们了解了如何将 Trusted Advisor 与 Systems Manager 整合在一起，以使你的优化工作在整个企业中发挥作用。这将帮助你的中央 FinOps 团队寻找整个组织的优化机会。

在下一章，也是最后一章，我们将重点讨论辅助 FinOps 团队的工作，如信息传递、沟通和工作量审查，以支持企业的成本节约工作。

进一步阅读 ●●●●

如果你想要了解更多信息，请参考以下资源：

- 企业仪表板：https://wellarchitectedlabs.com/Cost/200_Enterprise_Dashboards/Cost_Intelligence_Dashboard_ReadMe.pdf。

- 云智能仪表板研讨会：https://catalog.us-east-1.prod.workshops.aws/workshops/fd889151-38aa-4fe2-a29d-d5fa557197bb/en-US。

- AWS CUDOS 框架的部署：https://github.com/aws-samples/aws-cudos-framework-deployment/。

- 什么是 AWS CloudShell？：https://docs.aws.amazon.com/cloudshell/latest/userguide/welcome.html。

- 管理的现货培训。为你的亚马逊 SageMaker 培训工作节省高达 90%的费用：https://aws.amazon.com/blogs/aws/managed-spot-training-save-up-to-90-on-your-amazon-sagemaker-training-jobs/。

- 用 Cost Explorer 进行预测，2022 年：https://docs.aws.amazon.com/cost-management/latest/ userguide/ce-forecast.html。

管理职能

在前几章中，我们强调了建立正确指标的重要性，以实现成本优化目标。我们深入探讨了如何定义实用的指标，并了解了报告这些指标所需的工具和流程。这些关键的数据驱动措施帮助我们验证成本优化方面的工作。

在最后一章，我们将讨论集中式 FinOps 团队在其他管理职能上的角色，这些职能强调的是人力和流程，而非分析能力。根据我们目前所学，一个集中的 FinOps 团队已经在忙于制定指标、进行分析和报告、预测未来，并与技术团队合作实施成本节约措施，同时在整个组织内推动最佳实践。然而，我们还没有探讨如何减少开支的软技能，诸如谈判合同、管理采购订单，以及促进组织内有关成本优化的沟通。

这一章将涵盖以下主要议题：

- 充分利用 AWS 解决方案
- 进行开票和行政工作
- 扩大组织内的 FinOps 规模

充分利用 AWS 解决方案 ●●●●

AWS 解决方案库是一个经过精心策划的解决方案集合，旨在解决特定的技术或业务用例。这些用例适用于多个行业，例如零售、旅游和酒店、金融服务和广告，以及各种技术用例，如数据湖、监控和成本优化。AWS 解决方案与我们在上一章中介绍的 CUDOS 仪表盘类似，你可以部署 AWS CloudFormation 模板并快速创建一个可用的解决方案。此外，你还可以根据自己的需求对模板进行定制。

本章中，我们将学习两个在 AWS 上的解决方案，分别是实例调度器和工作空间的成本优化器。前者可以自动启动和停止你的亚马逊 EC2 实例和亚马逊 RDS 数据库实例，通过停止未使用的资源来优化成本。关闭 AWS 资源是节约成本的最佳方式，甚至比使用 Reserved Instances 或 Savings Plans 更为有效。

> **重要说明**
>
> 如果你删除一个附加了亚马逊 EBS 卷的亚马逊 EC2 实例，但选择保留这些卷而不删除它们，那么你将会产生存储成本。因此，作为 AWS 环境卫生的一部分，请你务必删除未使用的 EBS 卷。这样可以确保你的环境保持整洁，并减少不必要的存储成本。

后者的概念类似，但特别适用于亚马逊 WorkSpaces 产品。亚马逊 WorkSpaces 是 AWS 上的一项桌面即服务解决方案，允许用户通过远程方式访问位于云上的虚拟桌面。用户可以远程访问预先配置好、包含他们执行日常任务所需软件的桌面。管理员可以安全地安装所需的应用程序并监控使用情况，无须担心底层虚拟机的管理。与亚马逊 EC2 一样，你需要按小时（或月）为每个 WorkSpaces 实例付费。减少此服务的浪费的最佳方法是在不使用时停止运行 WorkSpace。

让我们更详细地了解这两种解决方案。

AWS 解决方案中的实例调度器 ●●●●

当你将解决方案部署到你的 AWS 账户时，你可以设置一个时间表来指定亚马逊 EC2 和 RDS 实例应在何时运行。你可以通过为每个实例设置一个唯一名称的标签值来定义时间表。这样可以允许你为不同的标签值创建不同的时间表，以适应不同的工作负载需求。

举个例子，你可能有一组亚马逊 EC2 实例需要一直运行到营业时间结束，而另一组实例只需要在晚上几小时内运行。这些时间配置被称为时段，而一个时间表必须至少有一个时段来定义实例的运行时间。

该解决方案利用 AWS Lambda 来自动启动和停止你的实例。AWS Lambda 会在预定的时间段内根据你的配置频率执行相应的操作。这些配置信息会被保存在 Amazon DynamoDB 表中，作为你配置的数据存储。然后，该解决方案利用 AWS Systems Manager 的维护窗口（在前一章中介绍）来触发 Lambda 的调用。

在部署这个解决方案时，你需要考虑一些设计上的注意事项。首先，你要考虑实例的停止行为。默认情况下，该解决方案会自动停止你的实例而不是完全终止它们。如果你要停止一个实例就会保留连接的 EBS 卷，这意味着当你重新启动实例时，你不会丢失数据。然而，终止一个实例会永久地删除该实例和任何本地存储的数据。此外，附加的 EBS 卷上的数据将被分离和删除。

停止实例在保留数据方面是相对安全的，但如果你有终止实例的要求，就可以更改实例的停止行为。无论实例是被停止还是被终止，都不会收取费用，因为在这两种情况下，它们都是处于关闭状态。

重要说明

该解决方案能够自动停止亚马逊 RDS 实例。然而，请注意，在停止实例之前，建议你执行自动创建 RDS 实例快照的流程，以防止数据丢失。数据丢失可能会对你的组织造成不利影响。

接下来，你可能需要考虑希望哪些类型的实例能够在特定时间自动启动和停止，尤其是对于亚马逊 EC2 实例。你可以指定不同的实例类型，例如在周末可以选择较小的实例类型，而在生产工作负载期间可以选择较大的实例类型。通过合理调整实例类型，可以进一步优化成本管理。

此外，你还需要考虑实例调度器的启动和停止时间。如果你只指定了启动时间，则你需要手动停止实例或通过解决方案之外的其他程序来停止它们。相反地，如果你只指定了停止时间，则你必须手动启动实例。你还可以指定时区和每天的具体时间，以便解决方案可以自动启动和停止你的实例。

在部署解决方案时，图 12.1 显示了用于 CloudFormation 堆栈的参数设置。在启动堆栈时，你需要指定几个参数值。在这里，我们需要为解决方案指定一个唯一的标签值，以与我们的 EC2 和 RDS 实例相关联。

我们不打算将此时间表应用于亚马逊 Aurora 实例和 AWS 的专有云数据库服务。同时，我们也不希望该解决方案自动创建 RDS 实例的快照。

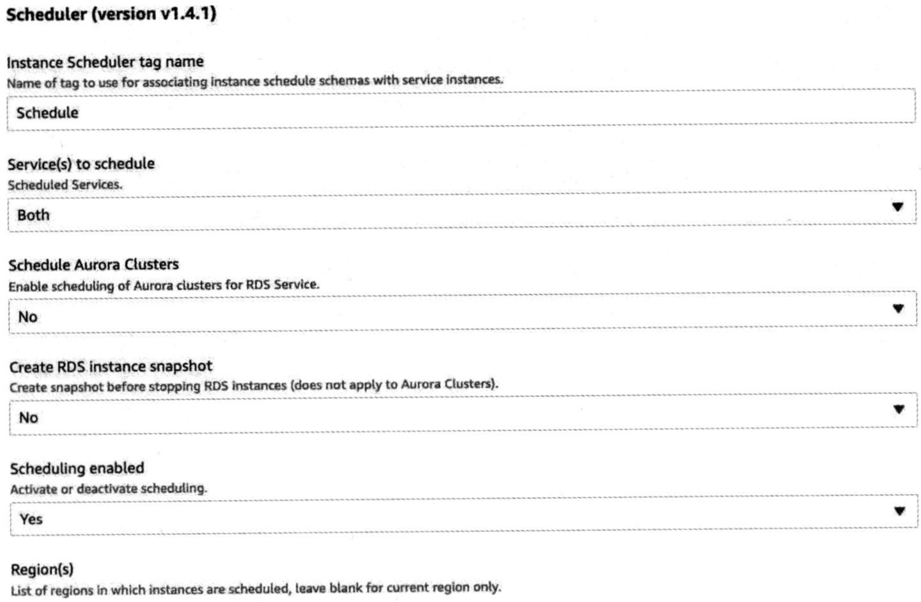

Scheduler (version v1.4.1)

Instance Scheduler tag name
Name of tag to use for associating instance schedule schemas with service instances.

Schedule

Service(s) to schedule
Scheduled Services.

Both ▼

Schedule Aurora Clusters
Enable scheduling of Aurora clusters for RDS Service.

No ▼

Create RDS instance snapshot
Create snapshot before stopping RDS instances (does not apply to Aurora Clusters).

No ▼

Scheduling enabled
Activate or deactivate scheduling.

Yes ▼

Region(s)
List of regions in which instances are scheduled, leave blank for current region only.

图 12.1　使用 CloudFormation 配置实例时间表

图 12.2 显示了用于配置监控和日志保留的解决方案的设置选项。请注意，并非所有字段都必须指定。

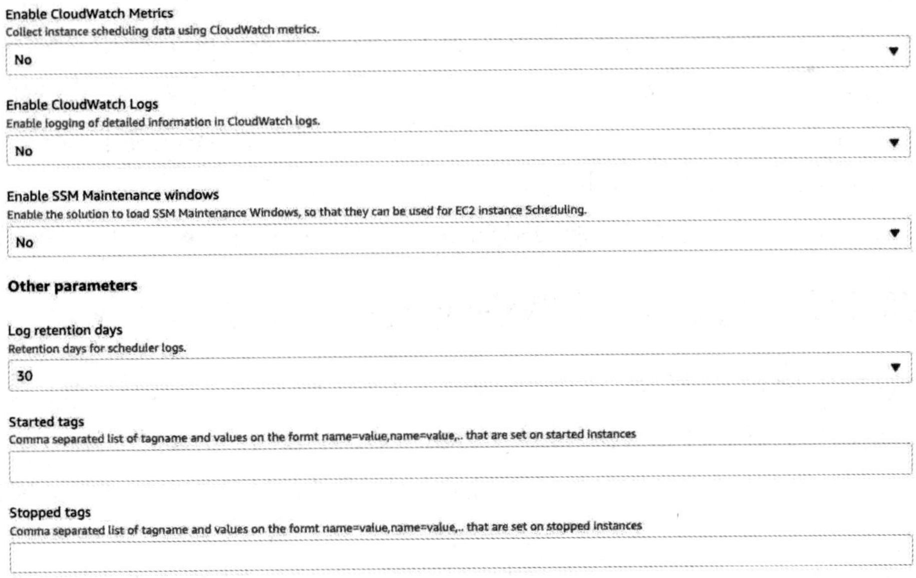

Enable CloudWatch Metrics
Collect instance scheduling data using CloudWatch metrics.

No ▼

Enable CloudWatch Logs
Enable logging of detailed information in CloudWatch logs.

No ▼

Enable SSM Maintenance windows
Enable the solution to load SSM Maintenance Windows, so that they can be used for EC2 instance Scheduling.

No ▼

Other parameters

Log retention days
Retention days for scheduler logs.

30 ▼

Started tags
Comma separated list of tagname and values on the formt name=value,name=value,.. that are set on started instances

Stopped tags
Comma separated list of tagname and values on the formt name=value,name=value,.. that are set on stopped instances

图 12.2　用于监控和日志保留的配置

我们尚未启用 CloudWatch 指标或日志，但在生产环境中，你可能需要考虑启用它们。这些日志将向你报告解决方案在何时采取了哪些操作对应的资源。通过利用这些信息，你可以相应地调整你的时间表，以适应变化的情况。

你可以在 CloudWatch 捕获的图表中查看日志的结果，如图 12.3 所示。你可以选择 CloudFormation 堆栈的名称和 InstanceScheduler 命名空间。该命名空间将显示所有标记为 Instance Scheduler 解决方案的实例，以显示其运行或停止的状态。

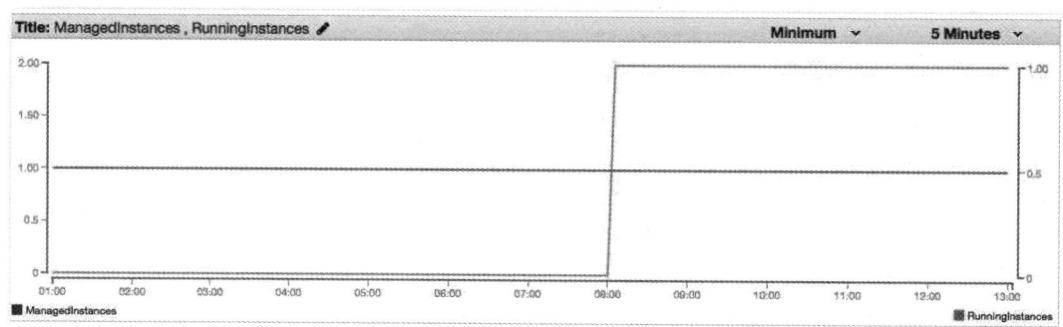

图 12.3　CloudWatch 中的实例调度器指标

该图显示了针对单个实例的调度操作。其中，0 表示实例被停止，而 1 表示实例正在运行。CloudWatch 在 X 轴上显示时间。

当你考虑自动启动和停止亚马逊 EC2 和 RDS 实例的方法时，可以使用这个解决方案。你可以通过 CloudFormation 或 AWS 命令行界面（CLI）轻松安装该解决方案，并快速设置适合你团队需求的时间表。请记住，如果该解决方案最终无法满足你的需求，你只需删除 CloudFormation 堆栈即可删除所有相关资源。

现在，让我们来看一个与亚马逊 WorkSpaces 非常搭配的解决方案，它有类似的概念。

AWS 解决方案中工作空间的成本优化器 ● ● ● ●

亚马逊 WorkSpaces 是一种完全托管的服务，为你的终端用户提供桌面即服务的体验。这对于那些正在转向远程工作的组织来说非常理想。你可以提供一个虚拟的桌面，员工可以通过互联网访问所有的企业应用程序，而不需要在员工的物理笔记本电脑或桌面上安装或提供应用程序。

然而，就像 AWS 的其他服务一样，使用 WorkSpaces 也需要付费，尽管你可以选择按月或按小时计费的选项。按小时计费听起来很直观，而按月计费则更适合将 WorkSpaces 用作主要工作站的员工。按月计费模式下，你支付固定费率，并且有无限使用量。然而，请注意，WorkSpaces 不适用于存储计划的折扣率。

这就是工作空间成本优化器解决方案可以提供帮助的地方。该解决方案会监控你的 WorkSpaces 使用情况，并根据你的使用模式优化成本。它会分析你的 WorkSpaces 使用数据，并自动将 WorkSpaces 定价转换为最优化的计费选项，这类似于亚马逊 S3 智能分层通过将数据放置在适当的存储类别中以自动优化存储支出的方式（详见第 7 章"优化存储"）。这里的自动成本优化的概念具有相似性，只是它不是服务的内置功能，而是你需要单独部署的解决方案。

我们可以使用 CloudFormation 轻松地部署该解决方案，该解决方案可以在一个堆栈中部署所需的资源。该解决方案执行了以下几项任务：

- 解决方案使用 CloudWatch 每 24 h 调用一个 AWS Lambda 函数。
- Lambda 函数执行一个容器化任务，获取 AWS 组织中所有区域的所有工作空间。
- 该任务使用按小时计费模式来确定 WorkSpace 实例的使用量，并在达到每月使用量的阈值时将其转换为按月计费模式，以优化成本。

该任务的本质是确定月度订阅定价是否比按需付费更为经济实惠。如果你不希望解决方案立即执行这些更改，而是希望拥有更多数据来确定是否首先自动化这个流程有意义，你可以在 CloudFormation 的 Dry Run Mode 参数中进行指定。当该参数设置为"是"时，解决方案将运行以收集与 WorkSpace 使用相关的指标。一旦你分析了这些模式，就可以手动实施更改来切换计费选项。稍后将参数改为"否"，解决方案将自动执行更改。

对于那些你不希望解决方案改变计费选项的实例，你可以为 WorkSpace 实例应用 Skip_Convert 标签。解决方案将识别该标签，并忽略标记为 Skip_Convert 的实例的计费转换任务。你可以随时删除该标签，让解决方案再次对这些实例进行转换。如果你不希望解决方案修改特定区域的工作空间，则可以选择退出该特定区域。你可以在使用 CloudFormation 部署解决方案时更改这些参数。

类似于选择不同的亚马逊 EC2 实例类型，你可以选择合适的 WorkSpace 实例类型来满足你的需求。例如，你可能想启动一个 Value WorkSpace Bundle 用于测试目的，但对于图形密集型工作负载，你可能希望使用 GraphicPro Bundle。你还可以根据需要在不同的硬件捆绑之间进行切换。根据硬件类型，你可以为解决方案指定优化器时间表。

你可以设置特定的 WorkSpace 捆绑包在切换为 ALWAYS_ON 计费选项之前必须运行的小时数。该解决方案提供了默认值，但你可以在部署过程中更改这些值。例如，设置标准限制参数为"80"将确保标准 WorkSpace 捆绑实例在运行 80 h 后转换为 ALWAYS_ON 计费选项。

默认情况下，该解决方案将创建一个新的 VPC 来运行解决方案，但如果你愿意，你也可以将其部署到现有的 VPC 中。图 12.4 显示了通过 CloudFormation 将解决方案部署到新的 VPC 的示例。

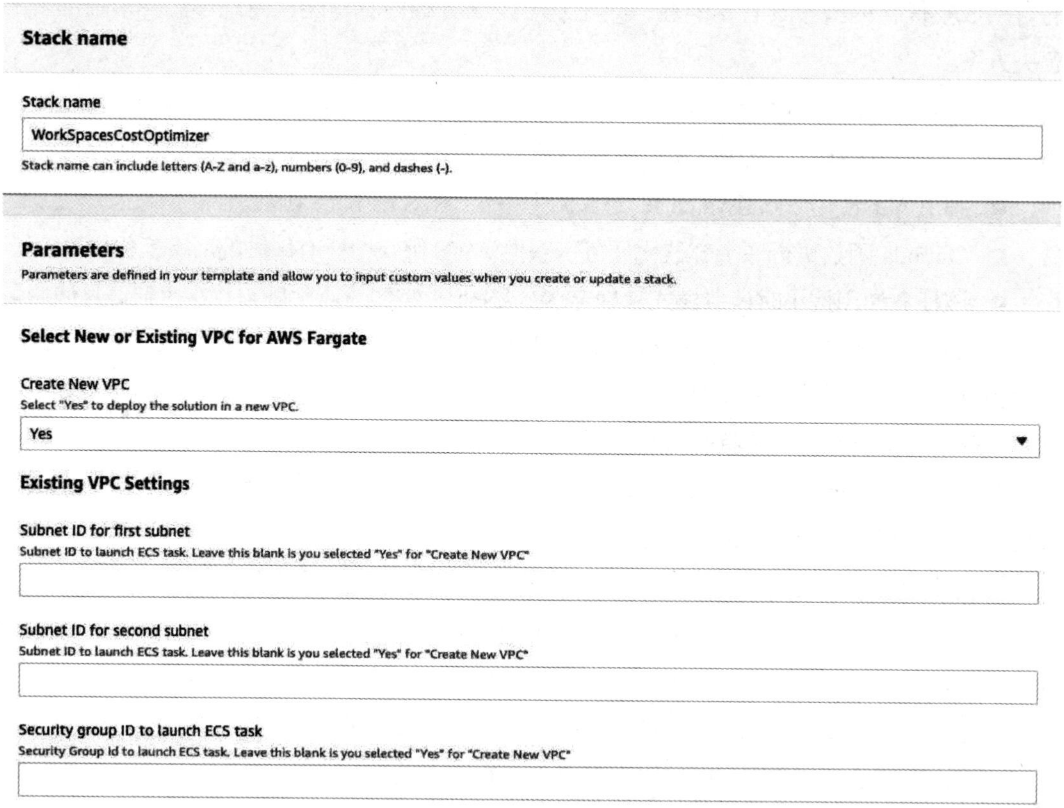

Stack name

Stack name

WorkSpacesCostOptimizer

Stack name can include letters (A-Z and a-z), numbers (0-9), and dashes (-).

Parameters

Parameters are defined in your template and allow you to input custom values when you create or update a stack.

Select New or Existing VPC for AWS Fargate

Create New VPC

Select "Yes" to deploy the solution in a new VPC.

Yes

Existing VPC Settings

Subnet ID for first subnet

Subnet ID to launch ECS task. Leave this blank is you selected "Yes" for "Create New VPC"

Subnet ID for second subnet

Subnet ID to launch ECS task. Leave this blank is you selected "Yes" for "Create New VPC"

Security group ID to launch ECS task

Security Group Id to launch ECS task. Leave this blank is you selected "Yes" for "Create New VPC"

图 12.4　为 WorkSpace 解决方案创建一个新的 VPC

如果你想在现有的 VPC 中部署解决方案，你必须确保亚马逊弹性容器服务（Amazon ECS）任务被部署在一个公共子网中。因为 ECS 任务需要拉取托管在公开访问的 AWS 仓库中的 Docker 镜像，所以它需要具有与互联网的连接。

> **重要说明**
>
> 亚马逊 ECS 是一个容器管理服务。当你使用亚马逊 EC2 时，实际上是在利用虚拟化技术在硬件上运行多个操作系统。然而，当你使用亚马逊 ECS 时，你则是在一个实例上使用虚拟化的操作系统。这就是虚拟机和容器之间的区别，容器更为轻巧且灵活。

在你完成网络基础设施的定义后，你需要制定一个优化时间表，具体如图 12.5 所示。在这里，你可以为各种 WorkSpace 实例类型设置每小时的限制，以指示何时将计费模式从按小时改为按月计费。根据每种实例类型的工作负载模式，你可能需要设置不同的时间表以优化成本。

Pricing Parameters

ValueLimit
The number of hours a Value instance can run in a month before being converted to ALWAYS_ON. Default is 81.

81

StandardLimit
The number of hours a Standard instance can run in a month before being converted to ALWAYS_ON. Default is 85.

85

PerformanceLimit
The number of hours a Performance instance can run in a month before being converted to ALWAYS_ON. Default is 83.

83

GraphicsLimit
The number of hours a Graphics instance can run in a month before being converted to ALWAYS_ON. Default is 217.

217

GraphicsProLimit
The number of hours a Graphics Pro instance can run in a month before being converted to ALWAYS_ON. Default is 80.

80

PowerLimit
The number of hours a Power instance can run in a month before being converted to ALWAYS_ON. Default is 83.

83

PowerProLimit
The number of hours a Power Pro instance can run in a month before being converted to ALWAYS_ON. Default is 80.

80

图 12.5　配置定价参数

一旦你部署了该解决方案，WorkSpace 优化器就会持续监测你的 WorkSpace 使用情况，并根据你定义的参数调整计费选项。通过利用这些解决方案，你可以将自动化嵌入你的

FinOps 实践中，而无须编写脚本。

在接下来的部分中，我们将深入探讨如何在 AWS 计费控制台中执行计费和管理任务。虽然这些操作主要面向财务和计费操作人员，但对技术团队来说也同样有用，需要理解相关内容。

计费和管理任务 ●●●●●

本节中，我们将探讨 FinOps 团队可能需要进行或与财务部门合作完成的计费和管理任务。这些任务包括通过 AWS 计费控制台管理成本和使用数据。我们将学习如何使用 AWS 计费指挥来管理成本和使用数据，如何管理免费层的使用，创建采购订单，并利用私有定价来优化 AWS 支出。

用 AWS Billing Conductor 简化计费工作 ●●●●

AWS 计费服务支持你的展示与收费工作。你可以自定义月度账单数据，使其成为 AWS 账单的本地化版本。许多 AWS 客户将其账户整合成 AWS 组织，以获得操作和财务方面的优势。然而，我们了解到，通过将你的 AWS 账户整合成 AWS 组织，你将收到一份账单（请参阅第 2 章 "建立正确的账户结构"）。

对于一些客户而言，这样做非常有效，但对于另一些客户而言，他们需要以支持其收费和展示机制的方式操作其计费数据。这一点尤其适用于使用 AWS 为其客户提供平台的服务提供商。例如，如果你拥有一家在客户加入你的服务时部署 AWS 环境的公司，就可以为每个终端客户创建独立的 AWS 账户——账户 A 为客户 A，账户 B 为客户 B，依此类推。所有费用和使用量都会汇总到你的 AWS 账户。然后，你可以执行相应的操作，计算每个客户需要支付的费用。

AWS 计费服务通过允许你创建互斥的账户计费组来促进这一过程。你可以为特定的计费组设置一个 AWS 账户，或者为特定的计费组设置多个 AWS 账户。这样的设置可以根据你的使用情况进行调整，并且你可以查看每个计费组的独立账单。

回到我们的示例，在使用 AWS 计费服务时，我们可以为客户 A（AWS 账户 A）创建一个计费组，为客户 B（AWS 账户 B）创建另一个独立的计费组。然后，我们可以查看每个计费组的账单，这有助于我们的扣款流程。

首先，你需要创建一个计费组来创建你的自定义账户分组。计费组是互斥的，也就是说，一个 AWS 账户只能与一个计费组相关联。如果你想将一个账户移动到另一个计费组，你需要从当前的计费组中将其删除，然后将其移动到所需的计费组中。这样做将刷新该账户的计费数据，你需要在计费数据刷新前等待 24 h。图 12.6 展示了如何创建一个管理三个 AWS 账户的计费组。

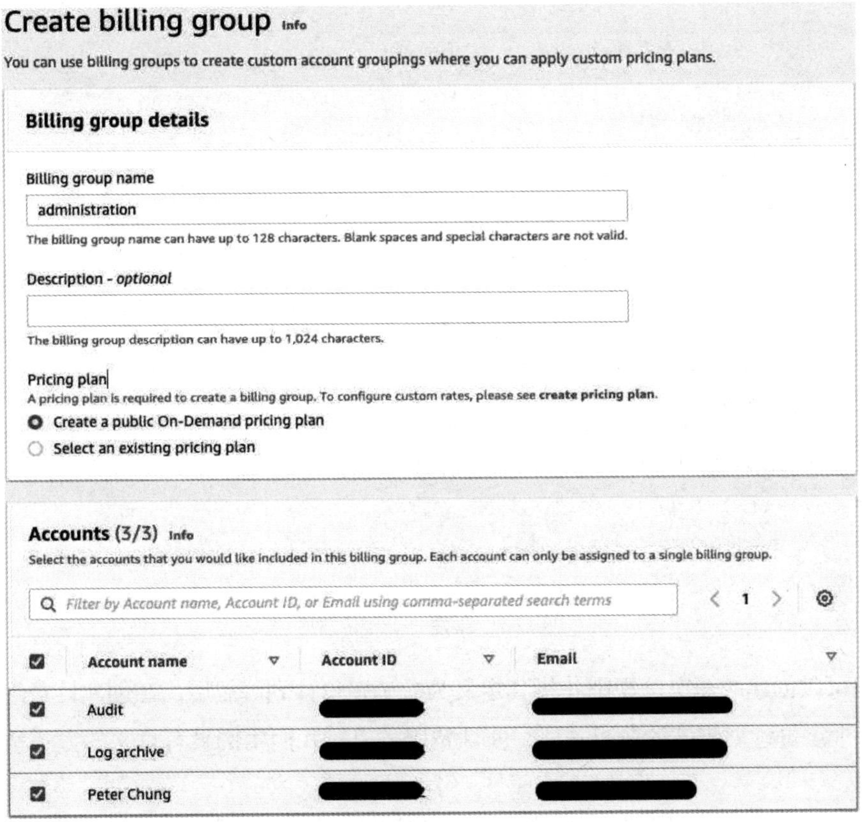

图 12.6　创建一个计费组

在之前的示例中，使用的是公共按需定价计划。这意味着 Billing Conductor 显示的计费数据是基于公共定价和账户的使用情况。然而，你可能希望为你的收费和展示工作创建自定义定价计划。例如，如果你是一个服务提供商，并且想向使用你的平台的客户收取 10% 的溢价，那么你可以创建一个定价规则，反映出 10% 溢价的计费数据。然后，你可以对计费组使用这个视图，查看调整后的定价。图 12.7 展示了如何创建一个定价规则。

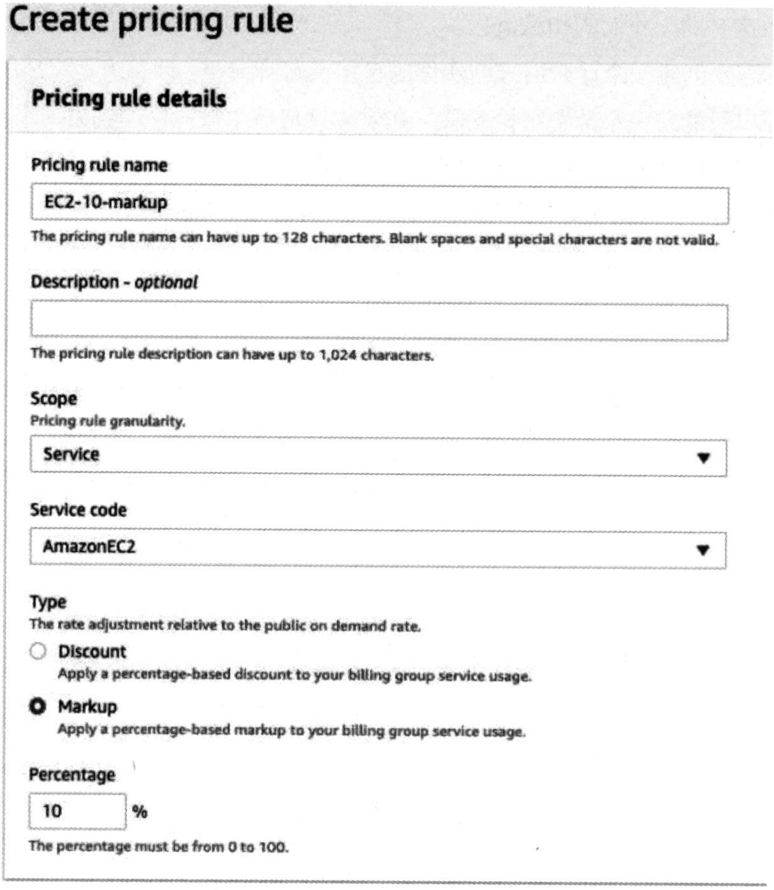

Create pricing rule

Pricing rule details

Pricing rule name

EC2-10-markup

The pricing rule name can have up to 128 characters. Blank spaces and special characters are not valid.

Description - optional

The pricing rule description can have up to 1,024 characters.

Scope
Pricing rule granularity.

Service ▼

Service code

AmazonEC2 ▼

Type
The rate adjustment relative to the public on demand rate.
○ **Discount**
    Apply a percentage-based discount to your billing group service usage.
● **Markup**
    Apply a percentage-based markup to your billing group service usage.

Percentage

10 %

The percentage must be from 0 to 100.

图 12.7   创建一个定价规则

我们可以创建一套定价规则并将其定义为一个定价计划。然后，在创建计费组时，我们可以将一个定价计划与该计费组关联，使计费服务以对我们用例最有意义的方式呈现我们的计费数据。

> **重要说明**
> AWS Billing Conductor 并不包括 AWS 信用、税务或支持费用的数据。如果你需要访问这些数据，建议使用 AWS 成本资源管理器（Cost Explorer）或 AWS 成本和使用情况报告（Cost and Usage Report，CUR）。

AWS Billing Conductor 是 FinOps 希望修改他们的月度账单，以适应其业务需求，并使用有用的工具来实现这一目标。如果你需要按照 AWS 账户进行成本分配，并规避整个 AWS 组织只能接收单一账单的限制，Billing Conductor 可以帮助你实现收费和追溯的工作。

管理你的 AWS 免费层的使用 ●●●●

AWS 为你提供精选的 AWS 服务免费层级的使用权，以帮助你获取实践经验而不产生费用。新创建的 AWS 账户将自动享受为期 12 个月的 AWS 免费层级待遇。在 12 个月结束后，免费层级将到期，使用量将按照正常费率计费。

你可以在 AWS 计费控制台中跟踪你的 AWS 免费层级的使用情况。图 12.8 展示了符合免费层级条件的各种 AWS 服务以及每月分配的免费层级使用量的消耗情况。

Service	AWS Free Tier usage limit	Current usage	Forecasted usage	MTD actual usage %
AmazonCloudWatch	5 GB of Log Data Archive for Amazon Cloudwatch	5 GB-Mo	7 GB-Mo	100.00%
AWS Key Management Service	20,000 free requests per month for AWS Key Management Service	20,000 Requests	28,182 Requests	100.00%
AmazonCloudWatch	1,000,000 API requests for Amazon Cloudwatch	247,411 Requests	348,625 Requests	24.74%
Amazon Macie	$0.00 per GB first 1 GB / month of Sensitive Data Discovery US East (N. Virginia) region	0 GB	0 GB	21.49%
AmazonCloudWatch	5 GB of Log Data Ingestion for Amazon Cloudwatch	1 GB	1 GB	17.87%
AWS Lambda	400,000 seconds of compute time per month for AWS Lambda	12,231 seconds	17,235 seconds	3.06%
Amazon Simple Notification Service	1,000,000 Requests for Amazon Simple Notification Service (USE1)	14,065 Requests	19,819 Requests	1.41%
AWS Lambda	1,000,000 free requests per month for AWS Lambda	6,196 Requests	8,731 Requests	0.62%
AWS Systems Manager	Free Tier Automation Steps 100,000 in AWS Commercial Regions	151 Steps	213 Steps	0.15%
Amazon Simple Queue Service	1,000,000 Requests of Amazon Simple Queue Service	429 Requests	605 Requests	0.04%

图 12.8　查看 AWS 免费层级

你可以使用简易通知服务（Amazon SNS）将免费层级的跟踪与自动通知相结合（详见第 4 章"规划和指标跟踪"）。当你的使用量超过符合条件的免费层级服务的免费使用率 85%

时，AWS Budgets 会通过电子邮件自动通知你。但如果你想配置额外的通知，就可以在达到100%时设置消息触发器。这将确保你的 FinOps 团队在消耗免费层使用量时能够及时知晓，并准备好应对后续的账单收费。

虽然这只是整个组织范围内成本和使用情况的一小部分，但对于团队成员来说，了解免费层的使用情况是很有帮助的。

用 AWS 账单创建采购订单 ●●●●

另一个最好由集中的 FinOps 团队处理的任务是管理采购订单（POs）。采购订单是买方和卖方之间具有法律约束力的文件。买方使用采购订单来定义买方计划购买的货物清单，并承诺以商定的金额购买货物或服务。

我已经看到许多 AWS 客户在购买大型、预付 RIs 或储蓄计划承诺时使用 PO。客户会引用 PO 号，并将其与所购买的 AWS 服务相关联，以便进行报告、收费和实现会计目的。一个中央的 FinOps 团队可能负责管理 PO，并可能与独立的财务团队合作。

AWS 为你提供了一种在 AWS 计费控制台中管理 PO 细节的方法。添加一个 PO 须包括两个步骤：首先，你输入 PO 的详细信息，如开票 / 运输地址、PO ID 和到期日期；其次，你配置你的 PO 行项目，以定义与你的 PO 相关的发票。

通过 PO 配置，你可以定义如何将你的发票与你的 PO 关联。这使你对与你的 AWS 账户相关的费用拥有更大的控制和可见性。你可以将 PO 与定期付款、订阅甚至 AWS 市场上发票上的费用相匹配。

什么是 AWS Marketplace

AWS Marketplace 是一个平台，在这里你可以找到、测试、购买和部署在 AWS 上运行的软件。各行业的卖家和供应商可以在市场上发布他们的产品，以帮助你找到可以购买而不是自行构建的解决方案或服务。

图 12.9 展示了在 AWS 控制台上轻松设置 PO 的步骤。你只需选择"从 AWS 控制台购买订单"选项，然后输入你的详细信息即可。

Step 1
Set purchase order details

Step 2
Configure line items

Set purchase order details Info

Purchase order details

You can add your purchase order details and configure line items. Your billing address and payment terms are included for your reference.

Purchase order ID

```
ABC123
```

Must not exceed 200 characters

Description - *optional*

```
This is the PO for product ABC123.
```

图 12.9　设置采购订单细节

在配置行项目时，你可以选择如何在你的发票上反映它们。例如，你可以添加具有多个行项目的多个 PO，或选择每个 PO 只有一个行项目。当 AWS 为你开具发票时，AWS 只会关联活动的 PO，并删除任何过期或暂停的 PO。举个例子，你可能为 AWS Inc.实体添加了一个 PO（PO1），为 AWS Marketplace 采购添加了第二个 PO（PO2）。如果你从 AWS Marketplace 购买了一个产品，只有 PO2 会被考虑用于与该产品相关的发票连接。

采购订单可以有助于管理你的成本，特别是当你的组织规模扩大，你需要更强大的机制来跟踪发票和使用情况。然而，这项责任最适合由一个中央的财务运营团队与财务团队合作来承担，而不是将其推给开发人员和应用团队来管理他们自己的采购订单。

接下来，让我们看看一个中央的 FinOps 团队如何利用与云供应商的长期承诺来为企业获得折扣。

参与企业折扣计划 ●●●●

对于许多人来说，"供应商锁定"是一个令人讨厌的术语。许多企业，包括个人都会避免对单一供应商或服务的长期承诺，因为他们担心在这种关系中失去权力或控制。例如，供应商锁定通常与某些关系型数据库管理系统（RDBMS）解决方案的供应商有关，因为当时它们是唯一的选择。在那时，关系型数据库实际上是存储企业数据的唯一手段。因此，对于这种类型的关系，存在着巨大的权力不平衡——供应商要求买家签订长期合同和支付许可费，而由于缺乏选择，买家别无选择，只能接受这种安排。

随着开源技术的兴起和可行性，买家现在比 19 世纪末所习惯的更有多种选择。同时，许可和锁定类型的操作模式作为定价方法，正在变得过时和不可取。

然而，在某些情况下，对特定供应商的长期承诺确实具有经济意义。举个例子，当个人或家庭将家庭互联网、电视和移动设备服务与一个供应商捆绑在一起时，他们可能会得到更好的交易。互联网服务提供商（ISP）可能会通过捆绑这些服务并承诺一定的期限来为个人或家庭提供更好的交易。一些家庭可能会推迟长期承诺，以获得灵活性，可以每月更换供应商。然而，对于大多数家庭来说，更换移动设备、登录不同供应商的网络应用程序进行付款以及启动/停止他们的互联网服务等麻烦通常不值得。

你可以将同样的原则应用于你的企业云基础设施。一方面，一些企业规模庞大到足以支持多个团队在不同云平台上具有不同的专长。你可能会发现一个业务部门对 AWS 感到满意，而另一个业务部门对另一个主要的公共云供应商感到满意。另一方面，其他企业可能会面临在单一云平台上获得团队支持的难题。

对于那些不希望在多个云平台上启用团队，也不想管理在不同平台之间来回迁移数据和工作负载的麻烦的企业来说，像企业折扣计划（EDP）这样的战略性长期承诺计划可能具有经济意义。

通过与像 AWS 这样的云供应商签订 EDP，你可以在合同协议下获得所有 AWS 费用和使用量的全面折扣。当然，每份组织与 AWS 之间的合同都是不同的。通常来说，EDP 会要求你作为组织在约定的年限内向 AWS 承诺支出一定的金额。随着你的组织达到承诺的支出水平，AWS 会提供相应的折扣。这类似于 RIs 和 Savings 计划的计费机制，但它涵盖了合同范围内的所有 AWS 服务，而不仅限于特定的实例类型或计算领域服务。

然而，并非所有企业都热衷与 AWS 达成长期承诺，主要原因有两个：一种可能是出于企业的利益考虑，希望多元化云供应商，并使用其他公共云平台上的其他服务；另一种可能是企业对未来的发展方向不确定，更愿意根据需求按量支付所有 IT 资源，而不是根据承诺支付。此外，还有一种可能是企业仍对内部数据中心有承诺，但在完全转向公共云之前则希望先逐步退出物理位置。这种犹豫是可以理解的，并非所有企业都清楚自己的未来方向，因此在需要时保持灵活，进行相应调整是相对安全的选择。

然而，如果你确定你在 AWS 的成本和使用模式不会有任何波动，利用 EDP 确实具有财务上的意义，并可以帮助你降低成本。对于 AWS 来说，如果你每年的支出达到至少 50 万美元，那么你就有资格参与 EDP 计划。你可以承诺在一年内支出 50 万美元，这样你就可以在所有 AWS 的使用上获得大约 3%~4% 的折扣。这种全面的折扣甚至适用于 RIs 和 Savings 计划的承诺。基本上，你可以通过 Savings 计划获得 25% 的折扣，然后通过 EDP 再获得 3% 的折扣，从而实现双重节约。一个专门的财务管理部门可以协助规划和确定 EDP 是否有意义。如果有足够的历史数据表明，组织每年在 AWS 上的支出将达到 50 万美元，那么不参加 EDP 计划将没有意义。如果你无论如何都要花这笔钱，为什么不在这方面获得折扣呢？

中央财务运营（FinOps）职能部门可以协助与云供应商进行协议谈判。中央 FinOps 团队具备了解历史数据的能力，能够根据使用情况和预测来预测成本。他们还可以查看哪些团队使用最多的服务，以确保这些服务符合 EDP 合同的折扣条款。

对于组织使用 AWS 服务的可见性，FinOps 团队是最合适的。他们拥有数据、历史支出和成本，以及整个企业所有团队的使用模式。通过对 AWS 服务的实际使用情况进行定价、管理和优化工作，可以共同努力减少 AWS 云的浪费。

在下一节中，我们将介绍一种类似于 EventStorming 的过程，作为一种有用的启发式方法来优化我们组织的工作。我们还将探讨一种培训方法，通过让你的 FinOps 团队获得 FinOps 认证，使他们能够发挥更大的作用。

建立为你的组织扩大 FinOps 的规模 ●●●●

这一节中，我们将抛开成本优化的技术层面，转而考虑一些技术含量较低的方法，来帮助你扩大团队规模并提升你的 FinOps 工作。你将学习到 EventStorming 流程，以及如何通过 EventStorming 研讨会来推动讨论，并有效地与其他团队分享你的 FinOps 知识。

EventStorming 是一种低技术含量的活动，通常与软件架构的领域驱动设计相关。它是一个战术工具，团队使用它来分享业务领域知识，并帮助设计系统的软件组件。

在 EventStorming 会议中，参与者通过确定和绘制业务流程来支持一个业务功能。他们概述了一系列的领域事件，并使用便签纸在一定时间内对其进行表示。通过会议的进行，参与者对利益相关者、命令、外部系统、软件依赖等进行建模，以一种凝聚的方式讲述一个业务流程的运作故事。

让我们以一个在线购物网站为例来说明。在这个网站中，有一些关键的事件可以定义用户与网站进行互动的过程。EventStorming 使用过去式来表示这些事件，例如购物车初始化、订单初始化、订单发货、订单交付或订单退回。EventStormers 则在便签上标注这些事件作为关键事件。

然后，EventStormers 会将命令和策略与这些事件联系起来。命令描述了触发事件或事件流的原因，例如向购物车添加物品或在交易结束时提交订单。而策略则管理着在特定领域事件发生时自动执行的命令。这些命令和策略有助于自动化和治理，以确保你的操作在严格的界限内进行。

通过进行这样的研讨会，参与者能够更好地理解他们所处的领域。他们可以描绘出系统如何工作的所有可能性，如何处理错误，并确定错误发生时应该联系谁。因此，EventStorming 是一个协作研讨会，用于建模业务流程，并使参与者能够同步他们对业务流程的心理模型，并朝着使用共同语言的方向发展。

> **重要说明**
>
> 非常抱歉对你的表述有所误解。根据你的说明，我明白你将 EventStorming 视为一种代理工具，从 FinOps 的角度来使用，而不是在领域驱动设计的背景下提及它。你将其称为"加了引号的 EventStorming"。

现在，虽然 EventStorming 原本是为领域驱动设计而设计的一种软件设计方法，但我们可以运用相同的原则来为我们的 FinOps 流程建模。我们可以将其应用于 FinOps 领域的特定范围，使得业务和技术团队能够识别 FinOps 流程，并建立起共同的语言，以应用我们在本书中学到的 FinOps 最佳实践。

以下是一般步骤，你可以将其作为实施 EventStorming 实践的指南：

1. 集思广益，找出与 FinOps 领域相关的领域事件。在这个领域中，会发生一些引起 FinOps 注意的有趣事件，无论是月度预算的超支、成本异常，还是新的工作负载的启动等。你可以使用便条标识这些事件，并与更广泛的团队分享。这样做的目的是集思广益，找出所有可能发生的事件，因为它们与你的 AWS 云成本有关。

2. 审查时间轴。基于你在第一步创建的领域事件，你需要根据如何响应这些事件的顺序来组织它们。例如，在成本异常情况下，你可以创建一个排查方案，类似于检测到异常后发送异常通知并进行确认 / 缓解。异常情况可能与新的工作负载启动有关，也可能是意外情况的结果，但需要通过关闭资源来缓解。你可以与相关的所有者设置一个通用的工作流程，以了解如何响应成本事件（如果需要的话，快速反应）。

第二步涉及创建与事件相关的命令和策略。这些命令描述了为缓解成本问题或主动优化工作而采取的行动。而策略则定义了命令的所有者和执行的重要性。换句话说，命令解释了"做什么"，而策略则解释了"谁"和"为什么"在 FinOps 流程中执行这些命令。我们需要确保流程与更广泛的 FinOps 和业务目标保持一致。

3．识别需要关注的痛点或流程问题。这些问题可能是瓶颈，可能需要自动化的手动步骤，缺失的文件或缺乏所有者等。例如，如果你的团队在及时购买储蓄计划方面遇到困难，这一步骤将允许团队与其他领域专家沟通该痛点并解决它。这可能是因为团队对储蓄计划的机制不熟悉，或者他们没有适当的 IAM 权限来购买。重要的是你需要明确这些效率低下的问题，以便团队能够在 EventStorming 过程中或之后更容易地解决它们。作为促进者，了解团队的痛点并将其记录下来以供参考是非常有帮助的。

在使用 FinOps EventStorming 练习的过程中，有以下几个原因使其非常适合：

● 建立共同的语言。通过参与者之间的合作，他们能够在 FinOps 实践的过程、职能和原因上达成一致。

● 进行 FinOps 流程建模。该练习为了解 FinOps 工作方式和优化 AWS 环境中成本所需的任务提供了一个模型。

● 确定成本节约的方法。通过这个练习，你可以看到参与者在 AWS 平台上如何进行成本优化以及如何将其应用于他们的工作负载。

● 分享 FinOps 知识。随着时间推移，FinOps 知识可能会逐渐流失，尤其是随着 AWS 推出新的服务和功能，知识差距可能会增加。这个练习有助于确保每个人都能保持最新的知识状态。

● 改善优化工作。识别差距和痛点有助于消除阻碍成本节约工作的障碍。

● 吸纳新成员。无论他们所在的团队如何，FinOps 都会对整个组织产生影响。通过展示 FinOps 如何影响每个人，可以促进 FinOps 文化的形成，特别是对于新加入的团队成员。

现在，你已经熟练掌握了 FinOps 风格的 EventStorming 流程以及它如何促进团队之间强大的沟通结构。接下来，让我们转向 FinOps 认证，这是作为验证 FinOps 知识和提升内部团队成员技能的一种方式。

金融业务培训 ●●●●

这本书中，我们已经围绕着如何减少 AWS 云计算支出的浪费讨论了很多话题。我们研究了优化计算、存储和网络成本的方法，持续监测我们的努力，并使用各种分析工具将我们的云资源和使用情况可视化展示在仪表板上。我们还研究了如何利用 AWS 的解决方案和定价方案来优化我们的业务和运营。那么，我们该如何对我们的团队成员进行 FinOps 培训呢？我们如何帮助团队不断采用新技术和改变现有的系统和流程，以持续降低 AWS 的成本支出？

要完成任何事情，你都需要制订一个计划。特别是在培训方面，制订一个培训计划是必要的。无论是为了实现组织目标（例如通过优化 20% 的 AWS 支出来提高财务利润）还是让员工获得 FinOps 认证，培训计划将有助于管理者和员工跟踪进展并进行衡量。

> **重要说明**
>
> 你可以在 FinOps 基金会的官网了解更多关于成为 FinOps 认证者的信息。认证级别包括从业者、工程师和专业人员。请访问 FinOps 基金会的网站，以获取更详细的信息（https://learn.finops.org）。
>
> FinOps 基金会的认证是验证团队的 FinOps 知识并为组织带来认证的好方法。然而，认证并不是 FinOps 基金会的唯一优势。FinOps 基金会包括由 FinOps 专业人士组成的社区，在多个云平台上分享 FinOps 的最佳实践。此外，FinOps 基金会还组织活动、讲座和社区学习，成员们可以分享最佳实践并相互学习经验。此外，FinOps 基金会还提供一些工具，用于管理容器成本、创建云预测和多云工具等，这些超出了本书的范围。

个人的提升将有助于整个组织水平的提升。然而，从个人获得 FinOps 认证到整个组织能够从 FinOps 实践中受益这两者是有区别的。培训计划的目的应当是将个人的成功应用于组织的成功。

一个有效的培训计划应当具备组织性、细致入微和现实可行。有组织性的计划是不言而喻的，细致入微的计划在实现目标的步骤上是明确的。例如，如果目标是获得 FinOps 认证（其中之一的步骤可能是参加 FinOps 认证课程；另一个步骤可以包括利用其他资源建立一个学习路径，该学习路径可以定义达成目标所需的其他步骤，而现实可行的计划能够确保目标得以实现。例如，如果一个人对 FinOps 完全不了解，那么制订一个培训计划并期望参与者不经实践在两天内获得认证是不现实的。虽然有可能做到，但不切实际。同时，一个现实可行的目标也不应该过于远大——设定目标要不超过两年获得认证，因为学习和考试准备所需的时间不应超过这个时间范围。

判断目标是否具有组织性、细致入微和现实可行的一个有效的方法是使用 SMART 策略。你可以使用以下五个问题来评估目标是否符合 SMART 标准：

- 目标是否具体？它是否清晰明了、定义明确？
- 目标是否可衡量？它是否存在可靠证据表明目标已经实现？这可以包括成功部署 FinOps 或团队通过考试的证明。
- 目标是否可行？你没有理由设定一个目标，要求将 AWS 云计算支出减少 80%，同时其他方面保持不变。这是不现实的目标。
- 目标是否以结果为中心？它是否为一个目标，有着最终的目标，而不只是活动的总结？
- 目标是否有时间限制？如果设定一个目标只要团队成员到齐就参加并通过 FinOps 认证，那么这不会帮助组织实现其目标。如果设定一个现实可行的时间限制将激励团队成员努力工作，以满足设定的最后期限。

虽然培训计划可以帮助长期培训或在实施 FinOps 实践之前有时间进行培训的新系统，但现有系统可能不适合这种模式。换句话说，培训计划可能需要修改现有的系统和流程。举例来说，如果一个组织每月查看财务报告，但每天都会产生新的成本和使用数据，那么可能需要转向每日或每周报告。这可能还需要改变工具的使用方式以及培训员工如何处理和呈现数据。

本节中，我们从 FinOps 的角度介绍了 EventStorming，并说明了它如何帮助你的团队建立共同的 FinOps 语言。我们还讨论了获得 FinOps 认证的注意事项，以帮助团队成员职业发展，并为你的组织取得长期的 FinOps 成功。通过将个人职业发展与强大的沟通框架（如 EventStorming）相结合，为你的组织提供了一个基础，可以在此基础上操作技术要求并建立 FinOps 的基础。

本章小结 ●●●●

本章中，我们详细介绍了 AWS 解决方案中的 WorkSpaces 和 Instance Scheduler，它们可以帮助你快速降低 AWS 上 WorkSpace 和 EC2 服务的成本。我们还学习了如何使用 AWS

CloudFormation 来部署这些解决方案，并提供了参数注意事项，以满足你的使用情况。这些 AWS 解决方案可由你的 FinOps 团队轻松部署，并可在你的多个 AWS 账户中实现成本节约。

需要注意的是，你不必从头开始构建一个 FinOps 实践。你可以利用这些解决方案，无论是来自 AWS、AWS 合作伙伴还是开源社区的，来加速你的 FinOps 实践，而无须自己一切从零开始。

本书从正确的 AWS 账户结构入手，为你提供了实现这个目标所需的基础。然后，你了解到可以使用各种工具来确定你的成本和使用情况，监测支出并主动发现异常情况，并在整个环境中应用治理，以实现你的 FinOps 目标。

你可以使用本书中介绍的策略来优化计算、存储和网络基础设施，以及优化云原生工作负载。有许多方法可以优化这些架构组件，其中最大且最简单的机会是根据你的工作负载需求选择合适的付费方案。经常定期购买储蓄计划，以确保优化存储成本。如果对访问模式不确定的话，选择适当的存储定价层，只为需要的资源付费，并运用智能分层来实现自动节约

另外，了解如何持续运行数据库以及理解数据传输模式都是优化 AWS 支出的技术方法，这些方法可以由 FinOps 团队来拥有。然而，我们也讨论了与计费管理和私有定价相关的非技术与管理任务。我们了解到 AWS 计费协调员如何帮助创建定制的计费视图，以实现收费和回馈的目的。我们还讨论了管理免费层的使用和采购订单协议。最后，我们了解了企业折扣计划形式的私有定价以及如何利用这些来实现全面节约。

最后，对于 FinOps 实践来说，与正确的衡量标准相联系是非常重要的。建立正确的衡量标准，并确保团队对其有共同的理解，这将使你的组织能够跟踪优化工作的成功。在定义 FinOps 指标时，确保各团队使用相同的术语，因为不同的术语可能会产生不同的理解。Event Storming 是一个非常有用的练习，可用于共享领域知识和创造共同语言。此外，考虑获得 FinOps 认证可以巩固你的 FinOps 知识，并促进团队成员在 FinOps 方面的成长。

请记住，FinOps 是一个持续的实践。从长远来看，一次性的储蓄计划购买并不能帮助组织减少浪费。将 FinOps 融入组织的运作和文化中，才是充分利用云计算的最佳方式。

进一步阅读 ●●●●

如果你想要了解更多信息，请参考以下资源：

- 自动启动和停止 AWS 实例，2022 年：https://docs.aws.amazon.com/solutions/latest/instance- scheduler-on-aws/welcome.html。

- 监控亚马逊工作空间的使用情况，并通过 AWS 上工作空间的成本优化器优化成本，2022 年：https://docs.aws.amazon.com/ solutions/latest/cost-optimizer-for-workspaces- on-aws/overview.html。

- FinOps 基金会。FinOps 认证和培训，2022 年：https://learn.finops.org/。

- 什么是亚马逊弹性容器服务？2022 年：https://docs.aws.amazon.com/AmazonECS/latest/developerguide/Welcome.html。

- AWS Billing Conductor 的最佳实践，2022 年：https://docs.aws.amazon.com/ billingconductor/latest/userguide/best-practices.html。

- 使用 AWS 免费层，2022 年：https://docs.aws.amazon.com/awsaccountbilling/latest/ aboutv2/billing-free-tier.html。

Packt.com

请订阅我们的在线数字图书馆，你将完全访问 7 000 多本书籍和视频，以及行业领先的工具，助你规划个人发展和推进职业生涯。我们的在线图书馆提供以下优势：

- 通过来自 4 000 多名行业专家的实用电子书和视频，节省学习时间，将更多的时间投入实际编码。
- 提高学习能力，利用专门为你定制的技能计划。
- 每个月免费获取一本电子书或视频。
- 完全可搜索，方便查找重要信息。
- 可复制和粘贴、打印和书签内容。

你是否知道，Packt 为出版的每本书都提供电子书版本，并提供 PDF 和 ePub 格式文件？作为印刷书的客户，你可以在 packt.com 上升级到电子书版本，并享受电子书的折扣优惠。如需了解更多详情，请通过 customercare@packtpub.com 与我们联系。

在 www.packt.com 上，你还可以阅读一系列免费的技术文章，订阅免费的新闻简报，并获得 Packt 图书和电子书的独家折扣和优惠。

你可能喜欢的其他书籍

如果你喜欢这本书，也就可能会对 Packt 的其他书籍感兴趣。

加速 AWS 上的 DevSecOps ●●●●

Nikit Swaraj

ISBN：978-1-803-24860-8

- 使用 AWS Codestar 设计和实施完整的分支策略。
- 使用 CloudFormation Guard 和 HashiCorp Sentinel 来执行政策即代码。
- 使用 AWS Proton 掌握应用程序和基础设施的大规模部署，并使用 CodeGuru 审查应用程序代码。
- 使用 AWS EKS、App Mesh 和 X-Ray 部署与管理生产级别的集群。
- 利用 AWS 故障注入模拟器来测试你的应用程序的弹性。
- 使用 AWS Security Hub 和 Systems Manager 来实现基础设施安全自动化。

- 使用 AI 驱动的 DevOps Guru 服务来增强 CI/CD 管道。

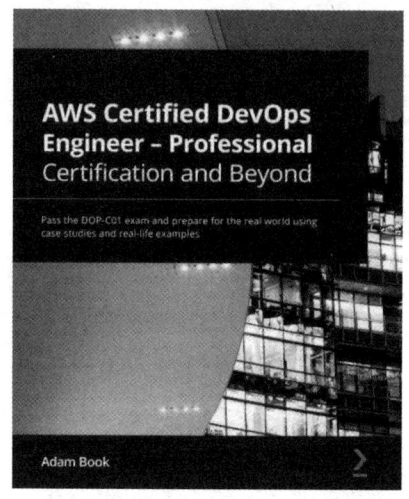

AWS 认证 DevOps 工程师——专业认证及其他 ●●●●

Adam Book

ISBN：978-1-801-07445-2

- 利用 AWS 原生工具来自动化你的流程、构建和部署工作。
- 理解如何使用 AWS 原生工具来实现日志记录和监控。
- 对包含在 AWS DevOps 专业考试中的服务有深入的了解。
- 从考试的角度加强 AWS 平台的安全实践。
- 了解如何在 AWS 环境中自动执行标准和策略。
- 探索 AWS 的最佳实践和反模式。
- 使用练习和实践测试来提升你的核心 AWS 技能。

Packt 正在寻找像你这样的作者 ●●●●

如果你有兴趣成为 Packt 的作者，请访问 authors.packtpub.com 并立即申请。我们与成千上万的开发者和技术专家合作，就像你一样，帮助他们与全球技术社区分享他们的见解。你可以进行一般申请，也可以申请我们正在招募作者的特定热点话题，或者提交你自己的创意。

分享你的想法 ●●●●

现在你已经完成了 AWS FinOps 简化版，我们非常期待听到你的想法！如果你购买了这本书，请点击这里直接进入亚马逊的评论页面，与我们分享你的反馈。或者你也可以在购买这本书的网站上留下评论。

你的评论对于我们和科技界来说都非常重要，它将帮助我们确保提供高质量的内容。

反侵权盗版声明

电子工业出版社依法对本作品享有专有出版权。任何未经权利人书面许可，复制、销售或通过信息网络传播本作品的行为；歪曲、篡改、剽窃本作品的行为，均违反《中华人民共和国著作权法》，其行为人应承担相应的民事责任和行政责任，构成犯罪的，将被依法追究刑事责任。

为了维护市场秩序，保护权利人的合法权益，我社将依法查处和打击侵权盗版的单位和个人。欢迎社会各界人士积极举报侵权盗版行为，本社将奖励举报有功人员，并保证举报人的信息不被泄露。

举报电话：（010）88254396；（010）88258888

传　　真：（010）88254397

E-mail：　dbqq@phei.com.cn

通信地址：北京市万寿路 173 信箱

　　　　　电子工业出版社总编办公室

邮　　编：100036